21世纪高职高专数学类实用规划教材

丛书主编　梁树生

高 等 数 学(上)

主编　周志颖　李　创

U0248185

华中师范大学出版社

内 容 提 要

全套书是根据《高职高专教育高等数学课程教学基本要求》和高职高专人才培养评估要求，并结合作者多年高职高专高等数学教学经验编写而成，分为上、下两册和学习指导书。本书是上册，共 5 章，主要介绍一元函数的微积分，包含函数、极限与连续、导数与微分、微分中值定理及导数的应用、不定积分、定积分及其应用等基本内容。

本教材既适用于各类高等职业院校理工科专业高等数学课程教学，也适用于经济管理类各专业经济数学课程教学，还可以作为成人大学和自学考试的教材或参考书。

新出图证（鄂）字 10 号

图书在版编目（CIP）数据

高等数学（上）/周志颖，李创主编.—武汉：华中师范大学出版社，2013.6（2017.8 重印）

（21 世纪高职高专数学类实用规划教材）

ISBN 978-7-5622-6110-0

Ⅰ.高…　Ⅱ.①周…　②李…　Ⅲ.高等数学—高等学校—教材　Ⅳ.①O13

中国版本图书馆 CIP 数据核字（2013）第 109188 号

高等数学（上）

主　　编：周志颖　李　创©	
选题策划：第二编辑室	责任编辑：袁正科
责任校对：易　雯	封面设计：新视点
编辑室：第二编辑室	电　　话：027—67867362
出版发行：华中师范大学出版社	社　　址：武汉市武昌珞喻路 152 号
电　　话：027—67863426（发行部）　027—67861321（邮购）	
传　　真：027—67863291	
网　　址：http://press.ccnu.edu.cn	电子信箱：press@mail.ccnu.edu.cn
印　　刷：湖北恒泰印务有限公司	督　　印：王兴平
字　　数：240 千字	
开　　本：787 mm×960 mm　1/16	印　　张：12.75
版　　次：2013 年 6 月第 1 版	印　　次：2017 年 8 月第 3 次印刷
印　　数：5501—8000	定　　价：25.00 元

欢迎上网查询、购书

前　言

  高等数学是学习其他自然科学的基础,也是高校理工科各专业学生的公共必修课。17 世纪笛卡尔建立了解析几何,同时把变量引入数学,对数学的发展产生了巨大的影响,使数学从研究常量的初等数学进一步发展到研究变量的高等数学。高等数学研究的主要对象是函数,主要运用极限方法(如无穷小分析法等)来研究函数的分析性质(如连续、可导、可积等)和分析运算(如极限运算、微分法、积分法等)。由于高等数学的研究对象和研究方法与初等数学有很大的不同,所以高等数学呈现出这样一些显著的特点:概念更复杂、理论性更强、表达形式更加抽象、推理更加严谨。正因如此,在学习高等数学时,应当认真阅读和深入钻研教材的内容,一方面要透过抽象的表达形式,深刻理解基本概念和理论的内涵与实质以及它们之间的内在联系,正确领会一些重要的数学思想方法,另一方面也要培养自身抽象思维和逻辑推理的能力。

  本书遵循高等教育的教学规律,坚持"以应用为目的,以够用为度,以可读性为基点,以创新为导向"的编写原则,具有以下特色:

  一、针对现代教育以学生为主体的理念编写,有较强的可读性。在引进数学概念时,尽量借助几何直观图形、物理意义和生活背景来进行解释,力图使抽象的数学概念形象化、直观化、通俗化,切合学生的实际;为降低难度,在论证或解题时,设置了渐进式的思维模式,保留了合适的推理细节,一读就懂;对较难的概念,学习时可忽略,而不影响系统性,如 $\varepsilon\text{-}N$ 语言、$\varepsilon\text{-}\delta$ 语言、罗尔定理的证明、曲率、级数等。

  二、针对高职高专各专业的实际编写,有较强的选择性。高职高专教育的专业繁多,且差异较大,为适应各专业使用,对本书内容作了分层处理,选定各专业都必须使用的基本内容作为基本层,在此基础上针对各专业的特点进行内容拓展,构造不同的层次。

  三、针对高职高专的培养目标编写,有较强的实用性。根据教育部 2006 年 16号文件精神,高职高专教育主要培养面向生产第一线的高素质技能型专门人才。为实现这一目标,本书在数学理论与计算上降低了难度,但在数学的应用及与一些专业知识的结合等方面进行了充实和强化。

  本教材的基本教学时数约 110 学时,其中《高等数学》(上)约 56 学时,《高等数学》(下)约 54 学时。教师可根据实际情况进行选择,删除部分较难的内容并留给学生课后阅读。为便于学生进一步理解所学的数学概念与方法，每个章节选用了一定数量的典型例子，并安排了一些难度适中的习题，供学生选做。

参加《高等数学》（上）编写的有：周志颖（第 1～4 章），李创（第 5 章）。全书由周志颖统稿，梁树生修改后定稿。在编写过程中，还得到了汤见明、陈爱民、符富领三位老师的大力支持与帮助，在此对他们表示感谢。本教材是荆州理工职业学院基础课部数学教研室的全体教师在结合本校高等数学教学的实际情况，总结自身的教学经验与体会，并查阅大量文献的基础上编写而成，是大家辛勤劳动的成果与智慧的结晶。尽管如此，但由于水平有限，成书时间仓促，本教材可能还有不少缺点与错误，欢迎广大师生朋友批评指正。

荆州理工职业学院基础课部数学教研室

2013 年 3 月

目　　录

第1章　函数、极限与连续

高等数学的主要内容是微积分学，简称微积分.它是一门以极限理论为基础，以函数为研究对象的基础学科.微积分一诞生，便在许多学科中得到了广泛应用，极大地推动了科学技术的发展，促进了社会的进步.本章将介绍函数、极限和函数的连续性等基本概念以及它们的性质.

1.1　函　　数

1.1.1　区间与邻域

在研究函数时常用到一种特殊的集合——**区间**来表示变量的变化范围.区间是介于两个实数之间的全体实数组成的实数集，或是数轴上介于两个点之间的全部点的点集.下面引进各种区间的名称和记号：

开区间　　　$(a,b) = \{x \in \mathbf{R} \mid a < x < b\}$,

闭区间　　　$[a,b] = \{x \in \mathbf{R} \mid a \leqslant x \leqslant b\}$,

左半开区间　$(a,b] = \{x \in \mathbf{R} \mid a < x \leqslant b\}$,

右半开区间　$[a,b) = \{x \in \mathbf{R} \mid a \leqslant x < b\}$,

无穷区间　　$(-\infty, +\infty) = \mathbf{R}$;

　　　　　　$(a, +\infty) = \{x \in \mathbf{R} \mid x > a\}$;

　　　　　　$[a, +\infty) = \{x \in \mathbf{R} \mid x \geqslant a\}$;

　　　　　　$(-\infty, b) = \{x \in \mathbf{R} \mid x < b\}$;

　　　　　　$(-\infty, b] = \{x \in \mathbf{R} \mid x \leqslant b\}$等.

设 x_0, δ 是两个实数，且 $\delta > 0$，则称开区间 $(x_0 - \delta, x_0 + \delta)$ 是以点 x_0 为中心，以 δ 为半径的**邻域**，记作 $N(x_0, \delta)$，即

$$N(x_0, \delta) = \{x \mid x_0 - \delta < x < x_0 + \delta\},$$

定义中的不等式 $x_0 - \delta < x < x_0 + \delta$ 与 $|x - x_0| < \delta$ 等价，所以上述邻域又可记为

$$N(x_0, \delta) = \{x \mid |x - x_0| < \delta\},$$

它表示到点 x_0 的距离小于 δ 的一切点 x 的集合，如图 1-1 所示.

如果在邻域 $N(x_0, \delta)$ 中去掉 x_0，所得数集称为以 x_0 为中心，以 δ 为半径的**空**

心邻域,记作

$$N^0(x_0,\delta)=\{x\mid 0<\mid x-x_0\mid<\delta\},$$

如图 1-2 所示. 当不需要指明邻域的半径时,x_0 的某邻域记为 $N(x_0)$. 同样,x_0 的某空心邻域记为 $N^0(x_0)$.

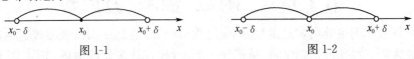

图 1-1   图 1-2

1.1.2 函数的概念

一般来讲,在一个问题中往往同时有几个变量在变化,它们并不是在孤立地变化,而是直接或间接地相互联系或相互制约的,它们之间的这种相互依赖的关系刻画了客观世界中事物变化的内在规律,这种规律用数学语言进行描述,就是函数关系.

看下面两个实例:

例 1 圆的面积 A 与它的半径 r 之间的关系,可以由公式

$$A=\pi r^2$$

给定. 当半径 r 在区间 $(0,+\infty)$ 内任意取定一个数值时,由上式就可以确定面积 A 的相应数值.

例 2 自由落体运动. 设物体下落的时间为 t,落下的距离为 s,假定开始下落的时刻为 $t=0$,则 s 与 t 之间的关系由公式

$$s=\frac{1}{2}gt^2$$

给定. 其中 g 是重力加速度,假定物体着地的时刻为 $t=T$,则当时间 t 在区间 $[0,T]$ 上任意取定一个数值时,由上式就可以确定下落距离 s 的相应数值.

抽去上述几个例子所考虑的量的实际意义,它们都表达了两个变量之间的相依关系,这种相依关系给出了一种对应法则,根据这一法则,当其中一个变量在其变化范围内任意取定一个数值时,另一个变量就有确定的值与之对应,这种两个变量间的对应关系就是函数关系.

定义 1.1 设 x 和 y 是两个变量,D 是一个给定的非空数集,如果对于任意的 $x\in D$,按照某种法则 f,都有唯一确定的 y 值与之对应,则称 y 是 x 的函数,记作

$$y=f(x).$$

其中 x 叫做自变量,y 叫做因变量,数集 D 叫做这个函数的定义域.

当 x 取 $x_0\in D$ 时,与 x_0 对应的 y 的值称为函数 $y=f(x)$ 在点 x_0 处的函数值,记作 $f(x_0)$. 当 x 取遍 D 的所有值时,对应的函数值全体组成的数集

$$W = \{y \mid y = f(x), x \in D\}$$

称为函数的**值域**.

函数 $y = f(x)$ 中表示对应关系的记号 f 也可改用其他字母,例如"g","φ","F"等.这时函数就记作 $y = g(x)$, $y = \varphi(x)$, $y = F(x)$ 等.

在实际问题中,函数的定义域是根据问题的实际意义确定的.如例 1 中,定义域 $D = (0, +\infty)$;例 2 中,定义域 $D = [0, T]$.

注　(1) 在数学中,有时不考虑函数的实际意义,而抽象地研究用算式表达的函数,这时我们约定:函数的定义域是指使函数表达式有意义的自变量的取值范围;

(2) 在高等数学中,我们研究的函数为单值函数,即如果自变量在定义域内任取一个数值时,对应的函数值总是只有一个;

(3) 两函数相同当且仅当它们的定义域相同且对应关系相同.例如 $y = x$ 与 $y = |x|$,它们的定义域相同,但对应关系不同,因此它们是不同的两个函数.又如 $y = \ln x^2$ 与 $y = 2\ln x$,它们的定义域不同,当然不是相同的函数.

例 3　求函数 $y = \dfrac{\ln(1+x)}{x-1}$ 的定义域.

解　要使函数有意义,x 应满足
$$\begin{cases} 1+x > 0, \\ x-1 \neq 0, \end{cases} \quad 即 \begin{cases} x > -1, \\ x \neq 1, \end{cases}$$
因此函数的定义域为 $D = (-1, 1) \bigcup (1, +\infty)$.

例 4　求函数 $y = \dfrac{1}{4-x^2} + \sqrt{x+2}$ 的定义域.

解　要使函数有意义,x 应满足
$$\begin{cases} 4-x^2 \neq 0, \\ x+2 \geqslant 0, \end{cases} \quad 即 \begin{cases} x \neq \pm 2, \\ x \geqslant -2, \end{cases}$$
因此函数的定义域为 $D = (-2, 2) \bigcup (2, +\infty)$.

例 5　函数
$$y = |x| = \begin{cases} x, & x \geqslant 0, \\ -x, & x < 0 \end{cases}$$

称为**绝对值函数**.它的定义域 $D = (-\infty, +\infty)$,值域 $W = [0, +\infty)$,它的图象如图 1-3 所示.

例 6　函数
$$y = \operatorname{sgn} x = \begin{cases} 1, & x > 0, \\ 0, & x = 0, \\ -1, & x < 0 \end{cases}$$

称为**符号函数**.它的定义域 $D = (-\infty, +\infty)$,值域 $W = \{-1, 0, 1\}$,它的图象如图 1-4 所示.

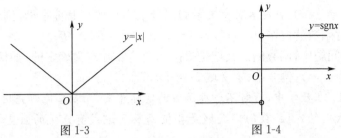

图 1-3　　　　　　　　图 1-4

例 7　设 x 为一实数,$[x]$ 表示不大于 x 的最大整数.例如 $\left[\dfrac{1}{2}\right] = 0$,$[\sqrt{3}] = 1$,$[-2] = -2$,$[\pi] = 3$,$[-\pi] = -4$.函数 $y = [x]$ 称为**取整函数**,它的定义域 $D = (-\infty, +\infty)$,值域 $W = Z$,它的图象如图 1-5 所示.

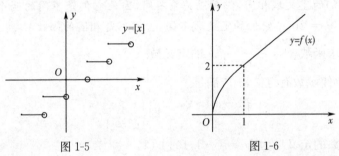

图 1-5　　　　　　　　图 1-6

从例 5 和例 6 中可看出,有时一个函数要用几个分段的式子来表示.这种在自变量的不同变化范围中,对应法则用不同式子来表示的函数,称为**分段函数**.

例 8　函数

$$y = f(x) = \begin{cases} 2\sqrt{x}, & 0 \leqslant x \leqslant 1, \\ 1 + x, & x > 1 \end{cases}$$

是一个分段函数.它的定义域 $D = [0, +\infty)$.当 $x \in [0, 1]$ 时,对应的函数值为 $f(x) = 2\sqrt{x}$;当 $x \in (1, +\infty)$ 时,对应的函数值为 $f(x) = 1 + x$.例如由于 $\dfrac{1}{2} \in [0, 1]$,所以 $f\left(\dfrac{1}{2}\right) = 2\sqrt{\dfrac{1}{2}} = \sqrt{2}$;$1 \in [0, 1]$,所以 $f(1) = 2\sqrt{1} = 2$;$3 \in (1, +\infty)$,所以 $f(3) = 1 + 3 = 4$.该函数的图象如图 1-6 所示.

1.1.3　函数的几种特性

1. 有界性

设函数 $f(x)$ 的定义域为 D,X 为 D 的子集.若存在正数 M,对任意 $x \in X$,总

有其对应的函数值满足 $|f(x)| \leqslant M$,则称 $f(x)$ 在 X 上有界,否则,称 $f(x)$ 在 X 上无界. 如果 $f(x)$ 在 D 上是有界的,称 $f(x)$ 在 D 上为**有界函数**.

如 $f(x) = \sin\dfrac{1}{x}$,对任意 $x \neq 0$,有 $\left|\sin\dfrac{1}{x}\right| \leqslant 1$,故函数 $f(x) = \sin\dfrac{1}{x}$ 在 $x \neq 0$ 时有界.

又如 $f(x) = \tan x$ 在 $\left[-\dfrac{\pi}{4}, \dfrac{\pi}{4}\right]$ 上有界,但在 $\left(-\dfrac{\pi}{2}, \dfrac{\pi}{2}\right)$ 内是无界的.

由上述可知,函数的有界性与所给的区间有关.

2. 单调性

设函数 $f(x)$ 的定义域为 D,区间 $I \subset D$,若对任意的 $x_1, x_2 \in I, x_1 < x_2$,有 $f(x_1) < f(x_2)$,则称函数 $f(x)$ 在区间 I 上是**单调增加**的,区间 I 称为函数 $f(x)$ 的**单调增加区间**;若对任意的 $x_1, x_2 \in I, x_1 < x_2$,有 $f(x_1) > f(x_2)$,则称函数 $f(x)$ 在区间 I 上是**单调减少**的,区间 I 称为函数 $f(x)$ 的**单调减少区间**. 单调增加函数、单调减少函数统称为**单调函数**,单调增加区间和单调减少区间统称为**单调区间**.

例如,$y = \sin x$ 在 $\left(0, \dfrac{\pi}{2}\right)$ 上单调增加,在 $\left(\dfrac{\pi}{2}, \pi\right)$ 上单调减少;

$y = \cos x$ 在 $\left(0, \dfrac{\pi}{2}\right)$ 上单调减少,在 $\left(\dfrac{\pi}{2}, \pi\right)$ 上仍然单调减少(见图 1-7).

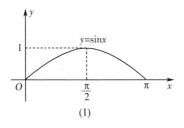 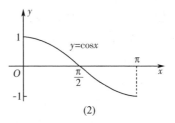

图 1-7

3. 奇偶性

设函数 $f(x)$ 的定义域 D 关于原点对称,即对任意的 $x \in D$,有 $-x \in D$. 若 $f(-x) = -f(x)$,则称 $f(x)$ 为**奇函数**;若 $f(-x) = f(x)$,则称 $f(x)$ 为**偶函数**. 奇函数的图象关于原点对称,即以原点为中心,将函数的整个图象绕 x 轴旋转 $180°$,与函数的原图象完全重合;偶函数的图象关于 y 轴对称,即将函数的整个图象沿 y 轴折叠,函数的图象完全重合.

例如,函数 $y = \sin x$ 是奇函数,函数 $y = \cos x$ 是偶函数,函数 $y = \sin x + \cos x$ 既非奇函数,也非偶函数.

例 9　判断下列函数的奇偶性:

(1)$f(x) = x^3$；

(2)$f(x) = x^4 + 2x^2 + 1$；

(3)$f(x) = x^3 + 1$.

解　（1）函数 $f(x) = x^3$ 的定义域为 $(-\infty, +\infty)$，关于原点对称，因为

$$f(-x) = (-x)^3 = -x^3 = -f(x),$$

所以函数 $f(x) = x^3$ 为奇函数.

（2）函数 $f(x) = x^4 + 2x^2 + 1$ 的定义域为 $(-\infty, +\infty)$，关于原点对称，因为

$$f(-x) = (-x)^4 + 2(-x)^2 + 1 = x^4 + 2x^2 + 1 = f(x),$$

所以函数 $f(x) = x^4 + 2x^2 + 1$ 为偶函数.

（3）函数 $f(x) = x^3 + 1$ 的定义域为 $(-\infty, +\infty)$，关于原点对称，因为

$$f(-x) = (-x)^3 + 1 = -x^3 + 1,$$

此时，$f(-x) \neq -f(x)$ 且 $f(-x) \neq f(x)$，所以 $f(x) = x^3 + 1$ 既非奇函数，也非偶函数.

4. 周期性

设函数 $f(x)$ 的定义域为 D，T 为不等于零的常数，若对任意的 $x \in D$，有 $x \pm T \in D$，且 $f(x+T) = f(x)$，则称函数 $f(x)$ 是以 T 为周期的**周期函数**. 若 T 是使上述性质成立的最小正数，则称 T 为**最小正周期**. 通常，我们所说的周期往往是指最小正周期.

例如：$y = \sin x$ 的周期是 2π，$y = \tan x$ 的周期是 π.

例10　设函数 $f(x)$ 在 $(-\infty, +\infty)$ 上是奇函数，$f(1) = a$，且对于任何的 x 均有 $f(x+2) = f(x) + f(2)$，

(1)试用 a 表示 $f(2)$ 与 $f(5)$；

(2)a 为何值时，$f(x)$ 是以 2 为周期的周期函数？

解　（1）令 $x = -1$，得 $f(1) = f(-1) + f(2)$，又 $f(x)$ 为奇函数，$f(-1) = -f(1)$，所以 $f(2) = 2f(1) = 2a$. 令 $x = 1$，得 $f(3) = f(1) + f(2) = 3a$. 再令 $x = 3$，得 $f(5) = f(3) + f(2) = 5a$.

（2）若 $f(x)$ 是以 2 为周期的周期函数，因 $f(x+2) = f(x) + f(2)$，故得 $f(2) = f(x+2) - f(x) = 0$. 由(1)知，当且仅当 $a = 0$ 时，$f(2) = 0$，由此得 $f(x+2) = f(x)$. 故 $a = 0$ 时，$f(x)$ 是以 2 为周期的周期函数.

习题 1.1

1. 用区间表示变量的变化范围：

(1)$2 < x \leqslant 6$；　　　　　　　　　(2)$x \geqslant 0$；

(3)$x^2 < 9$；　　　　　　　　　　　(4)$|x - 3| \leqslant 4$.

2. 求函数 $y = \begin{cases} 0, & x = 0, \\ \sin\dfrac{1}{x}, & x \neq 0 \end{cases}$ 的定义域和值域.

3. 下列函数 $f(x)$ 和 $g(x)$ 是否相同？

(1) $f(x) = \lg(x^2), g(x) = 2\lg x$;

(2) $f(x) = |x|, g(x) = \begin{cases} x, & x \geqslant 0, \\ -x, & x < 0. \end{cases}$

4. 求下列函数的定义域：

(1) $y = \sqrt{3x+2}$;　　　　　　　　　(2) $y = \dfrac{1}{1-x^2}$;

(3) $y = \dfrac{1}{1-x^2} + \sqrt{x+2}$;　　　　(4) $y = \dfrac{1}{x} - \sqrt{1-x^2}$;

(5) $y = \dfrac{1}{\sqrt{4-x^2}}$;　　　　　　　(6) $y = \dfrac{2x}{x^2-3x+2}$.

5. 求下列函数值：

(1) $f(x) = \sqrt{4+x^2}$, 求 $f(0), f(1), f(-1), f(x_0)$;

(2) $f(x) = \begin{cases} x+1, & x \leqslant 1, \\ x^2, & x > 1, \end{cases}$ 求 $f(1), f(2)$.

6. 确定下列函数的奇偶性：

(1) $y = \dfrac{\sin x}{x^3}$;　　　　　　　　　(2) $y = \sin x + \cos x$;

(3) $y = \dfrac{1}{2}(e^x - e^{-x})$;　　　　　(4) $y = \ln(x + \sqrt{x^2+1})$.

7. 试证下列函数在指定区间内的单调性：

(1) $y = x^2, (-1, 0)$;　　　　　　　　(2) $y = \lg x, (0, +\infty)$;

(3) $y = \sin x, \left(-\dfrac{\pi}{2}, \dfrac{\pi}{2}\right)$.

8. 设 $f(x)$ 为奇函数，已知 $x \in (0, +\infty)$ 时，$f(x) = x^2 - x + 3$. 求 $x \in (-\infty, 0)$ 时，$f(x)$ 的表达式.

1.2　初 等 函 数

1.2.1　基本初等函数

1. 幂函数

函数 $y = x^\mu$（μ 是常数）叫做**幂函数**.

幂函数的定义域要看 μ 是什么数而定. 例如, 当 $\mu = 3$ 时, $y = x^3$ 的定义域是 $(-\infty, +\infty)$; 当 $\mu = \dfrac{1}{2}$ 时, $y = x^{\frac{1}{2}}$ 的定义域是 $[0, +\infty)$; 当 $\mu = -\dfrac{1}{2}$ 时, $y = x^{-\frac{1}{2}}$ 的定义域是 $(0, +\infty)$. 但不论 μ 取什么值, 幂函数在 $(0, +\infty)$ 内总有定义.

最常见的幂函数图象如图 1-8 所示:

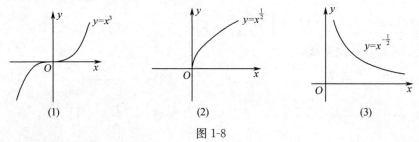

图 1-8

2. 指数函数

函数 $y = a^x (a$ 是常数且 $a > 0, a \neq 1)$ 叫做**指数函数**, 它的定义域是区间 $(-\infty, +\infty)$. 因为对于任何实数值 x, 总有 $a^x > 0$, 又 $a^0 = 1$, 所以指数函数 $y = a^x$ 的图象总在 x 轴的上方, 且通过点 $(0, 1)$ (如图 1-9).

若 $a > 1$, 指数函数 $y = a^x$ 是单调增加的; 若 $0 < a < 1$, 指数函数 $y = a^x$ 是单调减少的. 以常数 $e = 2.7182818\cdots$ 为底的指数函数 $y = e^x$ 是在科技中常用的函数.

3. 对数函数

函数 $y = \log_a x (a$ 是常数且 $a > 0, a \neq 1)$ 叫做**对数函数**, 它的定义域是区间 $(0, +\infty)$. 以后可以看到, 对数函数 $y = \log_a x$ 是指数函数 $y = a^x$ 的反函数.

特别地, 以 e 为底的对数函数 $y = \log_e x$ 叫做**自然对数**, 简记为 $y = \ln x$.

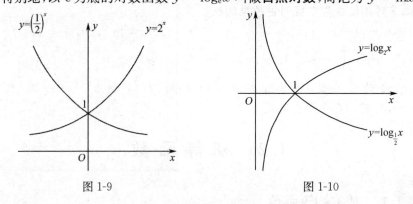

图 1-9　　　　　　　　　图 1-10

对数函数的图象与指数函数的图象关于直线 $y = x$ 对称. $y = \log_a x$ 的图象总在 y 轴右方, 且通过点 $(1, 0)$. 若 $a > 1$, 对数函数 $y = \log_a x$ 是单调增加的, 在开区间 $(0, 1)$ 内函数值为负, 而在区间 $(1, +\infty)$ 内函数值为正. 若 $0 < a < 1$, 对数函数

$y = \log_a x$ 是单调减少的,在开区间$(0,1)$内函数值为正,而在区间$(1,+\infty)$内函数值为负(如图 1-10).

4. 三角函数

正弦函数 $y = \sin x$ 是以 2π 为最小正周期的周期函数,定义域是$(-\infty,+\infty)$,值域是区间$[-1,1]$;正弦函数是奇函数;正弦函数在区间$\left(2n\pi - \dfrac{\pi}{2}, 2n\pi + \dfrac{\pi}{2}\right)(n \in \mathbf{Z})$内单调增加,在区间$\left(2n\pi + \dfrac{\pi}{2}, 2n\pi + \dfrac{3\pi}{2}\right)(n \in \mathbf{Z})$内单调减少(如图 1-11).

余弦函数 $y = \cos x$ 是以 2π 为最小正周期的周期函数,定义域是$(-\infty,+\infty)$,值域是区间 $[-1,1]$;余弦函数是偶函数;余弦函数在区间$(2n\pi - \pi, 2n\pi)(n \in \mathbf{Z})$内单调增加,在区间$(2n\pi, 2n\pi + \pi)(n \in \mathbf{Z})$内单调减少(如图 1-12).

正切函数 $y = \tan x$ 的定义域是$\left\{x \mid x \in \mathbf{R}, x \neq (2n+1)\dfrac{\pi}{2}, n \in \mathbf{Z}\right\}$,值域是$(-\infty,+\infty)$;正切函数是奇函数,是以 π 为最小正周期的周期函数;正切函数在区间$\left(n\pi - \dfrac{\pi}{2}, n\pi + \dfrac{\pi}{2}\right)(n \in \mathbf{Z})$内单调增加(如图 1-13).

余切函数 $y = \cot x$ 的定义域是 $\{x \mid x \in \mathbf{R}, x \neq n\pi, n \in \mathbf{Z}\}$,值域是$(-\infty,+\infty)$;余切函数是奇函数,是以 π 为最小正周期的周期函数;余切函数在区间$(n\pi, n\pi + \pi)(n \in \mathbf{Z})$内单调减少(如图 1-14).

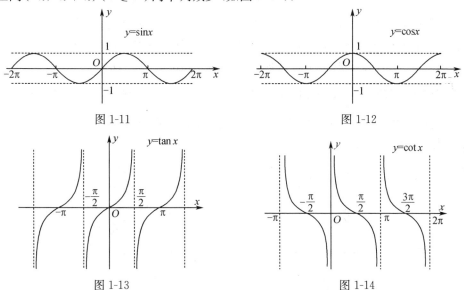

图 1-11 图 1-12

图 1-13 图 1-14

此外,尚有另外两个三角函数都是以 2π 为最小正周期的周期函数,并且在开区间 $\left(0,\dfrac{\pi}{2}\right)$ 内都是无界函数,它们是

正割函数 $y = \sec x$,它是余弦函数的倒数,即 $\sec x = \dfrac{1}{\cos x}$;

余割函数 $y = \csc x$,它是正弦函数的倒数,即 $\csc x = \dfrac{1}{\sin x}$.

5. 反三角函数

反正弦函数 $y = \arcsin x$ 的定义域是 $[-1,1]$,值域为 $\left[-\dfrac{\pi}{2},\dfrac{\pi}{2}\right]$;反正弦函数是奇函数,在区间 $[-1,1]$ 内单调增加;由于它的图象关于坐标原点对称,所以 $y = \arcsin x$ 是奇函数(如图 1-15).

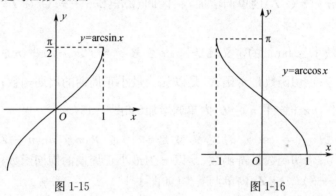

图 1-15   图 1-16

反余弦函数 $y = \arccos x$ 的定义域是 $[-1,1]$,值域为 $[0,\pi]$;反余弦函数在区间 $[-1,1]$ 内单调减少;由于它的图象既不关于坐标原点对称,又不关于 y 轴对称,所以 $y = \arccos x$ 既不是奇函数,也不是偶函数(如图 1-16).

反正切函数 $y = \arctan x$ 的定义域是 $(-\infty,+\infty)$,值域是 $\left(-\dfrac{\pi}{2},\dfrac{\pi}{2}\right)$;反正切函数是单调增加的奇函数;由于它的图象关于坐标原点对称,所以 $y = \arctan x$ 是奇函数(如图 1-17).

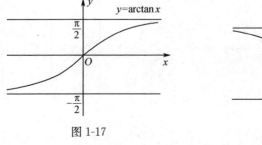
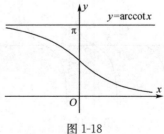

图 1-17   图 1-18

反余切函数 $y = \operatorname{arccot} x$ 的定义域是 $(-\infty, +\infty)$，值域是 $(0, \pi)$；反余切函数是单调减少的函数；由于它的图象既不关于坐标原点对称，又不关于 y 轴对称，所以 $y = \operatorname{arccot} x$ 既不是奇函数，也不是偶函数（如图 1-18）.

以上所讨论的函数：幂函数、指数函数、对数函数、三角函数和反三角函数统称为基本初等函数.

1.2.2　反函数

定义 1.2　设函数 $y = f(x)$ 的定义域为 D，值域为 W. 如果对于 W 中的每一个 y 值，都可以通过关系式 $y = f(x)$ 确定唯一的 x 值与之对应，则所确定的以 y 为自变量的函数 $x = \varphi(y)$ 叫做函数 $y = f(x)$ 的反函数，记作 $x = f^{-1}(y)$. 这个函数的定义域为 W，值域为 D. 相对于反函数 $x = \varphi(y)$ 来说，原来的函数 $y = f(x)$ 叫做直接函数.

习惯上，函数的自变量都用 x 表示，所以反函数通常表示为 $y = f^{-1}(x)$.

例 1　求函数 $y = \dfrac{1}{2}x + 2$ 的反函数，并在同一直角坐标系下作出它们的图象.

解　由 $y = \dfrac{1}{2}x + 2$，解得 $x = 2y - 4$，所以 $y = \dfrac{1}{2}x + 2$ 的反函数为 $y = 2x - 4$（图 1-19）.

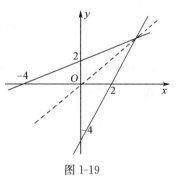

从图 1-19 中可以看到，$y = \dfrac{1}{2}x + 2$ 与其反函数 $y = 2x - 4$ 的图象是关于直线 $y = x$ 对称的.

一般的，函数 $y = f(x)$ 与其反函数 $y = f^{-1}(x)$ 的图象关于直线 $y = x$ 对称.

图 1-19

想一想，是否任何函数都存在反函数呢？

例 2　讨论函数 $y = x^2$ 的反函数.

解　函数的定义域 $(-\infty, +\infty)$，值域 $[0, +\infty)$. 因为 $x = \pm\sqrt{y}$，所以任取 $y \in (0, +\infty)$，有两个 x 值与之对应，于是函数 $y = x^2$ 在其定义域 $(-\infty, +\infty)$ 内不存在反函数.

如果只考虑函数 $y = x^2$ 在区间 $[0, +\infty)$ 内的反函数，则此时 $x = \sqrt{y}$，对于 $[0, +\infty)$ 内任意的 y 值，都只有唯一的 x 值与之对应，于是函数 $y = x^2$ 在 $[0, +\infty)$ 内存在反函数，且反函数为 $y = \sqrt{x}$. 同样地，函数 $y = x^2$ 在 $(-\infty, 0]$ 内的反函数为 $y = -\sqrt{x}$.

由此可知，反函数的存在与否与其考虑的区间是有关的. 对于一般函数的反函

数是否存在,我们有如下的定理:

定理 1.1 设函数 $y = f(x)$ 的定义域为 D,值域为 W. 如果 $y = f(x)$ 在 D 上是单调的,则它必存在反函数 $y = f^{-1}(x)$,且反函数 $y = f^{-1}(x)$ 在 W 上也具有相同的单调性.

1.2.3 复合函数

若函数 $y = f(u)$ 的定义域为 D_1,函数 $u = \varphi(x)$ 的定义域为 D,值域为 W,且 $W \subset D_1$,则对于任一 $x \in D$,通过 u 有确定的 y 值与之对应,从而得到一个以 x 为自变量,y 为因变量的函数,这个函数称为由函数 $y = f(u)$ 和 $u = \varphi(x)$ 复合而成的复合函数,记作 $y = f[\varphi(x)]$,u 称为中间变量.

注 (1) 不是任何两个函数都能够复合成一个复合函数的. 例如,$y = \arcsin u$ 及 $u = 2 + x^2$ 就不能复合成一个复合函数. 因为对于 $u = 2 + x^2$ 的定义域 $(-\infty, +\infty)$ 内任何 x 值所对应的 u 值(都大于或等于2),都不能使 $y = \arcsin u$ 有意义.

(2) 复合函数的中间变量可以是两个或者两个以上. 例如,$y = \ln u$,$u = 1 + v$,$v = x^2$ 就是经过两次复合构成的函数.

(3) 利用复合函数的概念,可以把一个较复杂的函数拆分成几个简单的函数,一般要把复合函数拆分成基本初等函数,或由基本初等函数经过四则运算而成的函数. 这种方法在计算导数和积分时很有用.

例 3 设 $f(x) = x^2$,$g(x) = \sin\sqrt{x}$. 求 $f[g(x)]$ 与 $g[f(x)]$.

解
$$f[g(x)] = [g(x)]^2 = (\sin\sqrt{x})^2 = \sin^2\sqrt{x},$$

$$g[f(x)] = \sin\sqrt{f(x)} = \sin\sqrt{x^2} = \begin{cases} \sin x, & x \geqslant 0, \\ -\sin x, & x < 0. \end{cases}$$

例 4 指出下列复合函数的复合过程:

(1) $y = \sin x^2$;   (2) $y = \sqrt{1 + x^2}$;

(3) $y = \ln\cos(3x - 1)$.

解 (1) $y = \sin x^2$ 的复合过程是:$y = \sin u$,$u = x^2$;

(2) $y = \sqrt{1 + x^2}$ 的复合过程是:$y = \sqrt{u}$,$u = 1 + x^2$;

(3) $y = \ln\cos(3x - 1)$ 的复合过程是:$y = \ln u$,$u = \cos v$,$v = 3x - 1$.

例 5 设 $f\left(\dfrac{1-x}{x}\right) = \dfrac{1}{x} + \dfrac{x^2}{2x^2 - 2x + 1} - 1 (x \neq 0)$,求 $f(x)$.

解 设 $\dfrac{1-x}{x} = t$,则 $x = \dfrac{1}{t+1}$,于是

$$f(t) = (t+1) + \frac{\left(\dfrac{1}{t+1}\right)^2}{2\left(\dfrac{1}{t+1}\right)^2 - 2\left(\dfrac{1}{t+1}\right) + 1} - 1 = t + \frac{1}{t^2+1},$$

因为函数关系与变量选用什么字母表示无关，所以

$$f(x) = x + \frac{1}{x^2+1}.$$

1.2.4　初等函数

由常数和基本初等函数经过有限次的四则运算和复合所构成的，并且可用一个式子表示的函数，称为初等函数.

例如，$y = \sqrt{1-x^2}$，$y = \sin^2 x$，$y = \sqrt{\cot\dfrac{x}{2}}$，$y = \arcsin x^2 - 1$ 等都是初等函数. 在本课程中所讨论的函数绝大多数都是初等函数.

习题 1.2

1. 求下列函数的定义域：

(1) $y = \sin\sqrt{x}$；

(2) $y = \tan(x+1)$；

(3) $y = \arcsin(x-3)$；

(4) $y = \sqrt{3-x} + \arctan\dfrac{1}{x}$；

(5) $y = \ln(x+1)$；

(6) $y = e^{\frac{1}{x}}$.

2. 设 $f(x) = \arcsin x$，求下列函数值：$f(0)$，$f(-1)$，$f\left(\dfrac{\sqrt{3}}{2}\right)$，$f\left(-\dfrac{\sqrt{2}}{2}\right)$，$f(1)$.

3. 设 $G(x) = \dfrac{1}{2}\arccos\dfrac{x}{2}$，求下列函数值：$G(0)$，$G(1)$，$G(\sqrt{2})$，$G(-\sqrt{3})$，$G(-2)$.

4. 下列各题中，求由所给函数复合而成的函数，并求这函数分别对应于给定自变量 x_1 和 x_2 的函数值：

(1) $y = u^2$，$u = \sin x$，$x_1 = \dfrac{\pi}{6}$，$x_2 = \dfrac{\pi}{3}$；

(2) $y = \sin u$，$u = 2x$，$x_1 = \dfrac{\pi}{8}$，$x_2 = \dfrac{\pi}{4}$；

(3) $y = \sqrt{u}$，$u = 1 + x^2$，$x_1 = 1$，$x_2 = 2$；

(4) $y = e^u$，$u = x^2$，$x_1 = 0$，$x_2 = 1$.

5. 求下列函数的反函数：

(1)$y = \sqrt[3]{x+2}$;　　　　　　　　　　(2)$y = \log_2(x-2)$;

(3)$y = \dfrac{1-x}{1+x}$;　　　　　　　　　(4)$y = \dfrac{e^x - e^{-x}}{2}$.

6. 指出下列函数的复合过程:

(1)$y = \sin 2x$;　　　　　　　　　　　(2)$y = e^{\cos^2 x}$;

(3)$y = \arcsin[\ln(x^2+1)]$;　　　　　(4)$y = f(e^{x^2})$.

7. 设 $y = f(x)$ 的定义域为 $0 < x < 1$,求下列函数的定义域:

(1)$y = f(x+3)$;　　　　　　　　　(2)$y = f\left(\dfrac{1}{x}\right)$;

(3)$y = f(\sin x)$.

1.3　数列的极限

1.3.1　数列极限的定义

定义 1.3　如果按照某一法则对每一个 $n \in \mathbf{N}^+$,都对应着一个确定的实数 x_n,则得到一个序列

$$x_1, x_2, x_3, \cdots, x_n, \cdots,$$

这一序列称为数列,记为 $\{x_n\}$. 其中第 n 项 x_n 叫做数列的一般项.

例如,$\dfrac{1}{2}$, $\dfrac{2}{3}$, $\dfrac{3}{4}$, $\cdots$, $\dfrac{n}{n+1}$, $\cdots$;

　　$2, 4, 8, \cdots, 2^n, \cdots$;

　　$\dfrac{1}{2}$, $\dfrac{1}{4}$, $\dfrac{1}{8}$, $\cdots$, $\dfrac{1}{2^n}$, $\cdots$;

　　$1, -1, 1, \cdots, (-1)^{n+1}, \cdots$;

　　2, $\dfrac{1}{2}$, $\dfrac{4}{3}$, $\cdots$, $\dfrac{n+(-1)^{n-1}}{n}$, $\cdots$

都是数列,它们的一般项分别为

$$\frac{n}{n+1}, 2^n, \frac{1}{2^n}, (-1)^{n+1}, \frac{n+(-1)^{n-1}}{n}.$$

如图 1-20,在几何上,数列 $\{x_n\}$ 可以看做数轴上的一个动点,它依次取数轴上的点 $x_1, x_2, x_3, \cdots, x_n, \cdots$.

数列 $\{x_n\}$ 可以表示为自变量为正整数 n 的函数:$x_n = f(n), n \in \mathbf{Z}$.

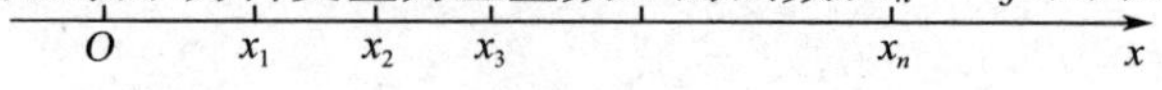

图 1-20

1.3.2　数列极限的定性描述

引例　如何用渐近的方法求圆的面积 S?

用圆内接正多边形的面积近似代替圆的面积 S(图 1-21).

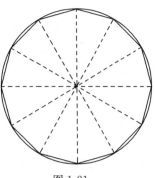

A_1 表示圆内接正六边形面积, A_2 表示圆内接正十二边形面积, A_3 表示圆内接正二十四边形面积, …, $A_n(n \in \mathbf{N}^+)$ 表示圆内接正 $6 \times 2^{n-1}$ 边形面积. 这样, 就得到一系列内接正多边形的面积:
$$A_1, A_2, A_3, \cdots, A_n, \cdots,$$
它们构成一列有次序的数, 显然 n 越大, A_n 越接近于 S.

因此, 需要考虑当 $n \to \infty$ 时, A_n 的变化趋势. 即内

图 1-21

接正多边形的边数无限增加, 在这个过程中, 内接正多边形无限接近于圆, 同时 A_n 也无限接近于某一确定的数值, 这个确定的数值就理解为圆的面积. 这个确定的数值在数学上称为上面这列有次序的数(所谓数列) $A_1, A_2, A_3, \cdots, A_n, \cdots$ 当 $n \to \infty$ 时的极限. 在上述问题中我们看到, 正是这个数列的极限才精确地表达了圆的面积.

定义 1.4　对于数列 $\{x_n\}$, 当 n 无限增大时, 如果其一般项 x_n 能无限接近于某个确定的常数 a, 则称常数 a 为数列 $\{x_n\}$ 的极限, 或称数列 $\{x_n\}$ 收敛于 a, 记作
$$\lim_{n \to \infty} x_n = a \text{ 或 } x_n \to a(n \to \infty).$$
此时, 也称数列 $\{x_n\}$ 收敛; 如果不存在这样的常数 a, 就说数列 $\{x_n\}$ 没有极限, 也称数列 $\{x_n\}$ 发散.

例 1　观察下列数列 $\{x_n\}$ 的变化趋势, 并求出极限.

(1) $x_n = \dfrac{n}{n+1}$;　　　　　　　(2) $x_n = \dfrac{1}{2^n}$;

(3) $x_n = 2n+1$;　　　　　　　(4) $x_n = (-1)^{n+1}$.

解　计算出数列的前 n 项:
$$x_n = \frac{n}{n+1}, \text{即} \frac{1}{2}, \frac{2}{3}, \frac{3}{4}, \cdots, \frac{n}{n+1}, \cdots;$$
$$x_n = \frac{1}{2^n}, \text{即} \frac{1}{2}, \frac{1}{4}, \frac{1}{8}, \cdots, \frac{1}{2^n}, \cdots;$$
$$x_n = 2n+1, \text{即} 3, 5, 7, \cdots, 2n+1, \cdots;$$
$$x_n = (-1)^{n+1}, \text{即} 1, -1, 1, \cdots, (-1)^{n+1}, \cdots.$$
观察以上四个数列在 $n \to \infty$ 时的变化趋势, 得

(1) $\lim\limits_{n \to \infty} \dfrac{n}{n+1} = 1$;　　　　　　(2) $\lim\limits_{n \to \infty} \dfrac{1}{2^n} = 0$;

(3) $\lim\limits_{n \to \infty} (2n+1)$ 不存在；　　　　(4) $\lim\limits_{n \to \infty} (-1)^{n+1}$ 不存在.

1.3.3　数列极限的定量描述

定义 1.4′　设 $\{x_n\}$ 为一数列,如果存在常数 a,对于任意给定的正数 ε,总存在正整数 N,使得当 $n > N$ 时,不等式

$$|x_n - a| < \varepsilon$$

总成立,则称常数 a 是数列 $\{x_n\}$ 的极限,或者称数列 $\{x_n\}$ **收敛**于 a,记作

$$\lim\limits_{n \to \infty} x_n = a \text{ 或 } x_n \to a (n \to \infty).$$

若用逻辑符号"$\forall$" 表示"**任意**",用符号"$\exists$" 表示"**存在**",则"数列 $\{x_n\}$ 以 a 为极限" 用逻辑符号可简记为:

$$\lim\limits_{n \to \infty} x_n = a \Leftrightarrow \forall \varepsilon > 0, \exists \text{ 正整数 } N, \text{当 } n > N \text{ 时,有 } |x_n - a| < \varepsilon.$$

例 2　证明 $\lim\limits_{n \to \infty} \dfrac{n + (-1)^{n-1}}{n} = 1$.

证明　因为 $\forall \varepsilon > 0, \exists N = \left[\dfrac{1}{\varepsilon}\right]$,当 $n > N$ 时,有

$$|x_n - 1| = \left| \frac{n + (-1)^{n-1}}{n} - 1 \right| = \frac{1}{n} < \varepsilon,$$

所以 $\lim\limits_{n \to \infty} \dfrac{n + (-1)^{n-1}}{n} = 1$.

1.3.4　收敛数列的性质

性质 1(极限的唯一性)　如果数列 $\{x_n\}$ 收敛,那么数列 $\{x_n\}$ 的极限唯一.

对于数列 $\{x_n\}$,如果存在正数 M,使得一切 x_n 都满足不等式

$$|x_n| \leqslant M,$$

则称数列 $\{x_n\}$ 是**有界**的. 如果这样的正数 M 不存在,则称数列 $\{x_n\}$ 是**无界**的.

性质 2(收敛数列的有界性)　如果数列 $\{x_n\}$ 收敛,那么数列 $\{x_n\}$ 一定有界.

注　有界数列不一定收敛. 如数列 $\{(-1)^{n-1}\}$ 有界,但极限不存在.

性质 3(收敛数列的保号性)　对于数列 $\{x_n\}$,若 $\lim\limits_{n \to \infty} x_n = a$ 且 $a > 0$(或 $a < 0$),则存在某个 N,当 $n > N$ 以后,有 $x_n > 0$(或 $x_n < 0$).

习题 1.3

1. 观察下列数列 $\{x_n\}$ 的变化趋势,并求出极限:

$(1) x_n = 2 + \dfrac{1}{n^2}$;

$(2) x_n = (-1)^n \dfrac{1}{n}$;

$(3) x_n = (-1)^n n$;

$(4) x_n = \dfrac{n-1}{n+1}$;

$(5) x_n = e^{-n}$;

$(6) x_n = \sin \dfrac{n\pi}{2}$.

2. 根据数列极限的定义证明：

$(1) \lim\limits_{n\to\infty} \dfrac{1}{n} = 0$;

$(2) \lim\limits_{n\to\infty} \dfrac{3n+1}{2n+1} = \dfrac{3}{2}$.

1.4 函数的极限

上节讲了数列的极限,如果把数列看做自变量为 n 的函数 $x_n = f(n)$,那么数列 $x_n = f(n)$ 的极限为 a,就是当自变量 n 取正整数而无限增大(即 $n \to \infty$)时,对应的函数值 $f(n)$ 无限接近于确定的数 a. 把数列极限概念中的函数为 $f(n)$ 而自变量的变化过程为 $n \to \infty$ 等特殊性撇开,这样可以引出函数极限的一般概念:在自变量的某个变化过程中,如果对应的函数值无限接近于某个确定的数,那么这个确定的数就叫做在这一变化过程中函数的极限. 这个极限是与自变量的变化过程密切相关的,由于自变量的变化过程不同,函数的极限就表现为不同的形式. 下面主要讲述自变量的变化过程为以下两种情形时函数 $f(x)$ 的极限.

1. 当自变量 x 无限地接近于 x_0 时 $f(x)$ 的变化趋势,即 $x \to x_0$ 时 $f(x)$ 的极限;

2. 当自变量 x 的绝对值无限增大时 $f(x)$ 的变化趋势,即 $x \to \infty$ 时 $f(x)$ 的极限.

1.4.1 当 $x \to x_0$ 时函数 $f(x)$ 的极限

先看一个例子,考查 $x \to 1$ 时,函数 $f(x) = \dfrac{2(x^2-1)}{x-1}$ 的变化趋势. 这个函数虽在 $x = 1$ 处无定义,但从它的图形 (图 1-22) 上可见,当点 x 从 1 的左侧或右侧无限地接近于 1 时,$f(x)$ 的值就无限地接近于 4,我们称常数 4 是当 $x \to 1$ 时 $f(x)$ 的极限.

定义 1.5 设函数 $f(x)$ 在点 x_0 的某空心邻域内有定义. 如果当 x 无限接近于定值 x_0,即 $x \to x_0$ 时,函数 $f(x)$ 的值无限接近于一个确定的常数 A,那么 A 就叫做函数 $f(x)$ 当 $x \to x_0$ 时的极限,记作

$$\lim_{x \to x_0} f(x) = A \ \text{或} \ f(x) \to A \ (x \to x_0).$$

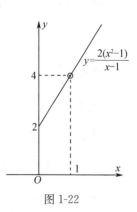

图 1-22

这时也称 $\lim\limits_{x \to x_0} f(x)$ 存在;否则称 $\lim\limits_{x \to x_0} f(x)$ 不存在.

以上定义是对此类极限的定性描述,与数列极限一样,函数的极限亦有更为准确的 $\varepsilon\delta$ 语言定量描述,留给读者自行给出,这里仅给逻辑符号表示:

$$\lim\limits_{x \to x_0} f(x) = A \Leftrightarrow \forall \varepsilon > 0, \exists \delta > 0,\text{使得当 } 0 < |x - x_0| < \delta \text{ 时,恒有}$$
$|f(x) - A| < \varepsilon.$

注 (1) 函数极限与 $f(x)$ 在点 x_0 处是否有定义无关;

(2) 在极限的定义中,$x \to x_0$ 的方式是任意的.

很明显,这里所述的自变量 x 的值无限接近 x_0 包含两种基本情形,即 x 从 x_0 的左边 $(x < x_0)$ 无限接近于 x_0 (记作 $x \to x_0 - 0$)和 x 从 x_0 的右边 $(x > x_0)$ 无限接近于 x_0 (记作 $x \to x_0 + 0$).

定义 1.6 如果当 $x \to x_0 - 0$ 时,函数 $f(x) \to A$,那么称 A 为 $f(x)$ 当 $x \to x_0$ 时的左极限,记作 $\lim\limits_{x \to x_0 - 0} f(x) = A$ 或 $f(x_0 - 0) = A$;如果当 $x \to x_0 + 0$ 时,函数 $f(x) \to A$,那么称 A 为 $f(x)$ 当 $x \to x_0$ 时的右极限,记作 $\lim\limits_{x \to x_0 + 0} f(x) = A$ 或 $f(x_0 + 0) = A$.左、右极限统称为单侧极限.

由定义很容易得到如下结论:

$$\lim\limits_{x \to x_0} f(x) = A \Leftrightarrow \lim\limits_{x \to x_0 - 0} f(x) = \lim\limits_{x \to x_0 + 0} f(x) = A.$$

即函数在点 x_0 处极限存在的充分必要条件是函数在点 x_0 处的左、右极限存在且相等.因此,如果 $f(x_0 - 0)$ 和 $f(x_0 + 0)$ 至少有一个不存在,或者都存在但不相等,则极限 $\lim\limits_{x \to x_0} f(x)$ 不存在.

例 1 讨论 $f(x) = \begin{cases} 1 - x, & x < 0, \\ x^2 + 1, & x \geqslant 0 \end{cases}$ 当 $x \to 0$ 时极限是否存在.

解 因为

$$\lim\limits_{x \to 0 - 0} f(x) = \lim\limits_{x \to 0 - 0} (1 - x) = 1, \lim\limits_{x \to 0 + 0} f(x) = \lim\limits_{x \to 0 + 0} (x^2 + 1) = 1,$$

从而
$$\lim\limits_{x \to 0 - 0} f(x) = \lim\limits_{x \to 0 + 0} f(x) = 1,$$

所以
$$\lim\limits_{x \to 0} f(x) = 1.$$

例 2 验证 $\lim\limits_{x \to 0} \dfrac{|x|}{x}$ 不存在.

证明 因为

$$\lim\limits_{x \to 0 - 0} \frac{|x|}{x} = \lim\limits_{x \to 0 - 0} \frac{-x}{x} = -1, \lim\limits_{x \to 0 + 0} \frac{|x|}{x} = \lim\limits_{x \to 0 + 0} \frac{x}{x} = 1,$$

即它的左、右极限存在但不相等,所以 $\lim\limits_{x \to 0} \dfrac{|x|}{x}$ 不存在.

例 3 求函数

$$y = \operatorname{sgn} x = \begin{cases} 1, & x > 0, \\ 0, & x = 0, \\ -1, & x < 0 \end{cases}$$

当 $x \to 0$ 时的左、右极限,并讨论极限 $\lim\limits_{x \to 0} \operatorname{sgn} x$ 是否存在.

解 由图 1-4 知,当 $x \to 0$ 时,函数的左、右极限分别为

$$\lim_{x \to 0-0} \operatorname{sgn} x = \lim_{x \to 0-0} (-1) = -1, \lim_{x \to 0+0} \operatorname{sgn} x = \lim_{x \to 0+0} 1 = 1.$$

因为左、右极限存在但不相等,所以极限 $\lim\limits_{x \to 0} \operatorname{sgn} x$ 不存在.

例 4 已知 $f(x) = \begin{cases} x^2 + 1, & x > 2, \\ x + a, & x \leqslant 2 \end{cases}$ 且 $\lim\limits_{x \to 2} f(x)$ 存在,求常数 a 的值.

解 因为 $f(2-0) = \lim\limits_{x \to 2-0} (x + a) = 2 + a, f(2+0) = \lim\limits_{x \to 2-0} (x^2 + 1) = 5,$ 又 $\lim\limits_{x \to 2+0} f(x)$ 存在,所以 $f(2-0) = f(2+0)$,即 $2 + a = 5$,所以 $a = 3$.

1.4.2 当 $x \to \infty$ 时函数 $f(x)$ 的极限

首先观察函数 $f(x) = \dfrac{1}{x}$ 当 $x \to \infty$ 时的变化趋势.

如图 1-23 所示,当 x 取正值且无限增大时(记作 $x \to +\infty$),$f(x) = \dfrac{1}{x} \to 0$;当 x 取负值且绝对值无限增大时(记作 $x \to -\infty$),也有 $f(x) = \dfrac{1}{x} \to 0$. 综合以上两种情况,当 x 的绝对值无限增大时,$f(x) = \dfrac{1}{x} \to 0$.

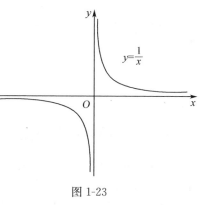

图 1-23

定义 1.7 如果当 x 的绝对值无限增大(即 $x \to \infty$)时,函数 $f(x)$ 能无限接近于一个确定的常数 A,那么 A 就叫做函数 $f(x)$ 当 $x \to \infty$ 时的极限,记作

$$\lim_{x \to \infty} f(x) = A \text{ 或 } f(x) \to A (x \to \infty).$$

这时也称 $\lim\limits_{x \to \infty} f(x)$ 存在;否则称 $\lim\limits_{x \to \infty} f(x)$ 不存在.

用逻辑符号简记为

$$\lim_{x \to \infty} f(x) = A \Leftrightarrow \forall \varepsilon > 0, \exists X > 0, \text{使得当} |x| > X \text{时,恒有} |f(x) - A| < \varepsilon.$$

在实际中有时只能或只需考虑 $x \to +\infty$ 及 $x \to -\infty$ 这两种变化趋势中的一

种情形,即函数 $f(x)$ 当 $x \to +\infty$(或 $x \to -\infty$) 时的极限.

定义 1.8　如果当 $x \to +\infty$(或 $x \to -\infty$)时,函数 $f(x) \to A$,那么称 A 为 $f(x)$ 当 $x \to +\infty$(或 $x \to -\infty$)时的极限,记作

$$\lim_{\substack{x \to +\infty \\ (x \to -\infty)}} f(x) = A \text{ 或 } f(x) \to A(x \to +\infty \text{ 或 } x \to -\infty).$$

由此得到如下结论:

$$\lim_{x \to \infty} f(x) = A \Leftrightarrow \lim_{x \to -\infty} f(x) = \lim_{x \to +\infty} f(x) = A.$$

例 5　考查函数 $y = \arctan x$ 的图象,求出下列极限:

$$\lim_{x \to +\infty} \arctan x, \ \lim_{x \to -\infty} \arctan x, \ \lim_{x \to \infty} \arctan x.$$

解　考查图 1-17 知,当 $x \to +\infty$ 时,函数 $y = \arctan x$ 无限接近于常数 $\dfrac{\pi}{2}$,所以 $\lim\limits_{x \to +\infty} \arctan x = \dfrac{\pi}{2}$;类似地,当 $x \to -\infty$ 时, $\lim\limits_{x \to -\infty} \arctan x = -\dfrac{\pi}{2}$;因为

$$\lim_{x \to -\infty} \arctan x \neq \lim_{x \to +\infty} \arctan x,$$

所以当 $x \to \infty$ 时,极限 $\lim\limits_{x \to \infty} \arctan x$ 不存在.

例 6　证明 $\lim\limits_{x \to \infty} \dfrac{1}{x} = 0$.

证明　因为 $\forall \varepsilon > 0, \exists X = \dfrac{1}{\varepsilon} > 0$,当 $|x| > X$ 时,有

$$|f(x) - A| = \left| \frac{1}{x} - 0 \right| = \frac{1}{|x|} < \varepsilon,$$

所以 $\lim\limits_{x \to \infty} \dfrac{1}{x} = 0$.

1.4.3　函数极限的性质

以上讨论了函数极限的各种情形,它们描述的问题都是自变量在某一变化过程中,函数值无限逼近于某个常数.下面以 $x \to x_0$ 为例给出函数极限的性质.

性质 1(函数极限的唯一性)　如果当 $x \to x_0$ 时 $f(x)$ 的极限存在,那么这个极限是唯一的.

性质 2(函数极限的局部有界性)　若 $\lim\limits_{x \to x_0} f(x) = A$,则存在 x_0 的某一空心邻域,在该空心邻域内函数 $f(x)$ 有界.

性质 3(函数极限的局部保号性)　若 $\lim\limits_{x \to x_0} f(x) = A$,且 $A > 0$(或 $A < 0$),则存在 x_0 的某一空心邻域,在该空心邻域内 $f(x) > 0$(或 $f(x) < 0$).

习题 1.4

1. 观察下列极限是否存在,如果存在,求出该极限:

(1) $\lim\limits_{x \to 0} \sin x$;

(2) $\lim\limits_{x \to +\infty} e^{-x}$;

(3) $\lim\limits_{x \to \infty} \dfrac{1}{x^2}$;

(4) $\lim\limits_{x \to \frac{\pi}{4}} \tan x$;

(5) $\lim\limits_{x \to \frac{\pi}{2}} \tan x$;

(6) $\lim\limits_{x \to 0} \cos \dfrac{1}{x}$.

2. 讨论函数 $f(x) = \begin{cases} x-1, x \leqslant 0, \\ x+1, x > 0 \end{cases}$ 当 $x \to 0$ 时的极限.

3. 设函数 $f(x) = \begin{cases} x^2, x < 0, \\ 2, \ x = 0, \\ x, \ x > 0, \end{cases}$ 作出该函数的图形,并求 $\lim\limits_{x \to 0} f(x)$, $\lim\limits_{x \to 1} f(x)$, $\lim\limits_{x \to -2} f(x)$.

4. 设 $f(x) = \begin{cases} e^x + 1, x > 0, \\ x^2 + b, x < 0, \end{cases}$ 问 b 取何值时,$\lim\limits_{x \to 0} f(x)$ 存在.

5. 证明:(1) $\lim\limits_{x \to 2}(3x+1) = 7$;(2) $\lim\limits_{x \to +\infty} \dfrac{1}{x+3} = 0$.

1.5　无穷小与无穷大

1.5.1　无穷小

定义 1.9　如果当 $x \to x_0$(或 $x \to \infty$)时,函数 $f(x)$ 的极限为零,即

$$\lim\limits_{x \to x_0} f(x) = 0 \text{ 或 } \lim\limits_{x \to \infty} f(x) = 0,$$

则函数 $f(x)$ 叫做当 $x \to x_0$(或 $x \to \infty$)时的无穷小量,简称无穷小.

如当 $x \to 0$ 时,x^2,$\sin x$ 是无穷小;当 $x \to \infty$ 时,$\dfrac{1}{x}$ 是无穷小.

注　(1)说一个函数 $f(x)$ 是无穷小,必须指明自变量 x 的变化趋势.如函数 $x + 3$ 是当 $x \to -3$ 时的无穷小,但当 $x \to 1$ 时,$x+3$ 就不是无穷小;

(2)不能将绝对值很小的常数认为是无穷小,因为这个常数的极限不等于 0;

(3)数 0 可看做是无穷小. 因为 $\lim\limits_{x \to x_0} 0 = 0$ 或 $\lim\limits_{x \to \infty} 0 = 0$.

无穷小的性质:

性质 1　有限个无穷小的代数和仍是无穷小.

性质 2　有限个无穷小的乘积仍是无穷小.

性质 3　有界函数与无穷小的乘积是无穷小.

例 1　求 $\lim\limits_{x \to 0} x \cdot \sin\dfrac{1}{x}$.

解　因为 $\lim\limits_{x \to 0} x = 0$,且 $\left| \sin\dfrac{1}{x} \right| \leqslant 1$,根据性质 3,有

$$\lim_{x \to 0} x \cdot \sin\frac{1}{x} = 0.$$

注意,求此极限,不能写成

$$\lim_{x \to 0} x \cdot \sin\frac{1}{x} = \lim_{x \to 0} x \cdot \lim_{x \to 0} \sin\frac{1}{x} = 0.$$

定理 1.2　$\lim\limits_{x \to x_0} f(x) = A \Leftrightarrow f(x) = A + \alpha(x)$,其中 $\alpha(x)$ 是在 $x \to x_0$ 时的无穷小.

例 2　求 $\lim\limits_{x \to \infty} \dfrac{x^2}{x^2 - 1}$.

解　因为 $\dfrac{x^2}{x^2 - 1} = 1 + \dfrac{1}{x^2 - 1}$,且 $\lim\limits_{x \to \infty} \dfrac{1}{x^2 - 1} = 0$,所以

$$\lim_{x \to \infty} \frac{x^2}{x^2 - 1} = 1.$$

1.5.2　无穷大

定义 1.10　如果当 $x \to x_0$(或 $x \to \infty$)时,函数 $f(x)$ 的绝对值无限增大,则函数 $f(x)$ 叫做当 $x \to x_0$(或 $x \to \infty$)时的无穷大量,简称无穷大. 记作

$$\lim_{x \to x_0} f(x) = \infty \ \text{或} \ \lim_{x \to \infty} f(x) = \infty.$$

如当 $x \to 0$ 时,$\dfrac{1}{x}$ 是无穷大;当 $x \to +\infty$ 时,e^x 是无穷大.

如果当 $x \to x_0$(或 $x \to \infty$)时,函数 $f(x)$ 的极限为正无穷大或负无穷大,就记作

$$\lim_{\substack{x \to x_0 \\ (x \to \infty)}} f(x) = +\infty \ \text{或} \ \lim_{\substack{x \to x_0 \\ (x \to \infty)}} f(x) = -\infty.$$

注　(1) 说一个函数 $f(x)$ 是无穷大,必须指明自变量 x 的变化趋势. 如函数 $\dfrac{1}{x}$ 是当 $x \to 0$ 时的无穷大;但当 $x \to 1$ 时,就不是无穷大;

(2) 无穷大是无界变量,不能将绝对值很大的常数认为是无穷大,因为这个常数当 $x \to x_0$(或 $x \to \infty$)时,其绝对值不能无限制地增大;另外,无界变量不一定是无穷大;

（3）根据极限的定义,此时函数的极限不存在.

1.5.3　无穷大与无穷小的关系

定理 1.3　在自变量的同一变化过程中,无穷大的倒数为无穷小;不恒为零的无穷小的倒数为无穷大.

例如,$\lim\limits_{x \to 1}(x-1) = 0$,则 $\lim\limits_{x \to 1}\dfrac{1}{x-1} = \infty$.

1.5.4　无穷小的比较

观察两个无穷小比值的极限

$$\lim_{x \to 0}\frac{x^3}{2x} = 0,\ \lim_{x \to 0}\frac{2x}{x^3} = \infty,\ \lim_{x \to 0}\frac{x}{2x} = \frac{1}{2}.$$

以上两个无穷小比值的极限的各种不同情况,反映了不同的无穷小趋于零的"快慢"程度.

在 $x \to 0$ 的过程中,x^3 比 $2x$ 趋于零的速度快些,反过来 $2x$ 比 x^3 趋于零的速度慢些,而 x 与 $2x$ 趋于零的速度相仿.

定义 1.11　设 α 及 β 为同一个自变量的变化过程中的无穷小. 则

（1）若 $\lim\dfrac{\beta}{\alpha} = 0$,则称 β 是比 α 高阶的无穷小,记作 $\beta = o(\alpha)$;

（2）若 $\lim\dfrac{\beta}{\alpha} = \infty$,则称 β 是比 α 低阶的无穷小;

（3）若 $\lim\dfrac{\beta}{\alpha} = c \neq 0$（$c$ 为常数）,则称 β 与 α 是同阶的无穷小;

（4）若 $\lim\dfrac{\beta}{\alpha} = 1$,则称 β 与 α 是等价的无穷小,记作 $\alpha \sim \beta$.

如当 $x \to 0$ 时,x^3 是比 $2x$ 高阶的无穷小,即 $x^3 = o(2x)$;x 与 $2x$ 为同阶无穷小,显然,等价无穷小是同阶无穷小当 $c = 1$ 时的特殊情形.

例 3　比较下列无穷小阶数的高低:

（1）当 $x \to \infty$ 时,$\dfrac{1}{x^2}$ 与 $\dfrac{3}{x}$;　　　　　　（2）当 $x \to 1$ 时,$1-x$ 与 $1-x^2$.

解　（1）因为 $\lim\limits_{x \to \infty}\dfrac{\frac{1}{x^2}}{\frac{3}{x}} = \dfrac{1}{3}\lim\limits_{x \to \infty}\dfrac{1}{x} = 0$,所以 $\dfrac{1}{x^2}$ 是比 $\dfrac{3}{x}$ 高阶的无穷小,即

$$\frac{1}{x^2} = o\left(\frac{3}{x}\right).$$

(2) 因为 $\lim\limits_{x\to 1}\dfrac{1-x}{1-x^2}=\lim\limits_{x\to 1}\dfrac{1}{1+x}=\dfrac{1}{2}$,所以 $1-x$ 与 $1-x^2$ 为同阶无穷小.

在后面的章节中将证明以下几个常见的等价无穷小,即当 $x\to 0$ 时,有

$$\sin x \sim x, \tan x \sim x, \arcsin x \sim x, \arctan x \sim x,$$

$$1-\cos x \sim \frac{1}{2}x^2, \ln(1+x)\sim x, \mathrm{e}^x-1\sim x, \sqrt[n]{1+x}-1\sim \frac{1}{n}x.$$

这些等价无穷小在求极限及近似计算中有重要作用.

习题 1.5

1. 指出下列函数哪些是无穷小?哪些是无穷大?

(1) $y=5x^2\ (x\to\infty)$;

(2) $y=\dfrac{x-1}{x+1}\ (x\to 1)$;

(3) $y=\dfrac{1}{x-5}\ (x\to 5)$;

(4) $y=\mathrm{e}^x\ (x\to-\infty)$;

(5) $y=\ln x\ (x\to 1)$;

(6) $y=\dfrac{x^2-1}{x^2+2x-3}\ (x\to-3)$.

2. 利用无穷小的性质说明下列函数是无穷小:

(1) $2x^3+3x^2+x\ (x\to 0)$;

(2) $x\cos\dfrac{1}{x}\ (x\to 0)$;

(3) $\lim\limits_{x\to\infty}\dfrac{\sin x}{x}$;

(4) $\dfrac{\arctan x}{x}\ (x\to\infty)$.

3. 比较下列无穷小阶数的高低:

(1) $2x-x^2$ 与 $x^2-x^3\ (x\to 0)$;

(2) $\dfrac{5}{x^2}$ 与 $\dfrac{4}{x^3}\ (x\to\infty)$.

4. 求下列极限并说明其理由:

(1) $\lim\limits_{x\to\infty}\dfrac{2x+1}{x}$;

(2) $\lim\limits_{x\to\infty}\dfrac{1-x^2}{1+x^2}$.

1.6 极限的运算法则

极限的求法是本课程的基本运算之一,这种运算包含的类型多、方法技巧性强,应适量地多做一些练习,特别是对基本方法,要切实掌握.下面介绍极限的四则运算法则及应用.

1.6.1 极限的四则运算法则

定理 1.4 设 $\lim f(x)=A, \lim g(x)=B$(假定 x 在同一变化过程中),则有

下列运算法则：

(1) $\lim[f(x) \pm g(x)] = \lim f(x) \pm \lim g(x) = A \pm B$；

(2) $\lim[f(x)g(x)] = \lim f(x) \lim g(x) = A \cdot B$；

(3) $\lim \dfrac{f(x)}{g(x)} = \dfrac{\lim f(x)}{\lim g(x)} = \dfrac{A}{B} (B \neq 0)$．

推论 1　$\lim[cf(x)] = c \lim f(x) (c \text{ 为常数})$，**即常数因子可以提到极限符号外面.**

推论 2　$\lim[f(x)]^n = [\lim f(x)]^n (n \text{ 为正整数}).$

由以上法则可知，在参与运算的函数极限存在的前提之下，函数的和、差、积的极限分别等于它们极限的和、差、积，并可推广到有限个函数的情形；对于两个函数的商的极限，只要分母的极限不为零，则等于这两个函数的极限的商. 简单地说，函数的极限与四则运算可以交换，证明从略.

例 1　求 $\lim\limits_{x \to 1}(x^2 + 8x - 7)$.

解　原式 $= \lim\limits_{x \to 1} x^2 + 8 \lim\limits_{x \to 1} x - \lim\limits_{x \to 1} 7 = 1 + 8 - 7 = 2.$

由此可见，当 $P(x)$ 是 x 的多项式时，有

$$\lim_{x \to x_0} P(x) = P(x_0).$$

例 2　$\lim\limits_{x \to 2} \dfrac{x^2}{x^2 + 2x - 1}$.

解　这里分母的极限不为零，故

$$\text{原式} = \frac{\lim\limits_{x \to 2} x^2}{\lim\limits_{x \to 2}(x^2 + 2x - 1)} = \frac{\lim\limits_{x \to 2} x^2}{\lim\limits_{x \to 2} x^2 + 2 \lim\limits_{x \to 2} x - \lim\limits_{x \to 2} 1} = \frac{4}{7}.$$

由此可见，当 $P(x), Q(x)$ 是 x 的多项式，且 $Q(x_0) \neq 0$ 时，有

$$\lim_{x \to x_0} \frac{P(x)}{Q(x)} = \frac{P(x_0)}{Q(x_0)}.$$

但必须注意，如果分母的极限为零，则不能直接应用商的极限运算法则. 下面列举几个属于这种情形的例子.

例 3　求 $\lim\limits_{x \to 1} \dfrac{x^2 - 3}{x^2 - 5x + 4}$.

解　这时分母的极限为零，不能用商的极限运算法则，但因为

$$\lim_{x \to 1} \frac{x^2 - 5x + 4}{x^2 - 3} = 0,$$

所以，由无穷大与无穷小的关系，得

$$\lim_{x \to 1} \frac{x^2 - 3}{x^2 - 5x + 4} = \infty.$$

例 4　求 $\lim\limits_{x\to 1}\dfrac{x^2-1}{x-1}$.

解　这时分子、分母的极限同时为零,分子、分母具有公因式 $x-1$,于是可以约去一个不为零的公因式 $x-1$,所以

$$\lim_{x\to 1}\frac{x^2-1}{x-1}=\lim_{x\to 1}(x+1)=2.$$

例 5　求 $\lim\limits_{x\to 0}\dfrac{\sqrt{x+1}-1}{x}$.

解　此时分子、分母的极限同时为零,可先将分子有理化,然后再约去不为零的公因式.

$$\lim_{x\to 0}\frac{\sqrt{x+1}-1}{x}=\lim_{x\to 0}\frac{(x+1)-1}{x(\sqrt{x+1}+1)}=\lim_{x\to 0}\frac{1}{\sqrt{x+1}+1}=\frac{1}{2}.$$

类似地,可求更普遍的形式,可作为结论使用:

$$\lim_{x\to 0}\frac{\sqrt[n]{x+1}-1}{x}=\frac{1}{n}.$$

例 6　求 $\lim\limits_{x\to\infty}\dfrac{3x^3+x}{2x^3+1}$.

解　先将分子、分母同时除以 x^3,然后取极限:

$$\lim_{x\to\infty}\frac{3x^3+x}{2x^3+1}=\lim_{x\to\infty}\frac{3+\dfrac{1}{x^2}}{2+\dfrac{1}{x^3}}=\frac{3+0}{2+0}=\frac{3}{2}.$$

一般的,当 $a_0\neq 0,b_0\neq 0,m,n$ 为非负整数时,我们有结论:

$$\lim_{x\to\infty}\frac{a_0x^m+a_1x^{m-1}+\cdots+a_m}{b_0x^n+b_1x^{n-1}+\cdots+b_n}=\begin{cases}0, & m<n,\\[2mm]\dfrac{a_0}{b_0}, & m=n,\\[2mm]\infty, & m>n.\end{cases}$$

例 7　求 $\lim\limits_{x\to\infty}\dfrac{x^2-3x+4}{5x^4+x^3-2x}$.

解　先将分子、分母同时除以 x^4,然后取极限:

$$\lim_{x\to\infty}\frac{x^2-3x+4}{5x^4+x^3-2x}=\lim_{x\to\infty}\frac{\dfrac{1}{x^2}-\dfrac{3}{x^3}+\dfrac{4}{x^4}}{5+\dfrac{1}{x}-\dfrac{2}{x^3}}=\frac{0-0+0}{5+0-0}=0.$$

例 8　求 $\lim\limits_{x\to\infty}\dfrac{5x^4+x^3-2x}{x^2-3x+4}$.

解　因为

$$\lim_{x \to \infty} \frac{x^2 - 3x + 4}{5x^4 + x^3 - 2x} = 0,$$

所以

$$\lim_{x \to \infty} \frac{5x^4 + x^3 - 2x}{x^2 - 3x + 4} = \infty.$$

例 9　$\lim\limits_{x \to 2}\left(\dfrac{x^2}{x^2 - 4} - \dfrac{1}{x - 2}\right).$

解　这时极限为"$\infty - \infty$"型,不能直接用代数和的极限法则,可以先通分后,再根据具体情况计算函数的极限:

$$\lim_{x \to 2}\left(\frac{x^2}{x^2 - 4} - \frac{1}{x - 2}\right) = \lim_{x \to 2} \frac{x^2 - x - 2}{x^2 - 4} = \lim_{x \to 2} \frac{(x + 1)(x - 2)}{(x + 2)(x - 2)}$$

$$= \lim_{x \to 2} \frac{x + 1}{x + 2} = \frac{3}{4}.$$

例 10　求 $\lim\limits_{n \to \infty} \dfrac{1 + 2 + 3 + \cdots + n}{n^2 + 1}.$

解　原式 $= \lim\limits_{n \to \infty} \dfrac{\dfrac{n(n + 1)}{2}}{n^2 + 1} = \dfrac{1}{2} \lim\limits_{n \to \infty} \dfrac{n^2 + n}{n^2 + 1}$

$$= \frac{1}{2} \lim_{n \to \infty} \frac{1 + \dfrac{1}{n}}{1 + \dfrac{1}{n^2}} = \frac{1}{2}.$$

1.6.2　复合函数的极限运算法则

定理 1.5　设函数 $u = \varphi(x)$ 当 $x \to x_0$ 时的极限存在且等于 a,即 $\lim\limits_{x \to x_0} \varphi(x) = a$,且当 $x \neq x_0$ 时,$\varphi(x) \neq a$;又在点 x_0 的某空心邻域内,有 $\lim\limits_{u \to a} f(u) = A$,则复合函数 $f[\varphi(x)]$ 当 $x \to x_0$ 时的极限也存在,且

$$\lim_{x \to x_0} f[\varphi(x)] = \lim_{u \to a} f(u) = A.$$

此定理表明,在一定条件下,求极限可以采用换元的方式.

例 11　求 $\lim\limits_{x \to 8} \dfrac{\sqrt[3]{x} - 2}{x - 8}.$

解　设 $u = \sqrt[3]{x}$,则 $x = u^3$,于是

$$\lim_{x \to 8} \frac{\sqrt[3]{x} - 2}{x - 8} = \lim_{u \to 2} \frac{u - 2}{u^3 - 8} = \lim_{u \to 2} \frac{u - 2}{(u - 2)(u^2 + 2u + 4)}$$

$$= \lim_{u \to 2} \frac{1}{u^2 + 2u + 4} = \frac{1}{12}.$$

习题 1.6

1. 求下列极限：

(1) $\lim\limits_{x \to 2}(3x^2 + 2x - 1)$；

(2) $\lim\limits_{x \to 1}\dfrac{x^2 - 1}{x + 2}$；

(3) $\lim\limits_{x \to 1}\dfrac{x^2 - 1}{x^2 + 2x - 3}$；

(4) $\lim\limits_{x \to \infty}\dfrac{x^2 - 1}{x^3 + x - 5}$；

(5) $\lim\limits_{x \to \infty}\dfrac{x^2 - x - 4}{4x^2 - 3x + 1}$；

(6) $\lim\limits_{x \to 1}\left(\dfrac{3}{1 - x^3} - \dfrac{1}{1 - x}\right)$；

(7) $\lim\limits_{x \to 1}\dfrac{\sqrt{2 + x} - \sqrt{3}}{x - 1}$；

(8) $\lim\limits_{x \to +\infty}\left(\sqrt{x^2 + x} - \sqrt{x^2 + 1}\right)$；

(9) $\lim\limits_{n \to \infty}\dfrac{1 + 2 + 3 + \cdots + (n - 1)}{n^2}$；

(10) $\lim\limits_{n \to \infty}\left(1 + \dfrac{1}{2} + \dfrac{1}{4} + \cdots + \dfrac{1}{2^n}\right)$.

2. 已知 $\lim\limits_{x \to \infty}\left(\dfrac{1 + x^2}{1 + x} - ax - b\right) = 0$，求常数 a, b.

1.7　极限存在判定准则，两个重要极限

1.7.1　极限存在准则 I 与重要极限 $\lim\limits_{x \to 0}\dfrac{\sin x}{x} = 1$

准则 I　夹逼准则（两边夹定理）

设函数 $f(x), g(x), h(x)$ 在点 x_0 的某空心邻域内有定义，且满足条件：

$$g(x) \leqslant f(x) \leqslant h(x)，且 \lim\limits_{x \to x_0}g(x) = \lim\limits_{x \to x_0}h(x) = A,$$

则有

$$\lim\limits_{x \to x_0}f(x) = A.$$

注　（1）以上准则在 $x \to \infty$ 时同样成立；

（2）数列极限也有相应的结论.

作为准则 I 的应用，下面介绍第一个重要极限 $\lim\limits_{x \to 0}\dfrac{\sin x}{x} = 1$.

证明　如图 1-24，设单位圆圆心为 O，圆心角 $\angle AOB = x\left(0 < x < \dfrac{\pi}{2}\right)$. 过 A 作单位圆的切线与 OB 的延长线相交于 D，得 $\triangle AOD$. 扇形 AOB 的圆心角为 x，$\triangle OAB$ 的高为 AC，于是有

$$\sin x = AC, x = \overparen{AB}, \tan x = AD.$$

因为

$\triangle AOB$ 的面积 $<$ 扇形 AOB 的面积 $<\triangle AOD$ 的面积,所以

$$\frac{1}{2}OB \cdot CA < \frac{1}{2}OB \cdot \overset{\frown}{AB} < \frac{1}{2}OA \cdot AD,$$

即

$$\frac{1}{2}\sin x < \frac{1}{2}x < \frac{1}{2}\tan x.$$

整理可得

$$1 < \frac{x}{\sin x} < \frac{1}{\cos x},$$

即

$$\cos x < \frac{\sin x}{x} < 1. \tag{1-1}$$

又因为用 $-x$ 代替 x 时,$\cos x$ 和 $\dfrac{\sin x}{x}$ 不变,所以当 $-\dfrac{\pi}{2} < x < 0$ 时,上述不等式仍然成立.

由于

$$0 \leqslant 1 - \cos x = 2\sin^2\frac{1}{2}x \leqslant 2\left(\frac{1}{2}x\right)^2 = \frac{1}{2}x^2,$$

所以,根据准则 Ⅰ,得 $\lim\limits_{x\to 0}(1-\cos x)=0$,即 $\lim\limits_{x\to 0}\cos x=1$,由不等式(1-1),再根据准则 Ⅰ,得

$$\lim\limits_{x\to 0}\frac{\sin x}{x}=1.$$

注　极限形式为"$\dfrac{0}{0}$"型,当 $x\to 0$ 时,$\sin x$ 与 x 是等价无穷小.

例 1　求 $\lim\limits_{x\to 0}\dfrac{\tan x}{x}$.

解　$\lim\limits_{x\to 0}\dfrac{\tan x}{x}=\lim\limits_{x\to 0}\left(\dfrac{\sin x}{x}\cdot\dfrac{1}{\cos x}\right)=\lim\limits_{x\to 0}\dfrac{\sin x}{x}\cdot\lim\limits_{x\to 0}\dfrac{1}{\cos x}=1.$

注　以下各式也可作为公式使用:

$$\lim\limits_{x\to 0}\frac{\tan x}{x}=1,\quad \lim\limits_{x\to 0}\frac{x}{\sin x}=1.$$

例 2　求 $\lim\limits_{x\to 0}\dfrac{\sin 5x}{3x}$.

解　$\lim\limits_{x\to 0}\dfrac{\sin 5x}{3x}\xlongequal{u=5x}\lim\limits_{u\to 0}\dfrac{\sin u}{3\cdot\dfrac{u}{5}}=\dfrac{5}{3}\lim\limits_{u\to 0}\dfrac{\sin u}{u}=\dfrac{5}{3}.$

一般的:

$$\lim_{x \to 0} \frac{\sin mx}{nx} = \frac{m}{n}, \lim_{x \to 0} \frac{\sin mx}{\sin nx} = \frac{m}{n} （其中 m,n 为常数,且 n \neq 0）.$$

例 3　求 $\lim_{x \to 0} \frac{1-\cos x}{x^2}$.

解　先利用三角函数的半角公式,将余弦化为正弦,然后利用第一个重要极限以及极限四则运算法则及其推论.

$$\lim_{x \to 0} \frac{1-\cos x}{x^2} = \lim_{x \to 0} \frac{1-\left(1-2\sin^2 \frac{x}{2}\right)}{x^2} = \lim_{x \to 0} \frac{2\sin^2 \frac{x}{2}}{x^2} = \lim_{x \to 0} \frac{2\sin^2 \frac{x}{2}}{4\left(\frac{x}{2}\right)^2}$$

$$= \frac{1}{2} \lim_{x \to 0} \left(\frac{\sin \frac{x}{2}}{\frac{x}{2}}\right)^2 = \frac{1}{2} \cdot 1^2 = \frac{1}{2}.$$

例 4　求 $\lim_{x \to 0} \frac{\arcsin x}{x}$.

解　令 $t = \arcsin x$,则 $x = \sin t$,且 $x \to 0$ 时, $t \to 0$,所以由复合函数极限运算法则得

$$\lim_{x \to 0} \frac{\arcsin x}{x} = \lim_{t \to 0} \frac{t}{\sin t} = 1.$$

类似地可得, $\lim_{x \to 0} \frac{\arctan x}{x} = 1.$

1.7.2　极限存在准则 Ⅱ 与重要极限 $\lim\limits_{x \to \infty} \left(1+\frac{1}{x}\right)^x = \mathrm{e}$

准则 Ⅱ　单调有界数列必有极限

例如数列 $\frac{1}{2}, \frac{3}{4}, \frac{7}{8}, \cdots, 1-\frac{1}{2^n}, \cdots$ 是单调递增的,且对于一切正整数 n 有

$$x_n = 1 - \frac{1}{2^n} < 1,$$

即数列有界,因此该数列一定有极限.事实上, $\lim\limits_{n \to \infty} \left(1-\frac{1}{2^n}\right) = 1.$

作为准则 Ⅱ 的应用,下面来讨论 $x \to \infty$ 时,函数 $\left(1+\frac{1}{x}\right)^x$ 的极限.

先考察 x 取正整数 n 趋于 $+\infty$ 的情形,即考察极限 $\lim\limits_{n \to \infty} \left(1+\frac{1}{n}\right)^n$.可以看出,数列 $x_n = \left(1+\frac{1}{n}\right)^n$ 是单调递增的,且可以证明数列有界 $(x_n < 3)$,根据准则 Ⅱ 可知,极限 $\lim\limits_{n \to \infty} \left(1+\frac{1}{n}\right)^n$ 必存在,通常用拉丁字母 e 表示,即

$$\lim_{n \to \infty} \left(1 + \frac{1}{n}\right)^n = e.$$

还可证明：当 x 取实数且趋于 $+\infty$ 或 $-\infty$ 时，函数 $\left(1 + \frac{1}{x}\right)^x$ 的极限都存在且都等于 e.

因此

$$\lim_{x \to \infty} \left(1 + \frac{1}{x}\right)^x = e.$$

其中，$e = 2.718\cdots$.

在上式中，设 $t = \frac{1}{x}$，则 $x = \frac{1}{t}$，且当 $x \to \infty$ 时，$t \to 0$，于是上式可改写为

$$\lim_{t \to 0} (1 + t)^{\frac{1}{t}} = e.$$

例 5 求 $\lim\limits_{x \to \infty} \left(1 + \frac{2}{x}\right)^x$.

解 设 $\frac{2}{x} = t$，则 $x = \frac{2}{t}$，当 $x \to \infty$ 时，$t \to 0$，于是

$$\lim_{x \to \infty} \left(1 + \frac{2}{x}\right)^x = \lim_{t \to 0} (1 + t)^{\frac{2}{t}} = \lim_{t \to 0} \left[(1 + t)^{\frac{1}{t}}\right]^2 = e^2.$$

从此例我们可以得到这样一个结果，即

$$\lim_{x \to \infty} \left(1 + \frac{a}{x}\right)^{bx} = e^{ab}.$$

例 6 求 $\lim\limits_{x \to \infty} \left(1 - \frac{1}{x}\right)^{2x}$.

解 $\lim\limits_{x \to \infty} \left(1 - \frac{1}{x}\right)^{2x} = \lim\limits_{x \to \infty} \left[1 + \frac{(-1)}{x}\right]^{2x} = e^{-2}.$

例 7 求极限 $\lim\limits_{x \to 0} (1 + \tan x)^{\cot x}$.

解 设 $t = \tan x$，则当 $x \to 0$ 时，$t \to 0$，于是

$$\lim_{x \to 0} (1 + \tan x)^{\cot x} = \lim_{t \to 0} (1 + t)^{\frac{1}{t}} = e.$$

例 8 求 $\lim\limits_{x \to \infty} \left(\frac{x+2}{x-1}\right)^x$.

解 $\lim\limits_{x \to \infty} \left(\frac{x+2}{x-1}\right)^x = \lim\limits_{x \to \infty} \left(1 + \frac{3}{x-1}\right)^x \xlongequal{x-1=t} \lim\limits_{t \to \infty} \left(1 + \frac{3}{t}\right)^{t+1}$

$$= \lim_{t \to \infty} \left(1 + \frac{3}{t}\right)^t \lim_{t \to \infty} \left(1 + \frac{3}{t}\right) = e^3.$$

习题 1.7

1. 计算下列极限：

(1) $\lim\limits_{x\to 0}\dfrac{\sin\omega x}{x}$;

(2) $\lim\limits_{x\to 0}\dfrac{\tan 3x}{x}$;

(3) $\lim\limits_{x\to 0}\dfrac{\sin 2x}{\sin 5x}$;

(4) $\lim\limits_{x\to 0}x\cot x$;

(5) $\lim\limits_{x\to 0}\dfrac{1-\cos 2x}{x\sin x}$;

(6) $\lim\limits_{x\to 0}\dfrac{\tan x-\sin x}{x^3}$;

(7) $\lim\limits_{x\to 0}x\sin\dfrac{1}{x}$;

(8) $\lim\limits_{n\to\infty}2^n\sin\dfrac{x}{2^n}$($x$ 为不等于零的常数).

2. 计算下列极限:

(1) $\lim\limits_{x\to 0}(1-x)^{\frac{1}{x}}$;

(2) $\lim\limits_{x\to 0}(1+2x)^{\frac{1}{x}}$;

(3) $\lim\limits_{x\to\infty}\left(\dfrac{1+x}{x}\right)^{2x}$;

(4) $\lim\limits_{x\to\infty}\left(1-\dfrac{1}{x}\right)^{kx}$($k$ 为正整数);

(5) $\lim\limits_{x\to 1+0}(1+\ln x)^{\frac{5}{\ln x}}$;

(6) $\lim\limits_{x\to\infty}\left(\dfrac{2x-1}{2x+1}\right)^{x+1}$;

(7) $\lim\limits_{x\to\infty}\left(1-\dfrac{1}{x^2}\right)^{x}$.

1.8   函数的连续性

自然界中有许多现象,如气温的变化,河水的流动,植物的生长等,都是连续变化着的,例如就气温的变化来看,当时间变动很微小时,气温的变化也很微小,这种现象在函数关系上的反映,就是函数的连续性.下面我们先介绍增量的概念,然后来描述连续性及其定义和性质.

1.8.1   函数的增量

定义 1.12   设变量 u 从一个初值 u_1 变化到终值 u_2,则终值 u_2 与初值 u_1 的差 u_2-u_1 叫做 u 的增量,记为 Δu,即 $\Delta u=u_2-u_1$.

注   (1)Δu 可以是正的,也可以是负的;

(2)记号 Δu 是一个不能分割的整体记号,并不表示某个量 Δ 与变量 u 的乘积.

相应的,设函数 $f(x)$ 在 x_0 的某邻域内有定义,当自变量 x 从 x_0 变到 x_1 时,自变量的增量 $\Delta x=x_1-x_0$,函数相应的由 $f(x_0)$ 变到 $f(x_1)$,由此函数(或因变量)的增量(如图 1-25 所示) 为

$$\Delta y=f(x_1)-f(x_0)=f(x_0+\Delta x)-f(x_0).$$

变量的增量也称为改变量.

例 1   设函数 $f(x)=x^2$,求当 x 从 1 变到 1.02 时,其自变量的增量和相应的

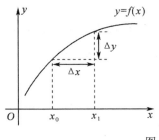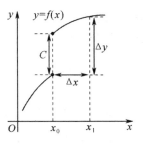

图 1-25

函数的增量.

解 自变量的增量

$$\Delta x = 1.02 - 1 = 0.02,$$

函数的增量

$$\Delta y = f(1.02) - f(1) = 0.0404.$$

1.8.2 函数的连续性

1. 函数 $f(x)$ 在 x_0 处连续

定义 1.13 设函数 $f(x)$ 在 x_0 的某邻域内有定义,如果当自变量的增量趋于 0 时,相应的函数的增量也趋于 0,即

$$\lim_{\Delta x \to 0} \Delta y = \lim_{\Delta x \to 0} [f(x_0 + \Delta x) - f(x_0)] = 0,$$

则称函数 $y = f(x)$ 在 x_0 处连续.

在上述定义中,令 $x = x_0 + \Delta x$,则 $\Delta x = x - x_0$,当 $\Delta x \to 0$ 时,$x \to x_0$,于是有

$$\lim_{\Delta x \to 0} [f(x_0 + \Delta x) - f(x_0)] = \lim_{x \to x_0} [f(x) - f(x_0)] = 0,$$

即

$$\lim_{x \to x_0} f(x) = f(x_0).$$

因此,函数在 x_0 处连续也可描述为:

定义 1.14 设函数 $f(x)$ 在 x_0 的某邻域内有定义,如果 $\lim_{x \to x_0} f(x) = f(x_0)$,则称函数 $y = f(x)$ 在 x_0 处连续.

由定义 1.14 可见,函数 $y = f(x)$ 在 x_0 处连续必须满足下列三个条件:

(1) 函数 $f(x)$ 在点 x_0 的某邻域内有定义;

(2) 极限 $\lim_{x \to x_0} f(x)$ 存在;

(3) 极限值等于函数值,即 $\lim_{x \to x_0} f(x) = f(x_0)$.

2. 左连续、右连续

定义 1. 15　　如果 $\lim\limits_{x \to x_0 - 0} f(x) = f(x_0)$，则称函数 $y = f(x)$ 在 x_0 处左连续；如果 $\lim\limits_{x \to x_0 + 0} f(x) = f(x_0)$，则称函数 $y = f(x)$ 在 x_0 处右连续.

根据

$$\lim_{x \to x_0} f(x) = A \Leftrightarrow \lim_{x \to x_0 - 0} f(x) = \lim_{x \to x_0 - 0} f(x) = A,$$

可知，函数 $y = f(x)$ 在点 x_0 处连续 $\Leftrightarrow$ 函数 $y = f(x)$ 在点 x_0 处左、右均连续.

例 2　　讨论函数 $f(x) = \begin{cases} x - 1, & x \leqslant 2, \\ 3 - x, & x > 2 \end{cases}$ 在 $x = 2$ 处的连续性.

解　　由题意可知

$$\lim_{x \to 2 + 0} f(x) = \lim_{x \to 2 + 0} (3 - x) = 1 = f(2),$$

$$\lim_{x \to 2 - 0} f(x) = \lim_{x \to 2 - 0} (x - 1) = 1 = f(2).$$

即函数 $y = f(x)$ 在 $x = 2$ 处左、右均连续，从而函数 $y = y(x)$ 在 $x = 2$ 处连续.

3. 在区间上连续

定义 1. 16　　如果函数 $y = f(x)$ 在某区间 (a, b) 内的每一点都连续，则称函数 $y = f(x)$ 在区间 (a, b) 内连续.

定义 1. 17　　如果函数 $y = f(x)$ 在区间 (a, b) 内连续，且在点 a 右连续，点 b 左连续，则称函数 $y = f(x)$ 在闭区间 $[a, b]$ 上连续.

在左、右半开区间上的连续可以类似地进行定义.

1. 8. 3　函数的间断点

如果函数 $y = f(x)$ 在 x_0 处不连续，则称点 x_0 是函数 $y = f(x)$ 的**间断点**.

若有下列三种情形之一，则函数 $y = f(x)$ 在点 x_0 处间断：

(1) 函数 $y = f(x)$ 在 x_0 处无定义；

(2) 极限值 $\lim\limits_{x \to x_0} f(x)$ 不存在；

(3) 函数值 $f(x_0)$ 和极限值 $\lim\limits_{x \to x_0} f(x)$ 都存在，但 $\lim\limits_{x \to x_0} f(x) \neq f(x_0)$.

通常把函数的间断点分为两类：

第一类间断点　　设 x_0 为函数 $y = f(x)$ 的一个间断点，如果 $\lim\limits_{x \to x_0 - 0} f(x)$ 与 $\lim\limits_{x \to x_0 + 0} f(x)$ 都存在，则称 x_0 为函数 $y = f(x)$ 的**第一类间断点**，其中

如果 $\lim\limits_{x \to x_0 - 0} f(x)$ 与 $\lim\limits_{x \to x_0 + 0} f(x)$ 都存在，但不相等，则称 x_0 为函数 $y = f(x)$ 的**跳跃间断点**；

如果 $\lim\limits_{x \to x_0 - 0} f(x)$ 与 $\lim\limits_{x \to x_0 + 0} f(x)$ 都存在且相等，但不等于函数值 $f(x_0)$ 或函数

$y = f(x)$ 在 x_0 处无定义,则称 x_0 为函数 $y = f(x)$ 的**可去间断点**.

第二类间断点　设 x_0 为函数 $y = f(x)$ 的一个间断点,如果 $\lim\limits_{x \to x_0 - 0} f(x)$ 与 $\lim\limits_{x \to x_0 + 0} f(x)$ 中有一个不存在,则称 x_0 为函数 $y = f(x)$ 的**第二类间断点**,其中

如果 $\lim\limits_{x \to x_0} f(x) = \infty$,则称 x_0 为函数 $y = f(x)$ 的**无穷间断点**;

如果 $x \to x_0$ 时,$\lim\limits_{x \to x_0} f(x)$ 振荡性地不存在,则称 x_0 为函数 $y = f(x)$ 的**振荡间断点**.

例 3　正切函数 $y = \tan x$ 在 $x = \dfrac{\pi}{2}$ 处无定义,所以点 $x = \dfrac{\pi}{2}$ 为函数 $y = \tan x$ 的间断点,又因 $\lim\limits_{x \to \frac{\pi}{2}} \tan x = \infty$,则 $x = \dfrac{\pi}{2}$ 为函数 $y = \tan x$ 的无穷间断点.

例 4　函数 $y = \sin\dfrac{1}{x}$ 在点 $x = 0$ 处无定义,当 $x \to 0$ 时,函数值在 -1 与 1 之间变动,所以点 $x = 0$ 为函数 $y = \sin\dfrac{1}{x}$ 的振荡间断点.

例 5　函数 $y = f(x) = \begin{cases} x, & x \neq 1, \\ \dfrac{1}{2}, & x = 1 \end{cases}$ 的定义域为 $(-\infty, +\infty)$. 因为 $\lim\limits_{x \to 1} f(x) = \lim\limits_{x \to 1} x = 1$,而 $f(1) = \dfrac{1}{2}$,所以 $\lim\limits_{x \to 1} f(x) \neq f(1)$,即 $x = 1$ 为函数 $f(x)$ 的可去间断点(图 1-26).

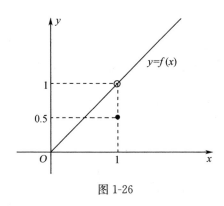

图 1-26　　　　　　　　　　　　　图 1-27

例 6　函数 $y = f(x) = \begin{cases} x - 1, & x < 0, \\ 0, & x = 0, \\ x + 1, & x > 0 \end{cases}$ 的定义域为 $(-\infty, +\infty)$. 当 $x \to 0$ 时,有

$$\lim_{x \to 0-0} f(x) = \lim_{x \to 0-0} (x-1) = -1,$$

$$\lim_{x \to 0+0} f(x) = \lim_{x \to 0+0} (x+1) = 1,$$

即左、右极限都存在,但不相等,故$\lim\limits_{x \to 0} f(x)$不存在. 所以$x=0$是函数$f(x)$的间断点,函数$y=f(x)$在$x=0$处产生跳跃,则$x=0$是函数$f(x)$跳跃间断点(图 1-27).

1.8.4 初等函数的连续性

1. 连续函数和、差、积、商的连续性

设函数$f(x)$与$g(x)$在点$x=x_0$处连续,则它们的和$(f(x)+g(x))$、差$(f(x)-g(x))$、积$(f(x) \cdot g(x))$、商$\left(\dfrac{f(x)}{g(x)}, g(x_0) \neq 0\right)$在点$x=x_0$处连续.

2. 复合函数的连续性

设函数$u=g(x)$在点$x=x_0$处连续,函数$y=f(u)$在点$u_0=g(x_0)$处连续,则复合函数$y=f[g(x)]$在点$x=x_0$处也连续.

注 求复合函数的极限时,如果$u=g(x)$且$\lim\limits_{x \to x_0} g(x)=a$,而函数$y=f(u)$在点$u=a$处连续,则复合函数$y=f[g(x)]$在点$x=x_0$时的极限也存在,且等于$f(a)$,即$\lim\limits_{x \to x_0} f[g(x)]=f(a)$. 也可表示为

$$\lim_{x \to x_0} f[g(x)] = f\left[\lim_{x \to x_0} g(x)\right] \text{ 或 } \lim_{x \to x_0} f[g(x)] = \lim_{u \to a} f(u).$$

对$x \to \infty$的情形,也有类似的结论.

例 7 求$\lim\limits_{x \to 3} \sqrt{\dfrac{x-3}{x^2-9}}$.

解 $y=\sqrt{\dfrac{x-3}{x^2-9}}$可看作由$y=\sqrt{u}$与$u=\dfrac{x-3}{x^2-9}$复合而成,因为

$$\lim_{x \to 3} \frac{x-3}{x^2-9} = \lim_{x \to 3} \frac{1}{x+3} = \frac{1}{6},$$

而函数$y=\sqrt{u}$在$u=\dfrac{1}{6}$处连续,所以

$$\lim_{x \to 3} \sqrt{\frac{x-3}{x^2-9}} = \sqrt{\lim_{x \to 3} \frac{x-3}{x^2-9}} = \sqrt{\frac{1}{6}} = \frac{\sqrt{6}}{6}.$$

例 8 求$\lim\limits_{x \to 0} \dfrac{\ln(1+x)}{x}$.

解 利用复合函数的连续性法则可得

$$\lim_{x \to 0} \frac{\ln(1+x)}{x} = \lim_{x \to 0} \ln(1+x)^{\frac{1}{x}} = \ln\left[\lim_{x \to 0} (1+x)^{\frac{1}{x}}\right] = 1.$$

例 9　求 $\lim\limits_{x\to 0}\dfrac{\mathrm{e}^x-1}{x}$.

解　令 $t=\mathrm{e}^x-1$，则 $x=\ln(1+t)$，且 $x\to 0$ 时，$t\to 0$，所以有

$$\lim_{x\to 0}\frac{\mathrm{e}^x-1}{x}=\lim_{t\to 0}\frac{t}{\ln(1+t)}=1.$$

例 10　求 $\lim\limits_{x\to\infty}\left(\dfrac{2x+3}{2x+1}\right)^x$.

解　因为　　　$\left(\dfrac{2x+3}{2x+1}\right)^x=\mathrm{e}^{x\ln\left(\frac{2x+3}{2x+1}\right)}=\mathrm{e}^{x\ln\left(1+\frac{2}{2x+1}\right)}$，

且

$$\lim_{x\to\infty}x\ln\left(1+\frac{2}{2x+1}\right)=\lim_{x\to\infty}\frac{\ln\left(1+\dfrac{2}{2x+1}\right)}{\dfrac{2}{2x+1}}\cdot\frac{2x}{2x+1}=1,$$

所以

$$\lim_{x\to\infty}\left(\frac{2x+3}{2x+1}\right)^x=\mathrm{e}^{\lim\limits_{x\to\infty}x\ln\left(1+\frac{2}{2x+1}\right)}=\mathrm{e}.$$

3. 初等函数的连续性

一切初等函数在其定义域内都是连续的.

如果 $f(x)$ 是初等函数，x_0 为其定义区间内的点，则

$$\lim_{x\to x_0}f(x)=f(x_0).$$

如 $x_0=\dfrac{\pi}{2}$ 是初等函数 $f(x)=\ln\sin x$ 的定义区间 $(0,\pi)$ 内的点，所以

$$\lim_{x\to\frac{\pi}{2}}\ln\sin x=\ln\sin\frac{\pi}{2}=0.$$

1.8.5　闭区间上连续函数的性质

1. 最大值与最小值定理

如果函数 $f(x)$ 在闭区间 $[a,b]$ 上连续，则函数 $f(x)$ 在闭区间 $[a,b]$ 上有**最大值**与**最小值**（图 1-28）.

2. 有界性定理

如果函数 $f(x)$ 在闭区间 $[a,b]$ 上连续，则函数 $f(x)$ 在闭区间 $[a,b]$ 上**有界**.

3. 介值定理

如果函数 $y=f(x)$ 在闭区间 $[a,b]$ 上连续，且在

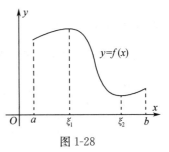

图 1-28

该区间的两端点取不同的函数值

$$f(a)=A,f(b)=B,$$

则对于 A 与 B 之间的任意一个数 C，在开区间 (a,b) 内至少有一点 ξ，使得

$$f(\xi)=C(a<\xi<b)(图1-29).$$

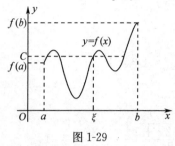

图 1-29

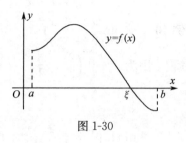

图 1-30

4. 零点定理

如果函数 $y=f(x)$ 在闭区间 $[a,b]$ 上连续，且 $f(a)\cdot f(b)<0$，则至少存在一点 $\xi\in(a,b)$，使得 $f(\xi)=0$（图1-30）.

例 11　证明方程 $x^3-4x^2+1=0$ 在 $[0,1]$ 上至少有一个实根.

证明　函数 $f(x)=x^3-4x^2+1$ 在区间 $[0,1]$ 上连续，又

$$f(0)=1>0,f(1)=-2<0,$$

根据零点定理，至少有一点 $\xi\in(0,1)$，使得 $f(\xi)=0$，
即

$$\xi^3-4\xi^2+1=0(0<\xi<1).$$

这就证明了方程 $x^3-4x^2+1=0$ 在 $[0,1]$ 上至少有一个实根.

习题 1.8

1. 设函数 $f(x)=x^2-2x+7$，求适合下列条件的自变量改变量的函数的改变量：

　(1)x 由 $2\to3$；　　　　　　　　(2)x 由 $2\to1$；

　(3)x 由 $2\to2+\Delta x$.

2. 讨论函数 $f(x)=\begin{cases}x+1,x\geqslant1,\\3-x,x<1\end{cases}$ 在点 $x=1$ 处的连续性，并作出其图形.

3. 求下列函数的间断点并指出其类型：

　(1)$f(x)=\dfrac{x^2-1}{x^2-3x+2}$；　　　　　(2)$f(x)=\cos^2\dfrac{1}{x}$；

　(3)$f(x)=\dfrac{\tan x}{x}$；　　　　　　　(4)$f(x)=(1+x^2)^{\frac{1}{x^2}}$；

　(5)$f(x)=\begin{cases}x^2+1,x\leqslant0,\\x-1,x>0;\end{cases}$　　　(6)$f(x)=\begin{cases}3x-1,x\neq0,\\2,\quad\ \ x=0.\end{cases}$

4. 求下列极限：

(1) $\lim\limits_{x \to +\infty} e^{\frac{1}{x}}$；

(2) $\lim\limits_{x \to 0} \ln \dfrac{\sin x}{x}$；

(3) $\lim\limits_{x \to 0} \dfrac{\ln(2x+1)}{x}$；

(4) $\lim\limits_{x \to 0} \left(\dfrac{x+2}{x+1} \right)^{2x}$.

5. 设函数 $f(x) = \begin{cases} e^x, & x < 0, \\ a+x, & x \geqslant 0, \end{cases}$ a 取何值时，函数 $f(x)$ 在 $(-\infty, +\infty)$ 上连续？

6. 证明曲线 $y = x^4 - 3x^2 + 7x - 10$ 在 $x = 1$ 和 $x = 2$ 之间与 x 轴至少有一个交点.

综合练习一

一、填空题

1. 函数 $y = \ln(x-1)$ 的定义域是_____.

2. 函数 $y = e^{\lg\sqrt{1+2x}}$ 的复合过程是_____.

3. $\lim\limits_{x \to \infty} \dfrac{\sin x}{x} = $ _____ ；$\lim\limits_{n \to \infty} \left(1 - \dfrac{1}{n}\right)^n = $ _____.

4. 当 $x \to 0$ 时，$\tan x$ 与 x 是_____无穷小.

5. $\lim\limits_{\Delta x \to 0} \dfrac{\sqrt{x+\Delta x} - \sqrt{x}}{\Delta x} = $ _____.

6. 函数 $y = \sin \dfrac{1}{x^2 - 2x - 3}$ 的连续区间是_____.

二、选择题

1. 下列函数与 $y = |x|$ 不同的是(　　　).

A. $y = \sqrt{x^2}$　　　B. $y = x\,\mathrm{sgn}\,x$　　　C. $y = (\sqrt{x})^2$　　　D. $y = \begin{cases} x, & x > 0, \\ -x, & x \leqslant 0 \end{cases}$

2. 当 $x \to 0$ 时，下列函数与 x 不是等价无穷小的是(　　　).

A. $\ln(x+1)$　　　B. $e^x - 1$　　　C. $\sin x$　　　D. $1 - \cos x$

3. $x = 0$ 是函数 $y = x\sin \dfrac{1}{x^2}$ 的(　　　).

A. 无穷间断点　　B. 可去间断点　　C. 跳跃间断点　　D. 振荡间断点

三、解答题

1. 设 $f(x)$ 的定义域为 $[0,1]$，求下列函数的定义域：

(1) $f(\ln x)$；

(2) $f(\sin x)$.

2. 求下列极限：

(1) $\lim\limits_{x \to 1} \dfrac{x^2 - x + 1}{(x-1)^2}$；

(2) $\lim\limits_{x \to +\infty} x(\sqrt{x^2 + 1} - x)$；

(3) $\lim_{x\to 0}\left(1+\dfrac{x}{2}\right)^{\frac{x-1}{x}}$; 　　　　(4) $\lim_{x\to 0}\dfrac{\tan x-\sin x}{x^2}$;

(5) $\lim_{n\to\infty}\dfrac{2n^2-3}{n^4+4n-5}$; 　　　　(6) $\lim_{x\to 1}\dfrac{\sqrt{3-x}-\sqrt{x+1}}{x^2-1}$.

3. 讨论函数 $f(x)=\begin{cases}x+1, & x<0, \\ 2-x, & x\geqslant 0\end{cases}$ 在点 $x=0$ 处的连续性，并作出它的图象.

4. 设

$$f(x)=\begin{cases}x\sin\dfrac{1}{x}, & x>0, \\[2mm] a+x^2, & x\leqslant 0,\end{cases}$$

要使 $f(x)$ 在 $(-\infty,+\infty)$ 内连续，应当怎样选择数 a？

5. 设

$$f(x)=\begin{cases}\dfrac{1}{e^{x-1}}, & x>0, \\[2mm] \ln(x+1), & -1<x\leqslant 0,\end{cases}$$

求函数 $f(x)$ 的间断点，并说明间断点的类型.

6. 证明方程 $\sin x+x+1=0$ 在区间 $\left(-\dfrac{\pi}{2},\dfrac{\pi}{2}\right)$ 内至少有一个根.

第 2 章　　导数与微分

　　导数、微分及其应用是微分学的主要内容.本章介绍导数、微分的概念及其计算方法,下一章介绍导数的应用.

2.1　　导数的概念

2.1.1　导数的定义

　　在许多实际问题中,需要从数量上研究变量的变化速度.如物体的运动速度、电流强度、线密度、化学反应速度及生物繁殖率等,所有这些在数学上都可归结为函数的变化率问题,即所谓的导数.先看下面两个实例:

　　例1　求变速直线运动物体的瞬时速度.

　　解　设物体做变速直线运动,它的运动方程是 $s = f(t)$,求物体在 t_0 时刻的瞬时速度 $v(t_0)$.在时刻 t_0 到 $t_0 + \Delta t$ 这段时间,时间的增量为 Δt,则物体运动路程的增量为

$$\Delta s = f(t_0 + \Delta t) - f(t_0),$$

平均速度为

$$\bar{v} = \frac{\Delta s}{\Delta t} = \frac{f(t_0 + \Delta t) - f(t_0)}{\Delta t}.$$

当 $|\Delta t|$ 无限变小时,平均速度 $\bar{v}$ 无限接近于物体在时刻 t_0 的瞬时速度 $v(t_0)$.因此,平均速度的极限值就是物体在时刻 t_0 的瞬时速度 $v(t_0)$,即

$$v(t_0) = \lim_{\Delta t \to 0} \bar{v} = \lim_{\Delta t \to 0} \frac{\Delta s}{\Delta t} = \lim_{\Delta t \to 0} \frac{f(t_0 + \Delta t) - f(t_0)}{\Delta t},$$

令 $t = t_0 + \Delta t$,当 $\Delta t \to 0$ 时,$t \to t_0$,则上式可写成

$$v(t_0) = \lim_{t \to t_0} \frac{f(t) - f(t_0)}{t - t_0}.$$

　　设物体在真空中自由下落,则它的运动方程为 $s = \frac{1}{2}gt^2$,其中 g 为重力加速度.根据上面的做法,物体在时刻 t_0 的瞬时速度为

$$v(t_0) = \lim_{\Delta t \to 0} \frac{\Delta s}{\Delta t} = \lim_{\Delta t \to 0} \frac{\frac{1}{2}g(t_0 + \Delta t)^2 - \frac{1}{2}gt_0^2}{\Delta t}.$$

$$= \lim_{\Delta t \to 0} \left[gt_0 + \frac{1}{2} g \Delta t \right] = gt_0.$$

例 2 求曲线切线的斜率.

(1) 切线的定义

设 M, N 是曲线 C 上的两点,过这两点作割线 MN. 当点 N 沿曲线 C 趋于点 M 时,如果割线 MN 绕点 M 旋转并趋于某个极限位置 MT,则直线 MT 叫做曲线 C 在点 M 处的切线(图 2-1).

(2) 曲线切线的斜率

设曲线 C 所对应的函数为 $y = f(x)$,点 M, N 的坐标分别为 $M(x_0, f(x_0))$,$N(x_0 + \Delta x, f(x_0 + \Delta x))$,则 $MR = \Delta x, RN = f(x_0 + \Delta x) - f(x_0) = \Delta y$,割线 MN 的斜率是

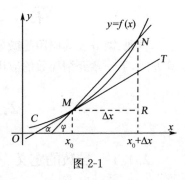

图 2-1

$$\tan \varphi = \frac{\Delta y}{\Delta x} = \frac{f(x_0 + \Delta x) - f(x_0)}{\Delta x},$$

其中 φ 是割线 MN 的倾斜角.

当 $\Delta x \to 0$ 时,点 N 沿着曲线无限趋近于点 M,而割线 MN 就无限趋于它的极限位置 MT. 因此切线的倾斜角 α 是割线倾斜角 φ 的极限,切线的斜率 $\tan \alpha$ 是割线斜率 $\tan \varphi = \dfrac{\Delta y}{\Delta x}$ 的极限,即

$$\tan \alpha = \lim_{\Delta x \to 0} \tan \varphi = \lim_{\Delta x \to 0} \frac{\Delta y}{\Delta x} = \lim_{\Delta x \to 0} \frac{f(x_0 + \Delta x) - f(x_0)}{\Delta x}.$$

定义 2.1 设函数 $y = f(x)$ 在点 x_0 处的某邻域内有定义,当自变量 x 在 x_0 处有增量 $\Delta x (x_0 + \Delta x$ 仍在该邻域内)时,函数相应的增量为

$$\Delta y = f(x_0 + \Delta x) - f(x_0).$$

如果当 $\Delta x \to 0$ 时,两个增量之比的极限

$$\lim_{\Delta x \to 0} \frac{\Delta y}{\Delta x} = \lim_{\Delta x \to 0} \frac{f(x_0 + \Delta x) - f(x_0)}{\Delta x}$$

存在,则称函数 $y = f(x)$ 在点 x_0 处可导,并称此极限为函数 $y = f(x)$ 在点 x_0 处的导数,记作

$$f'(x_0), y'|_{x=x_0}, \frac{\mathrm{d} y}{\mathrm{d} x}\bigg|_{x=x_0} \quad \text{或} \quad \frac{\mathrm{d} f(x)}{\mathrm{d} x}\bigg|_{x=x_0}.$$

即

$$f'(x_0) = \lim_{\Delta x \to 0} \frac{\Delta y}{\Delta x} = \lim_{\Delta x \to 0} \frac{f(x_0 + \Delta x) - f(x_0)}{\Delta x}.$$

此时,也称函数 $y = f(x)$ 在点 x_0 处具有导数,或导数存在.

导数定义中其他常见形式有

$$f'(x_0) = \lim_{h \to 0} \frac{f(x_0 + h) - f(x_0)}{h},$$

$$f'(x_0) = \lim_{x \to x_0} \frac{f(x) - f(x_0)}{x - x_0}.$$

注 (1) 导数存在实际上是自变量的增量 Δx 与相应函数增量 Δy 的比值,当 $\Delta x \to 0$ 时,极限存在;

(2) 导数存在意味着两个无穷小比较时,Δy 是 Δx 的同阶或高阶的无穷小.

又(1) 如果 $\lim\limits_{\Delta x \to 0} \dfrac{\Delta y}{\Delta x}$ 不存在,则称 $f(x)$ 在点 x_0 处不可导;

(2) 如果 $\lim\limits_{\Delta x \to 0} \dfrac{\Delta y}{\Delta x} = \infty$ 时,尽管极限不存在,但我们称 $f(x)$ 在点 x_0 处的导数为无穷大.

如 $f(x) = x^{\frac{2}{3}}$ 在 $x = 0$ 处有 $\lim\limits_{\Delta x \to 0} \dfrac{(\Delta x)^{\frac{2}{3}}}{\Delta x} = \lim\limits_{\Delta x \to 0} (\Delta x)^{-\frac{1}{3}} = \infty$.

有了导数的概念,则有

(1) 变速直线运动物体的瞬时速度 $v(t_0)$ 是路程 $s = s(t)$ 在时刻 t_0 的导数,即

$$v(t_0) = s'(t_0) = \frac{\mathrm{d}s}{\mathrm{d}t}\bigg|_{t = t_0}.$$

(2) 曲线在点 $M(x_0, f(x_0))$ 处的切线斜率等于函数 $f(x)$ 在点 x_0 处的导数,即

$$k_{切} = \tan\alpha = f'(x_0).$$

例 3 求 $f(x) = x^2$ 在 $x = 1$ 和 $x = x_0$ 处的导数.

解 给自变量 x 在 $x = 1$ 处以增量 Δx,对应函数的增量为

$$\Delta y = f(1 + \Delta x) - f(1) = (1 + \Delta x)^2 - 1 = 2\Delta x + (\Delta x)^2.$$

函数的增量与自变量增量之比为 $\dfrac{\Delta y}{\Delta x} = 2 + \Delta x$,取极限得

$$f'(1) = \lim_{\Delta x \to 0} \frac{\Delta y}{\Delta x} = \lim_{\Delta x \to 0}(2 + \Delta x) = 2.$$

类似地,可得

$$f'(x_0) = \lim_{\Delta x \to 0} \frac{\Delta y}{\Delta x} = \lim_{\Delta x \to 0} \frac{(x_0 + \Delta x)^2 - x_0^2}{\Delta x} = \lim_{\Delta x \to 0}(2x_0 + \Delta x) = 2x_0.$$

定义 2.2 如果函数 $y = f(x)$ 在区间 I 内的每一点 x 都可导,则称函数 $y = f(x)$ 在区间 I 内可导. 这时,对于区间 I 内的每一点 x,都有一个导数值 $f'(x)$ 与它

对应. 因此 $f'(x)$ 是 x 的函数, 称为函数 $y = f(x)$ 的导函数, 简称为导数, 记作

$$f'(x), y', \frac{\mathrm{d}y}{\mathrm{d}x} \text{ 或 } \frac{\mathrm{d}f}{\mathrm{d}x},$$

即

$$f'(x) = \lim_{\Delta x \to 0} \frac{\Delta y}{\Delta x} = \lim_{\Delta x \to 0} \frac{f(x + \Delta x) - f(x)}{\Delta x}.$$

显然函数 $y = f(x)$ 在点 x_0 的导数, 就是导函数 $f'(x)$ 在 $x = x_0$ 点的函数值, 即

$$f'(x_0) = f'(x) \big|_{x = x_0}.$$

用定义求导数, 可分为以下三个步骤:

(1) **求函数增量**　给自变量 x 以增量 Δx, 求出对应的函数增量

$$\Delta y = f(x + \Delta x) - f(x);$$

(2) **算 $\dfrac{\Delta y}{\Delta x}$ 的比值**　计算出两个增量的比值

$$\frac{\Delta y}{\Delta x} = \frac{f(x + \Delta x) - f(x)}{\Delta x};$$

(3) **取 $\dfrac{\Delta y}{\Delta x}$ 的极限**　对上式两端取极限

$$f'(x) = \lim_{\Delta x \to 0} \frac{\Delta y}{\Delta x} = \lim_{\Delta x \to 0} \frac{f(x + \Delta x) - f(x)}{\Delta x}.$$

例 4　设 $f(x) = \dfrac{1}{x}$, 求: $f'(x), f'(2), f'(-1)$.

解　给自变量 x 以增量 Δx, 对应的函数增量为

$$\Delta y = f(x + \Delta x) - f(x) = \frac{1}{x + \Delta x} - \frac{1}{x} = -\frac{\Delta x}{x(x + \Delta x)}.$$

计算函数的增量与自变量增量之比, 得

$$\frac{\Delta y}{\Delta x} = -\frac{1}{x(x + \Delta x)}.$$

取极限得

$$\lim_{\Delta x \to 0} \frac{\Delta y}{\Delta x} = -\lim_{\Delta x \to 0} \frac{1}{x(x + \Delta x)} = -\frac{1}{x^2},$$

即

$$\left(\frac{1}{x}\right)' = -\frac{1}{x^2}.$$

从而,

$$f'(2) = \left(-\frac{1}{x^2}\right)\Big|_{x=2} = -\frac{1}{4}, \quad f'(-1) = \left(-\frac{1}{x^2}\right)\Big|_{x=-1} = -1.$$

例 5　求函数 $f(x) = C$(常数) 的导数.

解　(1) 求增量:$\Delta y = C - C = 0$.

(2) 算比值:$\dfrac{\Delta y}{\Delta x} = \dfrac{0}{\Delta x} = 0$.

(3) 取极限:$\lim\limits_{\Delta x \to 0} \dfrac{\Delta y}{\Delta x} = 0$,

即
$$C' = 0.$$

例 6　求函数 $f(x) = x^3$ 的导数.

解　(1) 求增量:$\Delta y = (x + \Delta x)^3 - x^3 = 3x^2\Delta x + 3x(\Delta x)^2 + (\Delta x)^3$.

(2) 算比值:$\dfrac{\Delta y}{\Delta x} = \dfrac{(x + \Delta x)^3 - x^3}{\Delta x} = 3x^2 + 3x\Delta x + (\Delta x)^2$.

(3) 取极限:$\lim\limits_{\Delta x \to 0} \dfrac{\Delta y}{\Delta x} = \lim\limits_{\Delta x \to 0}\left[3x^2 + 3x\Delta x + (\Delta x)^2\right] = 3x^2$,即 $(x^3)' = 3x^2$.

一般的,有公式(它的证明将在后面给出)
$$(x^\alpha)' = \alpha x^{\alpha-1}(\alpha \text{ 为实数}).$$

如
$$\left(\frac{1}{\sqrt{x}}\right)' = -\frac{1}{2} \cdot \frac{1}{\sqrt{x^3}}, \quad (\sqrt{x})' = \frac{1}{2\sqrt{x}}.$$

例 7　求函数 $f(x) = \sin x$ 的导数.

解　(1) 求增量:$\Delta y = \sin(x + \Delta x) - \sin x = 2\cos\left(x + \dfrac{\Delta x}{2}\right)\sin\dfrac{\Delta x}{2}$.

(2) 算比值:$\dfrac{\Delta y}{\Delta x} = \dfrac{2\cos\left(x + \dfrac{\Delta x}{2}\right)\sin\dfrac{\Delta x}{2}}{\Delta x}$.

(3) 取极限:

$$\lim_{\Delta x \to 0}\frac{\Delta y}{\Delta x} = \lim_{\Delta x \to 0}\frac{2\cos\left(x + \dfrac{\Delta x}{2}\right)\sin\dfrac{\Delta x}{2}}{\Delta x} = \lim_{\Delta x \to 0}\frac{\sin\dfrac{\Delta x}{2}}{\dfrac{\Delta x}{2}} \cdot \lim_{\Delta x \to 0}\cos\left(x + \dfrac{\Delta x}{2}\right) = \cos x,$$

即
$$(\sin x)' = \cos x.$$

类似地,有
$$(\cos x)' = -\sin x.$$

例 8　求函数 $f(x) = \log_a x\,(a > 0, a \neq 1)$ 的导数.

解 (1) 求增量：$\Delta y = \log_a (x + \Delta x) - \log_a x = \log_a \dfrac{x + \Delta x}{x}$.

(2) 算比值：$\dfrac{\Delta y}{\Delta x} = \dfrac{1}{\Delta x} \cdot \log_a \left(1 + \dfrac{\Delta x}{x}\right) = \dfrac{1}{x} \cdot \dfrac{x}{\Delta x} \cdot \log_a \left(1 + \dfrac{\Delta x}{x}\right)$

$$= \dfrac{1}{x} \log_a \left(1 + \dfrac{\Delta x}{x}\right)^{\frac{x}{\Delta x}}.$$

(3) 取极限：

$$\lim_{\Delta x \to 0} \dfrac{\Delta y}{\Delta x} = \lim_{\Delta x \to 0} \dfrac{1}{x} \log_a \left(1 + \dfrac{\Delta x}{x}\right)^{\frac{x}{\Delta x}} = \dfrac{1}{x} \log_a \left[\lim_{\Delta x \to 0} \left(1 + \dfrac{\Delta x}{x}\right)^{\frac{x}{\Delta x}}\right]$$

$$= \dfrac{1}{x} \log_a e = \dfrac{1}{x \ln a},$$

即

$$(\log_a x)' = \dfrac{1}{x \ln a}.$$

特别地，当 $a = e$ 时，$\ln e = 1$，有

$$(\ln x)' = \dfrac{1}{x}.$$

例 9 求函数 $f(x) = a^x \,(a > 0, a \neq 1)$ 的导数.

解 (1) 求增量：$\Delta y = a^{x + \Delta x} - a^x = a^x (a^{\Delta x} - 1)$.

(2) 算比值：$\dfrac{\Delta y}{\Delta x} = \dfrac{a^x (a^{\Delta x} - 1)}{\Delta x}$.

(3) 取极限：$\lim_{\Delta x \to 0} \dfrac{\Delta y}{\Delta x} = \lim_{\Delta x \to 0} \dfrac{a^x (a^{\Delta x} - 1)}{\Delta x} = a^x \lim_{\Delta x \to 0} \dfrac{a^{\Delta x} - 1}{\Delta x}$.

令 $a^{\Delta x} - 1 = t$，则 $\Delta x = \log_a (1 + t)$，且当 $\Delta x \to 0$ 时，$t \to 0$. 由此得

$$\lim_{\Delta x \to 0} \dfrac{a^{\Delta x} - 1}{\Delta x} = \lim_{t \to 0} \dfrac{t}{\log_a (1 + t)} = \lim_{t \to 0} \dfrac{1}{\dfrac{1}{t} \log_a (1 + t)}$$

$$= \lim_{t \to 0} \dfrac{1}{\log_a (1 + t)^{\frac{1}{t}}} = \dfrac{1}{\log_a e} = \ln a.$$

即

$$(a^x)' = a^x \ln a.$$

特别地，当 $a = e$ 时，$\ln e = 1$，有

$$(e^x)' = e^x.$$

还有一些基本初等函数的导数将在讨论导数的运算法则之后给出.

2.1.2 导数的几何意义

函数 $y = f(x)$ 在点 x_0 处的导数 $f'(x_0)$ 的几何意义是：$f'(x_0)$ 为 $y = f(x)$ 在点 $M(x_0, f(x_0))$ 处切线的斜率，即 $f'(x_0) = \tan \alpha$.

如果函数 $y = f(x)$ 在点 x_0 处的导数为无穷大,这时曲线 $y = f(x)$ 的割线以垂直于 x 轴的直线 $x = x_0$ 为极限位置,即 $y = f(x)$ 在点 $M(x_0, f(x_0))$ 处具有垂直于 x 轴的切线 $x = x_0$.

又由导数的几何意义可得曲线 $y = f(x)$ 在点 x_0 处的切线方程为:

$$y - y_0 = f'(x_0)(x - x_0).$$

当 $f'(x_0) \neq 0$ 时,曲线 $y = f(x)$ 在点 x_0 处的法线方程为:

$$y - y_0 = -\frac{1}{f'(x_0)}(x - x_0).$$

例 10　求 $y = \dfrac{1}{x}$ 在点 $(1,1)$ 处切线的斜率,并写出在该点处的切线方程和法线方程.

解　因为 $y' = -\dfrac{1}{x^2}$,所以 $y'|_{x=1} = -1$,即 $y = \dfrac{1}{x}$ 在点 $(1,1)$ 处切线的斜率为 -1.

从而该点处的切线方程为 $y - 1 = -1 \cdot (x - 1)$,即 $x + y - 2 = 0$;

法线方程为 $y - 1 = 1 \cdot (x - 1)$,即 $y = x$.

例 11　求曲线 $y = x^{\frac{3}{2}}$ 过点 $(0, -4)$ 的切线方程.

解　设切点坐标为 (x_0, y_0),则 $y_0 = x_0^{\frac{3}{2}}$,

$$f'(x_0) = \frac{3}{2} x^{\frac{1}{2}} \Big|_{x=x_0} = \frac{3}{2}\sqrt{x_0},$$

所以切线方程为

$$y - y_0 = \frac{3}{2}\sqrt{x_0}(x - x_0), \text{即 } y - x_0^{\frac{3}{2}} = \frac{3}{2}\sqrt{x_0}(x - x_0).$$

因为切线过点 $(0, -4)$,得 $x_0 = 4, y_0 = 8$,从而切线方程为

$$3x - y - 4 = 0.$$

2.1.3　可导与连续的关系

定理 2.1　**如果函数 $y = f(x)$ 在点 x_0 处可导,则函数 $y = f(x)$ 在点 x_0 处一定连续.**

证明　因为函数 $y = f(x)$ 在点 x_0 处可导,即极限

$$f'(x_0) = \lim_{\Delta x \to 0} \frac{\Delta y}{\Delta x}$$

存在,所以根据极限与无穷小的关系,得

$$\frac{\Delta y}{\Delta x} = f'(x_0) + \alpha,$$

其中 $\lim\limits_{\Delta x \to 0}\alpha = 0$,即有

$$\Delta y = f'(x_0)\Delta x + \alpha \Delta x,$$

从而

$$\lim_{\Delta x \to 0}\Delta y = \lim_{\Delta x \to 0}(f'(x_0)\Delta x + \alpha\Delta x) = 0,$$

所以 $f(x)$ 在点 x_0 处连续.

为了进一步讨论可导与连续的关系,下面先给出左导数和右导数的概念.

定义 2.3 如果 $\lim\limits_{\Delta x \to 0-0}\dfrac{f(x_0 + \Delta x) - f(x_0)}{\Delta x}$ 存在,则称此极限为 $f(x)$在点 x_0 处的左导数,记作 $f'_-(x_0)$;如果 $\lim\limits_{\Delta x \to 0+0}\dfrac{f(x_0 + \Delta x) - f(x_0)}{\Delta x}$ 存在,则称此极限为 $f(x)$在点 x_0 处的右导数,记作 $f'_+(x_0)$.

显然,$f(x)$ 在点 x_0 处可导的充分必要条件是左、右导数存在且相等.

定义 2.4 如果函数 $f(x)$ 在闭区间 $[a,b]$上有定义,在开区间 (a,b)内每一点都可导,且 $f'_+(a)$ 和 $f'_-(b)$存在,则称 $f(x)$ 在闭区间 $[a,b]$上可导.

函数在某点连续,但在该点不一定可导,即定理 2.1 的逆命题不成立.

例 12 讨论 $f(x) = |x|$ 在 $x = 0$ 处的连续性和可导性.

解 在 $x = 0$处给增量 Δx,相应的函数的增量为

$$\Delta y = |0 + \Delta x| - |0| = |\Delta x|,$$

则有

$$\lim_{\Delta x \to 0}\Delta y = \lim_{\Delta x \to 0}|\Delta x| = 0,$$

所以,$f(x) = |x|$在 $x = 0$处连续;又

$$f'_-(0) = \lim_{\Delta x \to 0-0}\frac{|\Delta x|}{\Delta x} = \lim_{\Delta x \to 0-0}\frac{-\Delta x}{\Delta x} = -1,$$

$$f'_+(0) = \lim_{\Delta x \to 0+0}\frac{|\Delta x|}{\Delta x} = \lim_{\Delta x \to 0+0}\frac{\Delta x}{\Delta x} = 1,$$

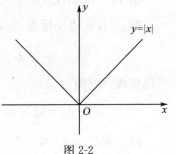

图 2-2

即当 $\Delta x \to 0$时,左、右导数存在但不相等,则 $f(x) = |x|$在 $x = 0$处的导数不存在,曲线 $f(x) = |x|$在原点没有切线(图 2-2).

注 函数在某点连续是函数在该点可导的必要条件,但非充分条件.

习题 2.1

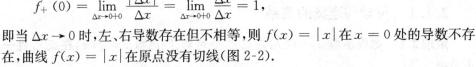

1. 曲线 $y = \ln x$上某点的切线平行于直线 $y = 2x - 3$,则该点坐标是(   ).

    A. $\left(2, \ln\dfrac{1}{2}\right)$ B. $\left(2, -\ln\dfrac{1}{2}\right)$ C. $\left(\dfrac{1}{2}, \ln 2\right)$ D. $\left(\dfrac{1}{2}, -\ln 2\right)$

2. 已知曲线 $y = f(x)$ 在 $x = 2$ 处的切线的倾斜角为 $\frac{5}{6}\pi$，则 $f'(2) = $ _____.

3. 根据导数的定义求下列函数的导数：

(1) $y = ax + b$；
(2) $y = \sqrt{x}$；

(3) $y = 2x^2 + x - 1$；
(4) $y = \sin 2x$.

4. 利用公式求下列函数的导数：

(1) $y = x^5$；
(2) $y = \sqrt[3]{x^2}$；

(3) $y = \dfrac{1}{\sqrt{x}}$；
(4) $y = \dfrac{1}{x^3}$；

(5) $y = \log_{10} x$；
(6) $y = 2^{2x}$.

5. 求下列函数在指定点的导数：

(1) $y = \dfrac{1}{x^2}, x = 2$；
(2) $y = \dfrac{x\sqrt{x}}{\sqrt[3]{x^2}}, x = 1$.

6. 在抛物线 $y = x^2$ 上，哪一点的切线有下面的性质？

(1) 平行于 x 轴；
(2) 与 x 轴成 $45°$ 的角.

7. 求曲线 $y = \log_3 x$ 在点 $(3,1)$ 处的切线斜率和切线方程.

8. 求曲线 $y = \sin x$ 在横坐标为 $x = \pi$ 所对应的点处的切线方程与法线方程.

9. 求曲线 $y = e^x$ 过点 $(1,0)$ 的切线方程.

10. 如果函数在某点没有导数，则函数所表示的曲线在对应的点是否一定没有切线？试举例说明.

11. 函数 $y = \sqrt[3]{x}$ 在点 $x = 0$ 处连续吗？可导吗？

12. 求函数 $f(x) = \begin{cases} x^2 \sin \dfrac{1}{x}, & x \neq 0, \\ 0, & x = 0 \end{cases}$ 在点 $x = 0$ 处的导数.

13. 设有一根细棒，取棒的一端作为原点，棒上任意点的坐标为 x. 于是分布在区间 $[0, x]$ 上细棒的质量 m 是 x 的函数 $m = m(x)$. 应怎样确定细棒上的点 x_0 处的线密度？（对于细棒来说，单位长度细棒的质量叫做这细棒的线密度）

2.2　函数的和、差、积、商的求导法则

为了进一步求一般初等函数的导数，我们先研究函数求导的运算法则.

2.2.1　函数和、差的求导法则

定理 2.2　如果函数 $u = u(x)$ 和 $v = v(x)$ 在点 x 处可导，则函数 $y = u(x) +$

$v(x)$ 在点 x 处也可导，且

$$y' = u'(x) + v'(x).$$

即　　　　　　　　$[u(x) + v(x)]' = u'(x) + v'(x).$

证明　给自变量 x 以增量 Δx，则函数 $u = u(x)$，$v = v(x)$ 及 $y = u(x) + v(x)$ 对应的增量分别为

$$\Delta u = u(x + \Delta x) - u(x),$$

$$\Delta v = v(x + \Delta x) - v(x),$$

$$\Delta y = [u(x + \Delta x) + v(x + \Delta x)] - [u(x) + v(x)]$$
$$= [u(x + \Delta x) - u(x)] + [v(x + \Delta x) - v(x)] = \Delta u + \Delta v.$$

于是

$$\frac{\Delta y}{\Delta x} = \frac{\Delta u}{\Delta x} + \frac{\Delta v}{\Delta x}.$$

因为函数 $u = u(x)$ 和 $v = v(x)$ 在点 x 处可导，即

$$\lim_{\Delta x \to 0} \frac{\Delta u}{\Delta x} = u', \quad \lim_{\Delta x \to 0} \frac{\Delta v}{\Delta x} = v',$$

所以

$$\lim_{\Delta x \to 0} \frac{\Delta y}{\Delta x} = \lim_{\Delta x \to 0} \frac{\Delta u}{\Delta x} + \lim_{\Delta x \to 0} \frac{\Delta v}{\Delta x} = u' + v'.$$

即函数 $y = u(x) + v(x)$ 在点 x 处可导，且

$$[u(x) + v(x)]' = u'(x) + v'(x).$$

类似地

$$[u(x) - v(x)]' = u'(x) - v'(x).$$

一般的

$$\left(u_1 \pm u_2 \pm \cdots \pm u_n\right)' = u_1' \pm u_2' \pm \cdots \pm u_n'.$$

由此可得函数和差的求导法则：两个可导函数的和（差）的导数等于这两个函数导数的和（差）．即函数的求导运算与和（差）运算是可以交换的．

例 1　求 $y = x^4 + x^2 + 1$ 的导数．

解　根据和的求导法则，得

$$y' = (x^4)' + (x^2)' + 1' = 4x^3 + 2x.$$

例 2　设 $f(x) = x^2 + \cos x - e^x$，求 $f'(x)$ 及 $f'(0)$．

解　根据和的求导法则，得

$$f'(x) = 2x - \sin x - e^x.$$

从而

$$f'(0) = 2 \times 0 - \sin 0 - e^0 = -1.$$

2.2.2　函数积的求导法则

定理 2.3　如果函数 $u=u(x)$ 和 $v=v(x)$ 都在点 x 处可导,则函数
$$y=u(x)\cdot v(x)$$
也在点 x 处可导,且
$$y'=u'(x)v(x)+u(x)v'(x).$$

证明　给自变量 x 以增量 Δx,则函数 $u=u(x),v=v(x)$ 及 $y=u(x)\cdot v(x)$ 对应的增量分别为
$$\Delta u=u(x+\Delta x)-u(x),$$
$$\Delta v=v(x+\Delta x)-v(x),$$
$$\Delta y=u(x+\Delta x)\cdot v(x+\Delta x)-u(x)\cdot v(x)$$
$$=[u(x)+\Delta u]\cdot[v(x)+\Delta v]-u(x)\cdot v(x)$$
$$=\Delta u\cdot v(x)+\Delta v\cdot u(x)+\Delta u\cdot\Delta v.$$
于是
$$\frac{\Delta y}{\Delta x}=\frac{\Delta u}{\Delta x}\cdot v(x)+\frac{\Delta v}{\Delta x}\cdot u(x)+\frac{\Delta u}{\Delta x}\cdot\Delta v.$$
因为函数 $u=u(x)$ 和 $v=v(x)$ 在点 x 处可导,即
$$\lim_{\Delta x\to0}\frac{\Delta u}{\Delta x}=u',\lim_{\Delta x\to0}\frac{\Delta v}{\Delta x}=v',$$
且由于可导必定连续,即 $\lim\limits_{\Delta x\to0}\Delta v=0$,
所以
$$\lim_{\Delta x\to0}\frac{\Delta y}{\Delta x}=\lim_{\Delta x\to0}\frac{\Delta u}{\Delta x}v(x)+\lim_{\Delta x\to0}\frac{\Delta v}{\Delta x}u(x)+\lim_{\Delta x\to0}\frac{\Delta u}{\Delta x}\Delta v.$$
$$=u'v+v'u+u'\cdot0=u'v+v'u.$$
即函数 $y=u(x)\cdot v(x)$ 在点 x 处可导,且
$$[u(x)\cdot v(x)]'=u'(x)\cdot v(x)+u(x)\cdot v'(x).$$
由此可得函数积的求导法则:两个可导函数乘积的导数等于第一个因子的导数乘以第二个因子,加上第一个因子乘以第二个因子的导数.

特别地,取 $v(x)=C$,我们有
$$[Cu(x)]'=Cu'(x).$$
而且,乘积的求导法则可以推广到有限多个函数之积的情形. 如
$$[u\cdot v\cdot w]'=u'\cdot v\cdot w+u\cdot v'\cdot w+u\cdot v\cdot w'.$$

例 3　求 $y=x^3\cos x$ 的导数.

解　根据积的求导法则,有

$$y' = (x^3)' \cos x + x^3 (\cos x)' = 3x^2 \cos x - x^3 \sin x.$$

例 4 求 $y = 10e^x \ln x$ 的导数.

解 根据积的求导法则,有

$$y' = 10\left[(e^x)' \ln x + e^x (\ln x)'\right] = 10\left(e^x \ln x + e^x \frac{1}{x}\right) = 10e^x\left(\frac{1}{x} + \ln x\right).$$

例 5 求 $y = x \cdot \ln x \cdot \sin x$ 的导数.

解 根据积的求导法则,有

$$y' = x' \cdot \ln x \cdot \sin x + x \cdot (\ln x)' \cdot \sin x + x \cdot \ln x \cdot (\sin x)'$$

$$= \ln x \cdot \sin x + \sin x + x \cdot \ln x \cdot \cos x.$$

2.2.3 函数商的求导法则

定理 2.4 如果函数 $u = u(x)$ 和 $v = v(x)$ 都在点 x 处具有导数,且 $v(x) \neq 0$,则函数 $y = \dfrac{u(x)}{v(x)}$ 在点 x 处也具有导数,且

$$y' = \frac{u'(x)v(x) - v'(x)u(x)}{[v(x)]^2}.$$

证明 给自变量 x 以增量 Δx,则函数 $u = u(x)$,$v = v(x)$ 及 $y = \dfrac{u(x)}{v(x)}$ 的对应增量分别为

$$\Delta u = u(x + \Delta x) - u(x),$$

$$\Delta v = v(x + \Delta x) - v(x),$$

$$\Delta y = \frac{u(x + \Delta x)}{v(x + \Delta x)} - \frac{u(x)}{v(x)} = \frac{u(x) + \Delta u}{v(x) + \Delta v} - \frac{u(x)}{v(x)}$$

$$= \frac{[u(x) + \Delta u]v(x) - u(x)[v(x) + \Delta v]}{v(x + \Delta x)v(x)}$$

$$= \frac{\Delta u v(x) - u(x)\Delta v}{v(x + \Delta x)v(x)}.$$

于是

$$\frac{\Delta y}{\Delta x} = \frac{\dfrac{\Delta u}{\Delta x}v(x) - u(x)\dfrac{\Delta v}{\Delta x}}{v(x + \Delta x)v(x)},$$

因为 $\lim\limits_{\Delta x \to 0} \dfrac{\Delta u}{\Delta x} = u'$,$\lim\limits_{\Delta x \to 0} \dfrac{\Delta v}{\Delta x} = v'$,$\lim\limits_{\Delta x \to 0} \Delta v = 0$,所以

$$\lim_{\Delta x \to 0} \frac{\Delta y}{\Delta x} = \lim_{\Delta x \to 0} \frac{\dfrac{\Delta u}{\Delta x}v(x) - u(x)\dfrac{\Delta v}{\Delta x}}{v(x + \Delta x)v(x)} = \frac{u'(x)v(x) - u(x)v'(x)}{[v(x)]^2}.$$

所以,函数 $y = \dfrac{u(x)}{v(x)}$ 在点 x 处可导,且

$$y' = \frac{u'(x)v(x) - v'(x)u(x)}{[v(x)]^2}.$$

即

$$\left[\frac{u(x)}{v(x)}\right]' = \frac{u'(x)v(x) - u(x)v'(x)}{v^2(x)}.$$

由此可得函数商的求导法则:**两个可导函数商的导数等于分子的导数与分母的乘积减去分母的导数与分子的乘积,再除以分母的平方.**

特别地,取 $u(x) = 1$,我们有

$$\left[\frac{1}{v(x)}\right]' = -\frac{1}{v^2(x)}v'(x).$$

例 6　求函数 $y = \dfrac{1-x}{1+x}$ 的导数.

解　根据商的求导法则,有

$$y' = \frac{(1-x)'(1+x) - (1-x)(1+x)'}{(1+x)^2} = -\frac{2}{(1+x)^2}.$$

例 7　求函数 $y = \tan x$ 的导数.

解　根据商的求导法则,有

$$y' = (\tan x)' = \left(\frac{\sin x}{\cos x}\right)' = \frac{(\sin x)'\cos x - \sin x(\cos x)'}{\cos^2 x}$$

$$= \frac{\cos^2 x - \sin x(-\sin x)}{\cos^2 x} = \frac{1}{\cos^2 x} = \sec^2 x.$$

类似地,有

$$(\cot x)' = -\csc^2 x.$$

例 8　求函数 $y = \sec x$ 的导数.

解　根据商的求导法则,有

$$y' = (\sec x)' = \left(\frac{1}{\cos x}\right)' = -\frac{(\cos x)'}{\cos^2 x}$$

$$= \frac{\sin x}{\cos^2 x} = \tan x \cdot \sec x.$$

类似地,有

$$(\csc x)' = -\cot x \cdot \csc x.$$

习题 2.2

1. 求下列函数在指定点的导数:

(1) $y = \ln x + 3x - 5\sin x$,求 $y'|_{x=\pi}$;　　　　(2) $y = e^x \sec x$,求 $y'|_{x=0}$.

2. 求下列函数的导数:

(1) $y = x^3 - 2\sqrt{x} + \dfrac{1}{x}$;　　　　　　(2) $y = (x^2 - 3x)(x^4 + x^2 + 1)$;

(3) $y = (x+1)(x+2)(x+3)(x+4)$;　(4) $y = x\sin x + \cos x$;

(5) $y = \tan x + 2\cot x$;　　　　　　(6) $y = 2\tan x + \sec x - 3$;

(7) $y = \dfrac{\sin x + \cos x}{\sin x \cdot \cos x}$;　　　　　(8) $y = \dfrac{x}{x^2 + 1}$;

(9) $y = \dfrac{1 - \ln x}{1 + \ln x}$;　　　　　　(10) $y = \dfrac{1 + e^x}{1 - e^x}$;

(11) $y = xa^x \csc x$;　　　　　　(12) $y = x\ln\sqrt{x}$;

(13) $y = \left(x + \dfrac{1}{x}\right)^2$;　　　　　　(14) $y = \dfrac{1 + \sqrt{x}}{1 - x}$.

3. 已知 $f(x) = 5 - 4x + 2x^3 - x^5$, 试证: $f'(a) = f'(-a)$.

4. 试写出曲线 $y = \dfrac{x^2 - 3x + 6}{x^2}$ 在横坐标 $x = 3$ 点处的切线方程和法线方程.

5. 在曲线 $y = x - x^2$ 上找一点, 使得这点的切线为 $y = x + a$, 并求 a.

6. 求 $y = \sin 2x$, $y = \sin^2 x$ 的导数.

2.3　复合函数的求导法则

定理 2.5　如果函数 $u = \varphi(x)$ 在点 x 处可导, 而函数 $y = f(u)$ 在对应点 $u = \varphi(x)$ 处可导, 则复合函数 $y = f[\varphi(x)]$ 在点 x 处可导, 且其导数为

$$\frac{\mathrm{d}y}{\mathrm{d}x} = f'(u) \cdot \varphi'(x) = f'[\varphi(x)] \cdot \varphi'(x),$$

或简记为

$$\frac{\mathrm{d}y}{\mathrm{d}x} = \frac{\mathrm{d}y}{\mathrm{d}u} \cdot \frac{\mathrm{d}u}{\mathrm{d}x}.$$

证明　给自变量 x 以增量 Δx, 则 u 取得相应的增量 Δu, y 取得相应的增量 Δy, 当 $\Delta u \neq 0$ 时, 则有

$$\frac{\Delta y}{\Delta x} = \frac{\Delta y}{\Delta u} \cdot \frac{\Delta u}{\Delta x},$$

因为 $u = \varphi(x)$ 在点 x 处可导, 所以必连续. 因此, 当 $\Delta x \to 0$ 时, $\Delta u \to 0$, 于是

$$\lim_{\Delta x \to 0} \frac{\Delta y}{\Delta u} = \lim_{\Delta u \to 0} \frac{\Delta y}{\Delta u} = f'(u),$$

又

$$\lim_{\Delta x \to 0} \frac{\Delta u}{\Delta x} = \varphi'(x),$$

所以

$$\lim_{\Delta x \to 0} \frac{\Delta y}{\Delta x} = \lim_{\Delta x \to 0} \left(\frac{\Delta y}{\Delta u} \cdot \frac{\Delta u}{\Delta x} \right) = \lim_{\Delta x \to 0} \frac{\Delta y}{\Delta u} \cdot \lim_{\Delta x \to 0} \frac{\Delta u}{\Delta x}$$

$$= \lim_{\Delta u \to 0} \frac{\Delta y}{\Delta u} \cdot \lim_{\Delta x \to 0} \frac{\Delta u}{\Delta x} = f'(u) \cdot \varphi'(x).$$

即复合函数 $y = f[\varphi(x)]$ 在点 x 处可导，且其导数为

$$\frac{\mathrm{d}y}{\mathrm{d}x} = f'(u) \cdot \varphi'(x) = f'[\varphi(x)] \cdot \varphi'(x).$$

当 $\Delta u = 0$ 时，　仍可证明上式成立.

由此可得复合函数求导法则:**两个可导函数的复合函数的导数等于函数对中间变量的导数乘以中间变量对自变量的导数**.

复合函数的求导法则又称为**链式法则**.此结论可推广到更一般的情形,如 $y = f(u), u = \varphi(v), v = \psi(x)$ 都可导,则 $y'_x = y'_u \cdot u'_v \cdot v'_x = f'(u) \cdot \varphi'(v) \cdot \psi'(x)$.

例 1　求函数 $y = \ln\cos x$ 的导数.

解　函数 $y = \ln\cos x$ 可以看作由 $y = \ln u, u = \cos x$ 复合而成,又

$$y'_u = \frac{1}{u}, u'_x = -\sin x,$$

所以根据链式法则,有

$$y'_x = y'_u \cdot u'_x = \frac{1}{u}(-\sin x) = -\frac{\sin x}{\cos x} = -\tan x.$$

例 2　求函数 $y = \sqrt{1-x^2}$ 的导数.

解　函数 $y = \sqrt{1-x^2}$ 可以看作由 $y = \sqrt{u}, u = 1-x^2$ 复合而成,又

$$y'_u = \frac{1}{2\sqrt{u}}, u'_x = -2x,$$

所以根据链式法则,有

$$y'_x = y'_u \cdot u'_x = \frac{1}{2\sqrt{u}} \cdot (-2x) = -\frac{x}{\sqrt{1-x^2}}.$$

例 3　求函数 $y = (2x+1)^5$ 的导数.

解　函数 $y = (2x+1)^5$ 可以看作由 $y = u^5, u = 2x+1$ 复合而成,又

$$y'_u = 5u^4, u'_x = 2,$$

所以根据链式法则,有

$$y'_x = y'_u \cdot u'_x = 5u^4 \cdot 2 = 10(2x+1)^4.$$

例 4　求函数 $y = \sin\dfrac{x^3}{1+x^2}$ 的导数.

解 函数 $y = \sin\dfrac{x^3}{1+x^2}$ 可以看作由 $y = \sin u, u = \dfrac{x^3}{1+x^2}$ 复合而成,又

$$y'_u = \cos u, u'_x = \frac{3x^2(1+x^2)-x^3 \cdot 2x}{(1+x^2)^2} = \frac{3x^2+x^4}{(1+x^2)^2},$$

所以根据链式法则,有

$$y'_x = y'_u \cdot u'_x = \cos u \cdot \frac{3x^2+x^4}{(1+x^2)^2} = \frac{3x^2+x^4}{(1+x^2)^2} \cdot \cos\frac{x^3}{1+x^2}.$$

对于复合函数求导的问题,关键是把函数分解为可以求导的若干个简单函数的复合. 在熟练之后,中间变量可以不写出来,从外到内逐层求导,一直求到对自变量的导数为止.

例 5 求函数 $y = \mathrm{e}^{\tan x}$ 的导数.

解 $y' = (\mathrm{e}^{\tan x})' = \mathrm{e}^{\tan x} \cdot (\tan x)' = \mathrm{e}^{\tan x} \cdot \sec^2 x.$

例 6 求函数 $y = \sin(x\ln x)$ 的导数.

解 $y' = [\sin(x\ln x)]' = \cos(x\ln x) \cdot (x\ln x)'$

$$= \cos(x\ln x) \cdot \left(\ln x + x \cdot \frac{1}{x}\right) = (1+\ln x)\cos(x\ln x).$$

例 7 求函数 $y = \ln\sqrt{a^2-x^2}$ 的导数.

解 因为 $y = \dfrac{1}{2}\ln(a^2-x^2)$,所以

$$y' = \frac{1}{2} \cdot \frac{1}{a^2-x^2} \cdot (a^2-x^2)' = \frac{1}{2} \cdot \frac{1}{a^2-x^2} \cdot (-2x) = \frac{x}{x^2-a^2}.$$

例 8 证明幂函数的导数公式:$(x^\alpha)' = \alpha x^{\alpha-1} (x > 0)$.

证明 因为 $x^\alpha = \mathrm{e}^{\ln x^\alpha} = \mathrm{e}^{\alpha\ln x}$,所以

$$(x^\alpha)' = (\mathrm{e}^{\alpha\ln x})' = \mathrm{e}^{\alpha\ln x} \cdot (\alpha\ln x)' = x^\alpha \cdot \alpha \cdot \frac{1}{x} = \alpha x^{\alpha-1}.$$

习题 2.3

1. 求下列函数在指定点的导数:

   $(1) y = \ln(\sin 2x), x = \dfrac{\pi}{4}$;　　　　$(2) y = \sqrt{\mathrm{e}^x+1}, x = 0.$

2. 求下列函数的导数:

   $(1) y = 3\sin(2x+3)$;　　　　$(2) y = \ln(\sin 4x)$;

   $(3) y = \cos^2 3x$;　　　　$(4) y = \ln(2x) \cdot \sin(3x)$;

   $(5) y = (x^2+\cos^2 x)^2$;　　　　$(6) y = a^{\sec x}$;

   $(7) y = \ln(1+x^2)$;　　　　$(8) y = \tan(x^\alpha + \alpha^x)(\alpha > 0, \alpha \neq 1)$;

(9) $y = \left(\dfrac{x}{x+1} \right)^3$;

(10) $y = \ln \dfrac{1 + \sin x}{\cos x}$;

(11) $y = (\sin 3x) \sin^3 x$;

(12) $y = \sqrt{x - e^{-x}}$;

(13) $y = \sqrt{x + \sqrt{x + \sqrt{x}}}$;

(14) $y = \ln(x + \sqrt{1 + x^2})$.

3. 求证函数 $y = \ln \dfrac{1}{1+x}$ 满足关系式: $x \dfrac{\mathrm{d}y}{\mathrm{d}x} + 1 = e^y$.

2.4　隐函数的导数与参数方程的导数

2.4.1　隐函数的导数

显函数　$y = f(x)$ 的等号左端是因变量符号,而右端是含有自变量的式子,当自变量取定义域内任一值时,由这式子能确定对应的函数值,用这种方式表达的函数叫做显函数. 例如 $y = e^x + 3x, y = \sin 2x$ 等.

隐函数　如果 x 和 y 满足一个方程 $F(x, y) = 0$,在一定条件下,当 x 取某区间内的任一值时,相应的总有满足这方程的唯一的 y 值存在,那么就说方程 $F(x, y) = 0$ 在该区间内确定了一个隐函数. 如 $x^3 + y^3 = 1, x + y - \sin(xy) = 0$ 等.

把一个隐函数化成显函数,叫做隐函数的显化. 例如我们可以把隐函数 $x^3 + y^3 = 1$ 化成显函数 $y = \sqrt[3]{1 - x^3}$. 当然有些隐函数是无法显化的,例如 $x + y - \sin(xy) = 0$.

在许多实际问题中,有时需要计算隐函数的导数,我们通过下面的例子来说明隐函数求导的方法.

例 1　求由方程 $x^3 + y^3 - 1 = 0$ 所确定的隐函数 $y = f(x)$ 的导数.

解　在方程 $x^3 + y^3 - 1 = 0$ 中,将 y 看作 x 的函数 $y = f(x)$,则 y^3 是 x 的复合函数 $y^3 = (f(x))^3$,对方程两边同时关于 x 求导可得

$$(x^3)'_x + (f(x)^3)'_x - (1)'_x = 0,$$

$$3x^2 + 3(f(x))^2 \cdot f'(x) = 0,$$

即　　　　　　　　　$3x^2 + 3y^2 \cdot y'_x = 0$

当 $y \neq 0$ 时,得

$$y' = -\frac{x^2}{y^2}.$$

大家可以求其对应的显函数 $y = \sqrt[3]{1 - x^3}$ 的导数来验证这个结果.

一般的，求由方程 $F(x,y)=0$ 所确定的隐函数的导数时，将 y 看作 x 的函数，含有 y 的表达式看作 x 的复合函数，利用复合函数的求导法则，方程两边同时对 x 求导，再把 y'_x 解出来，此即为所求隐函数的导数. 至于隐函数的求导公式，将在多元函数微分学的学习过程中给出.

例 2 求由方程 $xy=\mathrm{e}^{x+y}$ 确定的函数 $y=f(x)$ 的导数.

解 方程两边对 x 求导得

$$y+xy'=\mathrm{e}^{x+y}(1+y'),$$

解得

$$y'=\frac{y-\mathrm{e}^{x+y}}{\mathrm{e}^{x+y}-x}=\frac{y-xy}{xy-x}.$$

由此可见，隐函数的导数的结果的表现形式可以不唯一.

例 3 求椭圆 $\dfrac{x^2}{16}+\dfrac{y^2}{9}=1$ 在点 $\left(2,\dfrac{3}{2}\sqrt{3}\right)$ 处的切线方程.

解 由导数的几何意义可知，所求切线的斜率为

$$k=y'|_{x=2}.$$

椭圆方程两边对 x 求导，得

$$\frac{x}{8}+\frac{2}{9}y\cdot y'=0.$$

解出 y'，得

$$y'=-\frac{9x}{16y}.$$

将 $x=2,y=\dfrac{3}{2}\sqrt{3}$ 代入上式，得 $k=y'|_{x=2}=-\dfrac{\sqrt{3}}{4}$. 于是所求切线方程为

$$y-\frac{3}{2}\sqrt{3}=-\frac{\sqrt{3}}{4}(x-2),$$

即

$$\sqrt{3}x+4y-8\sqrt{3}=0.$$

注 求隐函数在某一点的导数时，要将该点的横坐标和纵坐标同时代入.

一般的，若点 (x_0,y_0) 在二次曲线 $Ax^2+By^2+C=0$ 上，则点 (x_0,y_0) 处的切线方程为

$$Axx_0+Byy_0+C=0.$$

例 4 求幂指函数 $y=x^x(x>0)$ 的导数.

解 方法一：两边取对数，得 $\ln y=\ln x^x=x\ln x$，再两边同时对 x 求导，得

$$\frac{y'}{y}=\ln x+x\cdot\frac{1}{x}=1+\ln x.$$

即
$$y' = y(1 + \ln x) = x^x(1 + \ln x).$$

方法二：由于 $y = x^x = e^{\ln x^x} = e^{x\ln x}$，再根据复合函数求导法则，两边同时对 x 求导，得
$$y' = e^{x\ln x} \cdot (x\ln x)' = e^{x\ln x} \cdot (1 + \ln x) = x^x \cdot (1 + \ln x).$$

一般的，幂指函数 $y = u(x)^{v(x)}$ 求导可以采用上面两种方法. 有时候把第一种方法称为**对数求导法**，这种方法还可以用来求一些由多个因子通过乘、除、乘方或开方所构成的比较复杂的函数的导数.

例 5　求函数 $y = \sqrt{\dfrac{(x-1)(x-2)}{(x-3)(x-4)}}$ $(x > 4)$ 的导数.

解　两边取对数，得
$$\ln y = \frac{1}{2}\big[\ln(x-1) + \ln(x-2) - \ln(x-3) - \ln(x-4)\big].$$

两边同时对 x 求导，得
$$\frac{y'}{y} = \frac{1}{2}\Big(\frac{1}{x-1} + \frac{1}{x-2} - \frac{1}{x-3} - \frac{1}{x-4}\Big).$$

即
$$y' = \frac{1}{2}\sqrt{\frac{(x-1)(x-2)}{(x-3)(x-4)}}\Big(\frac{1}{x-1} + \frac{1}{x-2} - \frac{1}{x-3} - \frac{1}{x-4}\Big).$$

定理 2.6　如果函数 $y = f(x)$ 在某区间 I 内单调、可导，且 $f'(x) \neq 0$，那么它的反函数 $x = \varphi(y)$ 在对应区间内也可导，且
$$\varphi'(y) = \frac{1}{f'(x)} = \frac{1}{f'[\varphi(y)]}.$$

证明　根据隐函数求导的方法，对 $x = \varphi(y)$ 两边同时关于 x 求导，把右边 $\varphi(y)$ 看成是 x 的复合函数，y 是中间变量. 于是
$$1 = \varphi'(y)y' = \varphi'(y)f'(x),$$
由于 $f'(x) \neq 0$，可得
$$\varphi'(y) = \frac{1}{f'(x)} = \frac{1}{f'[\varphi(y)]}.$$

注　反函数的导数等于直接函数导数的倒数，即 $x_y' = \dfrac{1}{y_x}$（或 $y_x' = \dfrac{1}{x_y}$）.

例 6　求函数 $y = \arcsin x(-1 < x < 1)$ 的导数.

解　根据反正弦函数的定义，函数 $y = \arcsin x(-1 < x < 1)$ 可化为
$$x = \sin y\Big(-\frac{\pi}{2} < y < \frac{\pi}{2}\Big).$$

注意到 $\cos y > 0$,根据反函数的导数,有

$$y' = \frac{1}{(\sin y)'} = \frac{1}{\cos y} = \frac{1}{\sqrt{1-\sin^2 y}} = \frac{1}{\sqrt{1-x^2}}.$$

即

$$(\arcsin x)' = \frac{1}{\sqrt{1-x^2}} \quad (-1 < x < 1).$$

例 7　求函数 $y = \arctan x$ 的导数.

解　根据反正切函数的定义,函数 $y = \arctan x$ 的反函数为

$$x = \tan y \left(-\frac{\pi}{2} < y < \frac{\pi}{2}\right).$$

根据反函数的导数,有

$$y' = \frac{1}{(\tan y)'} = \frac{1}{\sec^2 y} = \frac{1}{1+\tan^2 y} = \frac{1}{1+x^2}.$$

即

$$(\arctan x)' = \frac{1}{1+x^2}.$$

类似地,有

$$(\arccos x)' = -\frac{1}{\sqrt{1-x^2}} \quad (-1 < x < 1),$$

$$(\text{arccot}\, x)' = -\frac{1}{1+x^2}.$$

2.4.2　由参数方程所确定的函数的导数

参数方程的一般形式为

$$\begin{cases} x = \varphi(t), \\ y = f(t), \end{cases} t \in I.$$

这个方程确定了一个函数 $y = f[\varphi^{-1}(x)]$,当 $\varphi'(t) \neq 0$ 时,可以求导数 y'.

由复合函数的导数公式,可得

$$y'_x = y'_t \cdot t'_x,$$

根据反函数的导数,有

$$t'_x = \frac{1}{x'_t} = \frac{1}{\varphi'(t)}.$$

而 $y'_t = f'(t)$,所以有

$$y'_x = \frac{f'(t)}{\varphi'(t)}.$$

即

$$\frac{\mathrm{d}y}{\mathrm{d}x} = \frac{f'(t)}{\varphi'(t)}.$$

注　参数方程的导数,仍然是以 t 为参数的方程,其形式为

$$\begin{cases} y'_x = \dfrac{f'(t)}{\varphi'(t)}, \\ x = \varphi(t). \end{cases}$$

例 8　设参数方程 $\begin{cases} x = a\cos t, \\ y = b\sin t, \end{cases}$ 求 $\dfrac{\mathrm{d}y}{\mathrm{d}x}$.

解　因为 $y'_t = b\cos t, x'_t = -a\sin t$,所以

$$\frac{\mathrm{d}y}{\mathrm{d}x} = \frac{y'_t}{x'_t} = \frac{b\cos t}{-a\sin t} = -\frac{b}{a}\cot t.$$

例 9　求摆线 $\begin{cases} x = a(t - \sin t), \\ y = a(1 - \cos t) \end{cases}$ 当 $t = \dfrac{\pi}{3}$ 时的切线方程.

解　因为 $y'_t = a\sin t, x'_t = a(1 - \cos t)$,且当 $t = \dfrac{\pi}{3}$ 时,曲线上对应点的坐标

为 $P\left(a\left(\dfrac{\pi}{3} - \dfrac{\sqrt{3}}{2}\right), \dfrac{1}{2}a\right)$,所以

$$\frac{\mathrm{d}y}{\mathrm{d}x} = \frac{\sin t}{1 - \cos t}, \quad \frac{\mathrm{d}y}{\mathrm{d}x}\bigg|_{t=\frac{\pi}{3}} = \sqrt{3}.$$

于是所求的切线方程为

$$y - \frac{1}{2}a = \sqrt{3}\left(x - \frac{\pi}{3}a + \frac{\sqrt{3}}{2}a\right).$$

习题 2.4

1. 求下列隐函数在指定点的导数:
   (1) $y = \sin(x + y), (\pi, 0)$;　　　　　(2) $y = \mathrm{e}^{xy}, (0, 1)$.

2. 求下列隐函数的导数:
   (1) $x^2 + y^2 - xy = 1$;　　　　　　　(2) $y = x + \ln y$;
   (3) $y = x \cdot \ln y$;　　　　　　　　　　(4) $\mathrm{e}^{xy} = x + y$.

3. 利用对数求导法求下列函数的导数:

   (1) $y = (\ln x)^x$;　　　　　　　　　　(2) $y = \sqrt{\dfrac{x(x+1)}{x+2}}$.

4. 求函数 $y = x^{\sin x} + (\sin x)^x$ 的导数.

5. 求曲线 $\dfrac{x^2}{a^2} + \dfrac{y^2}{b^2} = 1$ 在点 $\left(\dfrac{\sqrt{2}a}{2}, \dfrac{\sqrt{2}b}{2}\right)$ 处的切线方程.

6. 求参数方程 $\begin{cases} x = 2t + \cos t, \\ y = e^t - t \end{cases}$ 的导数 $\dfrac{\mathrm{d}y}{\mathrm{d}x}$.

2.5　初等函数的导数

为了便于记忆与查阅，我们把常用的几个基本初等函数的导数，以及前面所学的一些求导法则作个简单的归纳，这些结果都必须熟练掌握.

2.5.1　导数的基本公式

(1) $(C)' = 0(C\ 为常数)$；

(2) $(x^a)' = \alpha x^{\alpha-1}$；

(3) $(a^x)' = a^x \ln a (a > 0, a \neq 1)$；

(4) $(e^x)' = e^x$；

(5) $(\log_a x)' = \dfrac{1}{x \ln a}(a > 0, a \neq 1)$；

(6) $(\ln x)' = \dfrac{1}{x}, (\ln|x|)' = \dfrac{1}{|x|}$；

(7) $(\sin x)' = \cos x$；

(8) $(\cos x)' = -\sin x$；

(9) $(\tan x)' = \dfrac{1}{\cos^2 x} = \sec^2 x$；

(10) $(\cot x)' = -\dfrac{1}{\sin^2 x} = -\csc^2 x$；

(11) $(\sec x)' = \sec x \cdot \tan x$；

(12) $(\csc x)' = -\csc x \cdot \cot x$；

(13) $(\arcsin x)' = \dfrac{1}{\sqrt{1-x^2}}$；

(14) $(\arccos x)' = -\dfrac{1}{\sqrt{1-x^2}}$；

(15) $(\arctan x)' = \dfrac{1}{1+x^2}$；

(16) $(\operatorname{arccot} x)' = -\dfrac{1}{1+x^2}$.

2.5.2　函数的和、差、积、商的求导法则

设 $u = u(x), v = v(x)$ 是可导函数，C 为常数，则

(1) $(u \pm v)' = u' \pm v'$；

(2) $(uv)' = u'v + uv'$；

(3) $(Cu)' = Cu'$；

(4) $\left(\dfrac{u}{v}\right)' = \dfrac{u'v - uv'}{v^2}, (v \neq 0)$；

(5) $\left(\dfrac{1}{v}\right)' = -\dfrac{v'}{v^2}, (v \neq 0)$.

2.5.3　复合函数的求导法则

设 $y = f(u), u = \varphi(x)$ 都是可导函数，则复合函数 $y = f[\varphi(x)]$ 的导数为
$$y'_x = y'_u \cdot u'_x = f'(u) \cdot \varphi'(x).$$

例 1　设 $y = 3^x + x^3 + 3^3$，求 y'.

解　$y' = 3^x \ln 3 + 3x^2$.

例 2　设 $y = \mathrm{e}^{x^2} \cdot \sin\dfrac{1}{x}$，求 y'.

解　$y' = (\mathrm{e}^{x^2})' \cdot \sin\dfrac{1}{x} + \mathrm{e}^{x^2} \cdot \left(\sin\dfrac{1}{x}\right)'$

$$= \mathrm{e}^{x^2} \cdot 2x \cdot \sin\dfrac{1}{x} + \mathrm{e}^{x^2} \cdot \cos\dfrac{1}{x} \cdot \left(-\dfrac{1}{x^2}\right)$$

$$= \dfrac{\mathrm{e}^{x^2}}{x^2}\left(2x^3 \cdot \sin\dfrac{1}{x} - \cos\dfrac{1}{x}\right).$$

例 3　设 $y = \ln(\arcsin x)$，求 y'.

解　$y' = \dfrac{1}{\arcsin x} \cdot (\arcsin x)' = \dfrac{1}{\arcsin x \, \sqrt{1-x^2}}.$

例 4　设 $y = \arctan\sqrt{x}$，求 y'.

解　$y' = \dfrac{1}{1+(\sqrt{x})^2} \cdot (\sqrt{x})' = \dfrac{1}{1+x} \cdot \dfrac{1}{2\sqrt{x}} = \dfrac{1}{2\sqrt{x}\,(1+x)}.$

习题 2.5

1. 求下列函数的导数：

(1) $y = \mathrm{e}^{-x}\cos 4x$；

(2) $y = \cos[\ln(1+2x)]$；

(3) $y = \mathrm{e}^{\sqrt{x+1}}$；

(4) $y = \arccos\dfrac{1}{x}$；

(5) $y = x\cos x - x^2\sin x$；

(6) $y = \log_2(\sqrt{x}+1)$；

(7) $y = \sin\sqrt{1+x^2}$；

(8) $y = \ln(\ln(\ln x))$；

(9) $y = \arcsin(1-2x)$；

(10) $y = 3^x \mathrm{e}^x$；

(11) $y = \dfrac{1}{x} + \dfrac{1}{x^2} + \dfrac{1}{x^3}$；

(12) $y = \dfrac{1}{x^2-3x+1}$；

(13) $y = \dfrac{\sin x}{1+\cos x}$；

(14) $y = \arcsin\sqrt{\dfrac{1-x}{1+x}}$；

(15) $y = \dfrac{(x+1)^5}{\mathrm{e}^x\cos x}$；

(16) $y = x^{\ln x}$.

2. 求下列隐函数的导数 y'：

(1) $\cos(xy) = x$；

(2) $y \cdot 2^x + \ln y = 3$；

(3) $x + y = \arctan y$；

(4) $\mathrm{e}^y = x + \ln y$.

3. 在曲线 $y = \dfrac{1}{1+x^2}$ 上求一点，使得该点的切线平行于 x 轴.

4. 求双曲线 $x^2 - y^2 = 2$ 上点 $(2, \sqrt{2})$ 处的切线方程.

5. 对于可导的函数来说，偶函数的导数是否为奇函数？反过来，奇函数的导数又是否为偶函数呢？为什么？

2.6　高阶导数

函数 $y = f(x)$ 的导数 $y' = f'(x)$ 是 x 的函数,如果 $y' = f'(x)$ 仍然可导的话,则称 $y' = f'(x)$ 的导数为 $y = f(x)$ 的二阶导数,记作

$$y'', \frac{\mathrm{d}^2 y}{\mathrm{d} x^2}, f''(x) \text{ 或 } \frac{\mathrm{d}^2 f(x)}{\mathrm{d} x^2},$$

即

$$y'' = (y')' \text{ 或 } \frac{\mathrm{d}^2 y}{\mathrm{d} x^2} = \frac{\mathrm{d}}{\mathrm{d} x}\left(\frac{\mathrm{d} y}{\mathrm{d} x}\right) = \frac{\mathrm{d} y'}{\mathrm{d} x}.$$

类似地,有三阶、四阶、$\cdots$、n 阶导数,函数的三阶导数记为

$$y''', \frac{\mathrm{d}^3 y}{\mathrm{d} x^3}, f'''(x) \text{ 或 } \frac{\mathrm{d}^3 f(x)}{\mathrm{d} x^3},$$

四阶导数记为

$$y^{(4)}, \frac{\mathrm{d}^4 y}{\mathrm{d} x^4}, f^{(4)}(x) \text{ 或 } \frac{\mathrm{d}^4 f(x)}{\mathrm{d} x^4}.$$

n 阶导数记为

$$y^{(n)}, \frac{\mathrm{d}^n y}{\mathrm{d} x^n}, f^{(n)}(x) \text{ 或 } \frac{\mathrm{d}^n f(x)}{\mathrm{d} x^n}.$$

二阶及二阶以上的导数统称为高阶导数,而把 $y' = f'(x)$ 叫做 $y = f(x)$ 的一阶导数. 对于函数的一阶导数,通常称为函数的导数.

一方面我们可以用递推的方式来定义高阶导数;另一方面为了深入研究函数的性质,又需要用到它;从而高阶导数这个概念就顺理成章地产生了.

例 1　设 $y = \sin x + \cos x$,求 $y''|_{x=0}$.

解　首先求一阶导数,有

$$y' = \cos x - \sin x.$$

两边再对 x 求导,得

$$y'' = -\sin x - \cos x.$$

从而

$$y''|_{x=0} = (-\sin x - \cos x)|_{x=0} = -0 - 1 = -1.$$

例 2　已知 $y = \sqrt{2x - x^2}$,求 y''.

解　首先求一阶导数,根据链式法则,有

$$y' = \frac{1}{2\sqrt{2x - x^2}} \cdot (2x - x^2)' = \frac{1-x}{\sqrt{2x - x^2}}.$$

两边再对 x 求导,得

$$y'' = \frac{-\sqrt{2x-x^2}-(1-x)\cdot\dfrac{1-x}{\sqrt{2x-x^2}}}{2x-x^2} = \frac{-2x+x^2-(1-x)^2}{(2x-x^2)\sqrt{2x-x^2}}$$

$$= -\frac{1}{(2x-x^2)^{\frac{3}{2}}}.$$

例 3　设 $y = (1+x^2)\arctan x$，求 y''.

解　$y' = 2x\arctan x + (1+x^2)\dfrac{1}{1+x^2} = 2x\arctan x + 1,$

$$y'' = 2\arctan x + \frac{2x}{1+x^2}.$$

例 4　验证函数 $y = c_1 e^x + c_2 e^{-x}$（c_1,c_2 为常数）满足关系式：$y'' - y = 0$.

证明　因为

$$y' = c_1 e^x - c_2 e^{-x}, \quad y'' = c_1 e^x + c_2 e^{-x},$$

所以

$$y'' - y = 0.$$

例 5　求由方程 $xe^y - y + e = 0$ 所确定的隐函数 $y = f(x)$ 的二阶导数 y''.

解　把 y 看成是 x 的函数，方程两边对 x 求导，得

$$e^y + xe^y y' - y' = 0, \tag{1}$$

化简，得

$$y' = \frac{e^y}{1-xe^y}.$$

(1) 式两边再对 x 求导，得

$$e^y y' + e^y y' + xe^y (y')^2 + xe^y y'' - y'' = 0.$$

把 y'' 解出来，得

$$y'' = \frac{e^y y'(2+xy')}{1-xe^y}.$$

再将 y' 代入上式并化简，得

$$y'' = \frac{e^{2y}(2-xe^y)}{(1-xe^y)^3}.$$

例 6　设方程 $\begin{cases} x = a\cos t, \\ y = b\sin t \end{cases}$ 确定了函数 $y = y(x)$，求 $\dfrac{d^2 y}{dx^2}$.

解　先求出一阶导数

$$\begin{cases} x_t' = -a\sin t, \\ y_t' = b\cos t, \end{cases}$$

得

$$y_x' = \frac{y_t'}{x_t'} = -\frac{b}{a}\cot t.$$

又

$$(y'_x)'_t = \left(-\frac{b}{a}\cot t\right)'_t = \frac{b}{a}\csc^2 t,$$

所以

$$\frac{\mathrm{d}^2 y}{\mathrm{d}x^2} = \frac{(y'_x)'_t}{x'_t} = \frac{\dfrac{b}{a}\csc^2 t}{-a\sin t} = -\frac{b}{a^2\sin^3 t}.$$

下面介绍几个初等函数的 n 阶导数.

例 7 设 $y = \mathrm{e}^x$,求 $y^{(n)}$.

解 $y' = \mathrm{e}^x, y'' = \mathrm{e}^x, \cdots, y^{(n)} = \mathrm{e}^x$,即 $(\mathrm{e}^x)^{(n)} = \mathrm{e}^x$.

类似地,$(a^x)' = a^x\ln a, (a^x)'' = a^x(\ln a)^2, \cdots, (a^x)^{(n)} = a^x(\ln a)^n$.

例 8 求 $y = x^\alpha (\alpha$ 为任意常数$)$ 的 n 阶导数.

解 $y' = \alpha x^{\alpha-1}, y'' = \alpha(\alpha-1)x^{\alpha-2}$,

$y''' = \alpha(\alpha-1)(\alpha-2)x^{\alpha-3}$,

$y^{(4)} = \alpha(\alpha-1)(\alpha-2)(\alpha-3)x^{\alpha-4}$,

$\cdots$

一般的,

$$y^{(n)} = \alpha(\alpha-1)(\alpha-2)\cdots(\alpha-n+1)x^{\alpha-n}.$$

特别地,当 $\alpha = n(n$ 是正整数$)$ 时,我们有

$$y^{(n)} = n(n-1)(n-2)\cdots(n-n+1)x^{n-n} = n!, \ y^{(k)} = 0(k>n).$$

同样地,对于 $y = a_0 x^n + a_1 x^{n-1} + \cdots + a_{n-1}x + a_n$,我们有

$$y^{(n)} = a_0 \cdot n!, \ y^{(k)} = 0(k>n).$$

例 9 设 $y = \sin x$,求 $\dfrac{\mathrm{d}^n y}{\mathrm{d}x^n}$.

解 $y' = \cos x = \sin\left(x+\dfrac{\pi}{2}\right)$,

$y'' = -\sin x = \sin\left(x+2\cdot\dfrac{\pi}{2}\right)$,

$y''' = -\cos x = \sin\left(x+3\cdot\dfrac{\pi}{2}\right)$,

$\cdots$

$y^{(n)} = \sin\left(x+\dfrac{n\pi}{2}\right)$.

特别提示 本例在求 y'' 的时候,我们可以把 $\sin\left(x+\dfrac{\pi}{2}\right)$ 看成是由 $\sin u, u = x+\dfrac{\pi}{2}$ 构成的关于 x 的复合函数,根据 y' 的结果与链式法则,有

$$y'' = \left[\sin\left(x+\frac{\pi}{2}\right)\right]' = \sin\left[\left(x+\frac{\pi}{2}\right)+\frac{\pi}{2}\right] \cdot \left(x+\frac{\pi}{2}\right)' = \sin\left(x+2\cdot\frac{\pi}{2}\right).$$

例 10　$y = \ln(1+x)$，求 $y^{(n)}, y^{(n)}(0)$.

解　$y' = \dfrac{1}{1+x}, y'(0) = 1$，

$y'' = [(1+x)^{-1}]' = (-1)(1+x)^{-2}, y''(0) = -1$，

$y''' = (-1)(-2)(1+x)^{-3}, y'''(0) = 2!$，

$y^{(4)} = (-1)(-2)(-3)(1+x)^{-4}, y^{(4)}(0) = (-1)^{(3)} \cdot 3!$，

$\cdots$

$y^{(n)} = (-1)(-2)(-3)\cdots[-(n-1)](1+x)^{-n}$，

$y^{(n)}(0) = (-1)(-2)(-3)\cdots[-(n-1)] = (-1)^{n-1} \cdot (n-1)!$.

习题 2.6

1. 求下列函数在指定点的二阶导数：

(1) $y = \sqrt[2]{x^3}, x = 2$；

(2) $y = e^x \sin x, x = \dfrac{\pi}{2}$.

2. 求下列函数的二阶导数：

(1) $y = 3x^4 - 4x^2 + 5$；

(2) $y = x^4 - 4^x$；

(3) $y = \sqrt{x} + \dfrac{1}{\sqrt{x}}$；

(4) $y = \dfrac{x}{\sqrt{1-x^2}}$；

(5) $y = \cos^2 x \ln x$；

(6) $y = e^{-x^2}$.

3. 验证：

(1) $y = e^x \sin x$ 满足关系式 $y'' - 2y' + 2y = 0$；

(2) $y = \cos(\ln x) + \sin(\ln x)$ 满足关系式 $x^2 y'' + xy' + y = 0$.

4. 求下列隐函数在指定点的二阶导数 y''：

(1) $e^y + xy = e, x = 0$；

(2) $xy + \sin(\pi y^2) = 0, x = 0$.

5. 设 $f(x) = (x+10)^6$，求 $f''(0), f'''(2)$.

6. 求函数 $y = \sin^2 x$ 的 n 阶导数.

7. 求函数 $y = \dfrac{1}{1-x^2}$ 的 n 阶导数.

8. 已知两质点的运动规律是

$$s_1 = 2t^3 - 4t^2 + 6t, \quad s_2 = 2t^3 - \dfrac{3}{2}t^2 + t.$$

求两质点在运动速度相等时各自的加速度.

9. 设方程 $\begin{cases} x = t - \arctan t, \\ y = \ln(1+t^2) \end{cases}$ 确定了函数 $y = y(x)$，求 $\dfrac{d^2 y}{dx^2}$.

2.7　函数的微分

2.7.1　微分的定义

设函数 $y = f(x)$ 在点 x_0 处可导,即极限

$$\lim_{\Delta x \to 0} \frac{\Delta y}{\Delta x} = f'(x_0)$$

存在,根据函数的极限与无穷小的关系,得

$$\frac{\Delta y}{\Delta x} = f'(x_0) + \alpha,$$

其中 α 是当 $\Delta x \to 0$ 时的无穷小. 将上式两端同乘以 Δx,得

$$\Delta y = f'(x_0)\Delta x + \alpha \cdot \Delta x.$$

上式表明,函数的增量可以表示为两项之和. 上式右边第一部分 $f'(x_0)\Delta x$ 是 Δx 的线性函数;因为 $\lim\limits_{\Delta x \to 0} \frac{\alpha \Delta x}{\Delta x} = \lim\limits_{\Delta x \to 0} \alpha = 0$,所以第二部分 $\alpha \cdot \Delta x$ 是当 $\Delta x \to 0$ 时比 Δx 高阶的无穷小. 因此,当 $f'(x_0) \neq 0$ 且 $|\Delta x|$ 充分小时,第二部分 $\alpha \cdot \Delta x$ 可以忽略,于是第一部分 $f'(x_0)\Delta x$ 就成了 Δy 的线性主要部分,从而有近似公式

$$\Delta y \approx f'(x_0)\Delta x.$$

我们把 $f'(x_0)\Delta x$ 称为 Δy **的线性主部**,并叫做函数 $y = f(x)$ **在点** x_0 **处的微分**.

　　定义 2.5　设函数 $y = f(x)$ 在点 x_0 处可导,则 $f'(x_0)\Delta x$ 叫做函数 $y = f(x)$ 在点 x_0 处的微分,记作 $\mathrm{d}y\big|_{x=x_0}$,即

$$\mathrm{d}y\big|_{x=x_0} = f'(x_0)\Delta x.$$

此时,也称函数 $y = f(x)$ 在点 x_0 处可微.

　　当函数 $y = f(x)$ 在某个区间 I 内的每一点处都可微时,称函数 $y = f(x)$ 在区间 I 内可微,记作

$$\mathrm{d}y = f'(x)\Delta x.$$

　　注　函数的微分 $\mathrm{d}y = f'(x)\Delta x$ 的值是由 x 和 Δx 两个变量独立变化所确定. 例如,函数 $y = x^2$ 在点 $x = 1$ 处的微分是

$$\mathrm{d}y\big|_{x=1} = (x^2)'\big|_{x=1} \cdot \Delta x = 2\Delta x.$$

函数 $y = \sin x$ 的微分是

$$\mathrm{d}y = (\sin x)'\Delta x = \cos x \cdot \Delta x.$$

　　例 1　求函数 $y = x^3$ 在 $x = 2, \Delta x = 0.01$ 时的增量及微分.

　　解　函数的增量为

$$\Delta y = (2+0.01)^3 - 2^3 = 0.120601.$$

函数的微分

$$\mathrm{d}y = (x^3)'\Delta x = 3x^2 \cdot \Delta x.$$

将 $x = 2, \Delta x = 0.01$ 代入上式,得

$$\mathrm{d}y\big|_{x=2} = 3 \times 2^2 \times 0.01 = 0.12.$$

由此可以看出,微分与增量的误差是 0.000601.

对于函数 $y = x$,它的微分是

$$\mathrm{d}y = \mathrm{d}(x) = (x)'\Delta x = \Delta x.$$

因此,我们规定,自变量的微分 $\mathrm{d}x = \Delta x$. 于是,函数 $y = f(x)$ 的微分又可写成

$$\mathrm{d}y = f'(x)\mathrm{d}x.$$

类似地,函数 $y = f(x)$ 在点 $x = x_0$ 处的微分写成

$$\mathrm{d}y\big|_{x=x_0} = f'(x_0)\mathrm{d}x.$$

从而有

$$\frac{\mathrm{d}y}{\mathrm{d}x} = f'(x).$$

这就是说,函数的导数 $f'(x)$ 等于函数的微分 $\mathrm{d}y$ 与自变量的微分 $\mathrm{d}x$ 的商. 因此,导数也叫微商.

注 (1) 函数可导与可微等价,即函数可导则函数必可微;反之,函数可微则函数必可导;

(2) 尽管函数可导与可微等价,但它们的含义不同. 导数反映了函数的变化率,微分反映了自变量微小的改变引起的函数的改变量.

2.7.2 微分的几何意义

如图 2-3 所示,设曲线 $y = f(x)$ 在点 M 的坐标为 $(x_0, f(x_0))$,过点 M 作曲线的切线 MT,它的倾斜角为 α. 当自变量 x 在 x_0 有一微小的增量 Δx 时,相应的曲线的纵坐标有一增量 Δy. 从图中可以看出

$$\mathrm{d}x = \Delta x = MQ, \quad \Delta y = QN.$$

设过点 M 的切线 MT 与 QN 相交于点 P,则 MT 的斜率 $\tan\alpha = f'(x_0) = \dfrac{QP}{MQ}$. 所以函数 $y = f(x)$ 在点 $x = x_0$ 的微分

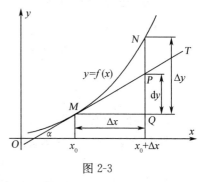

图 2-3

$$\mathrm{d}y = f'(x_0)\mathrm{d}x = \frac{QP}{MQ} \cdot MQ = QP.$$

因此，函数 $y = f(x)$ 在点 $x = x_0$ 处的微分就是曲线 $y = f(x)$ 在点 $M(x_0, f(x_0))$ 处的切线 MT 的纵坐标对应于 Δx 的增量.

由图 2-3 还可以看出，当 $f'(x_0) \neq 0$ 且 $|\Delta x|$ 很小时，$|\Delta y - \mathrm{d}y|$ 比 $|\Delta x|$ 小得多. 因此，在点 M 的邻近，可以用切线段来近似代替曲线段.

2.7.3 微分公式与微分运算法则

从函数微分的定义 $\mathrm{d}y = f'(x)\mathrm{d}x$ 可知，计算函数的微分，要先求出函数的导数，然后乘以自变量的微分即可. 因此，从导数的基本公式和运算法则，就可以直接推出微分的基本公式和运算法则.

1. 微分的基本公式

(1) $\mathrm{d}(C) = 0$（C 为常数）； 　(2) $\mathrm{d}(x^\alpha) = \alpha x^{\alpha-1}\mathrm{d}x$；

(3) $\mathrm{d}(a^x) = a^x \ln a\,\mathrm{d}x$； 　(4) $\mathrm{d}(e^x) = e^x\mathrm{d}x$；

(5) $\mathrm{d}(\log_a x) = \dfrac{1}{x\ln a}\mathrm{d}x$； 　(6) $\mathrm{d}(\ln x) = \dfrac{1}{x}\mathrm{d}x$；

(7) $\mathrm{d}(\sin x) = \cos x\,\mathrm{d}x$； 　(8) $\mathrm{d}(\cos x) = -\sin x\,\mathrm{d}x$；

(9) $\mathrm{d}(\tan x) = \sec^2 x\,\mathrm{d}x$； 　(10) $\mathrm{d}(\cot x) = -\csc^2 x\,\mathrm{d}x$；

(11) $\mathrm{d}(\sec x) = \sec x\tan x\,\mathrm{d}x$； 　(12) $\mathrm{d}(\csc x) = -\csc x\cot x\,\mathrm{d}x$；

(13) $\mathrm{d}(\arcsin x) = \dfrac{1}{\sqrt{1-x^2}}\mathrm{d}x$； 　(14) $\mathrm{d}(\arccos x) = -\dfrac{1}{\sqrt{1-x^2}}\mathrm{d}x$；

(15) $\mathrm{d}(\arctan x) = \dfrac{1}{1+x^2}\mathrm{d}x$； 　(16) $\mathrm{d}(\operatorname{arccot} x) = -\dfrac{1}{1+x^2}\mathrm{d}x.$

2. 微分的四则运算法则

(1) $\mathrm{d}(u \pm v) = \mathrm{d}u \pm \mathrm{d}v$； 　(2) $\mathrm{d}(uv) = v\mathrm{d}u + u\mathrm{d}v$；

(3) $\mathrm{d}(Cu) = C\mathrm{d}u$（$C$ 为常数）； 　(4) $\mathrm{d}\left(\dfrac{u}{v}\right) = \dfrac{v\mathrm{d}u - u\mathrm{d}v}{v^2}$；

(5) $\mathrm{d}\left(\dfrac{1}{v}\right) = -\dfrac{1}{v^2}\mathrm{d}v.$

3. 复合函数的微分法则

根据微分的定义，当 u 是自变量时，函数 $y = f(u)$ 的微分是

$$\mathrm{d}y = f'(u)\mathrm{d}u.$$

如果 u 是中间变量，则复合函数 $y = f(u)$，$u = \varphi(x)$ 的微分是

$$\mathrm{d}y = y'_x\mathrm{d}x = f'(u)\varphi'(x)\mathrm{d}x.$$

由于 $\varphi'(x)\mathrm{d}x = \mathrm{d}u$，所以上式又可写成

$$\mathrm{d}y = f'(u)\mathrm{d}u.$$

这就是说,函数的微分等于函数对某个变量的导数乘以该变量的微分,无论这个变量是自变量还是中间变量,这一性质叫做一阶微分形式的不变性. 由此可得复合函数的微分法则

如果 $y = f(u)$, $u = \varphi(x)$ **都可导,则复合函数** $y = f[\varphi(x)]$ **的微分**
$$\mathrm{d}y = f'(u)\mathrm{d}u = f'(u)\varphi'(x)\mathrm{d}x.$$

例 2　设 $y = \mathrm{e}^{ax^2+bx+c}$, 求 $\mathrm{d}y$.

解　$\mathrm{d}y = \mathrm{e}^{ax^2+bx+c}\mathrm{d}(ax^2 + bx + c) = \mathrm{e}^{ax^2+bx+c}(2ax + b)\mathrm{d}x.$

例 3　设 $y = \dfrac{\mathrm{e}^x \sin x}{x}$, 求 $\mathrm{d}y$.

解
$$\mathrm{d}y = \frac{x\mathrm{d}(\mathrm{e}^x \sin x) - \mathrm{e}^x \sin x \mathrm{d}x}{x^2}$$
$$= \frac{x(\sin x \mathrm{d}\mathrm{e}^x + \mathrm{e}^x \mathrm{d}\sin x) - \mathrm{e}^x \sin x \mathrm{d}x}{x^2}$$
$$= \frac{\mathrm{e}^x(x\sin x + x\cos x - \sin x)}{x^2}\mathrm{d}x.$$

例 4　设 $y = \sin(2x)$, 求 $\mathrm{d}y$.

解　根据微分形式不变性,有
$$\mathrm{d}y = \cos(2x)\mathrm{d}(2x) = 2\cos(2x)\mathrm{d}x.$$

例 5　求方程 $x^2 + 2xy - y^2 = a^2$ 所确定的隐函数 $y = f(x)$ 的微分 $\mathrm{d}y$ 及导数 $\dfrac{\mathrm{d}y}{\mathrm{d}x}$.

解　方程两边同时求微分,得
$$\mathrm{d}(x^2) + \mathrm{d}(2xy) - \mathrm{d}(y^2) = \mathrm{d}(a^2).$$
即
$$2x\mathrm{d}x + 2x\mathrm{d}y + 2y\mathrm{d}x - 2y\mathrm{d}y = 0.$$
化简,得
$$(x+y)\mathrm{d}x = (y-x)\mathrm{d}y.$$
于是,所求微分为
$$\mathrm{d}y = \frac{y+x}{y-x}\mathrm{d}x.$$
所求导数为
$$\frac{\mathrm{d}y}{\mathrm{d}x} = \frac{y+x}{y-x}.$$

由参数方程 $\begin{cases} x = \varphi(t), \\ y = f(t), \end{cases}$ $t \in I$ 所确定的函数 $y = f[\varphi^{-1}(x)]$,在 $\varphi'(t) \neq 0$ 时,

导数为 $y'_x = \dfrac{f'(t)}{\varphi'(t)}$，我们也可由微分来推导这个公式.

根据一阶微分形式的不变性，有

$$\begin{cases} \mathrm{d}x = \varphi'(t)\mathrm{d}t, \\ \mathrm{d}y = f'(t)\mathrm{d}t, \end{cases}$$

从而

$$y'_x = \frac{\mathrm{d}y}{\mathrm{d}x} = \frac{f'(t)}{\varphi'(t)}.$$

再由一阶微分形式的不变性，有

$$\mathrm{d}y'_x = \frac{f''(t)\varphi'(t) - f'(t)\varphi''(t)}{[\varphi'(t)]^2}\mathrm{d}t,$$

$$\mathrm{d}x = \varphi'(t)\mathrm{d}t,$$

所以其二阶导数为

$$\frac{\mathrm{d}^2 y}{\mathrm{d}x^2} = \frac{\mathrm{d}y'}{\mathrm{d}x} = \frac{\dfrac{f''(t)\varphi'(t) - f'(t)\varphi''(t)}{[\varphi'(t)]^2}\mathrm{d}t}{\varphi'(t)\mathrm{d}t}$$

$$= \frac{f''(t)\varphi'(t) - f'(t)\varphi''(t)}{[\varphi'(t)]^3}.$$

例 6　求参数方程 $\begin{cases} x = \ln\sqrt{1+t^2}, \\ y = \arctan t \end{cases}$，所确定的函数的一阶、二阶导数.

解　由一阶微分形式的不变性可得

$$\begin{cases} \mathrm{d}x = \dfrac{t}{1+t^2}\mathrm{d}t, \\ \mathrm{d}y = \dfrac{1}{1+t^2}\mathrm{d}t, \end{cases}$$

则一阶导数为

$$y' = \frac{\mathrm{d}y}{\mathrm{d}x} = \frac{\dfrac{1}{1+t^2}\mathrm{d}t}{\dfrac{t}{1+t^2}\mathrm{d}t} = \frac{1}{t},$$

$$\mathrm{d}y' = -\frac{1}{t^2}\mathrm{d}t,$$

所以二阶导数为

$$\frac{\mathrm{d}^2 y}{\mathrm{d}x^2} = \frac{\mathrm{d}y'}{\mathrm{d}x} = \frac{-\dfrac{1}{t^2}\mathrm{d}t}{\dfrac{t}{1+t^2}\mathrm{d}t} = -\frac{1+t^2}{t^3}.$$

2.7.4　微分在近似计算中的应用

由微分的概念知,当 $f'(x_0) \neq 0$ 且 $|\Delta x|$ 很小时(记作 $|\Delta x| \ll 1$),有

$$\Delta y \approx f'(x_0)\mathrm{d}x = \mathrm{d}y.$$

因为 $\Delta y = f(x_0 + \Delta x) - f(x_0)$,$\Delta x = \mathrm{d}x$,则

$$f(x_0 + \Delta x) - f(x_0) \approx f'(x_0)\Delta x;$$

所以,有公式

$$f(x_0 + \Delta x) \approx f(x_0) + f'(x_0)\Delta x$$

或

$$f(x) \approx f(x_0) + f'(x_0)(x - x_0).$$

例 7　有一批半径为 $1\,\mathrm{cm}$ 的球,为了提高球面的光洁度,要镀上一层铜,厚度为 $0.01\,\mathrm{cm}$,估计一下每只球需要铜多少克?(铜的密度是 $8.9\,\mathrm{g/cm^3}$)

解　先求铜的体积,它是两个球体积之差,即其体积是 $V = \dfrac{4\pi}{3}R^3$ 当 $R_0 = 1$,$\Delta R = 0.01$ 时的增量 ΔV. 因为

$$V' = \left(\frac{4\pi}{3}R^3\right)' = 4\pi R^2,$$

所以,根据公式 $\Delta y \approx f'(x_0)\Delta x$,得

$$\Delta V \approx 4\pi R_0^2 \Delta R \approx 4 \times 3.14 \times 1^2 \times 0.01 = 0.13(\mathrm{cm}^3).$$

于是,镀每只球需要的铜约为 $0.13 \times 8.9 \approx 1.16(\mathrm{g})$.

例 8　计算 $\sqrt[3]{1.02}$ 的近似值.

解　设 $f(x) = \sqrt[3]{x}$,$x_0 = 1$,$\Delta x = 0.02$,则

$$f(1) = 1, f'(x) = \frac{1}{3\sqrt[3]{x^2}}, f'(1) = \frac{1}{3}.$$

所以,根据公式 $f(x_0 + \Delta x) \approx f(x_0) + f'(x_0)\Delta x$,得

$$\sqrt[3]{1.02} = \sqrt[3]{1 + 0.02} \approx 1 + \frac{1}{3} \times 0.02 \approx 1.0067.$$

在公式 $f(x) \approx f(x_0) + f'(x_0)(x - x_0)$ 中,取 $x_0 = 0$,则得近似公式

$$f(x) \approx f(0) + f'(0)x.$$

利用上述公式,可推出以下几个常用的近似公式($|x| \ll 1$):

(1) $(1+x)^\alpha \approx 1 + \alpha x$;　　　　　　(2) $\mathrm{e}^x \approx 1 + x$;

(3) $\ln(1+x) \approx x$;　　　　　　(4) $\sin x \approx x$;

(5) $\tan x \approx x$.

习题 2.7

1. 求下列函数在给定点的微分：

(1)$y = x^2\cos x, x = \dfrac{\pi}{2}, \mathrm{d}x = 0.01$；　　　(2)$y = \dfrac{1+\ln x}{x}, x = \mathrm{e}, \mathrm{d}x = 0.001$.

2. 求下列函数的微分：

(1)$y = 3x^3 + 4x + 6$；　　　　　　　(2)$y = (x+3)^2\,(x-2)^2$；

(3)$y = x\ln^2 x$；　　　　　　　　　(4)$y = \sin^2 x - x\cos x$；

(5)$y = \ln(\tan x + \cot x)$；　　　　(6)$y = (\mathrm{e}^x + \mathrm{e}^{-x})^2$；

(7)$y = \ln\sqrt{x} + \sqrt{\ln x}$；　　　　(8)$y = \arcsin\sqrt{1-x^2}$；

(9)$y = \dfrac{1+\mathrm{e}^x}{1+\mathrm{e}^{-x}}$；　　　　　　　(10)$y = \arctan\dfrac{1}{1+x^2}$；

(11)$y = \ln(\mathrm{e}^x + 1)$；　　　　　　(12)$y = \sin(\cos x)$.

3. 计算当自变量由 2 变到 1.999 时，函数 $y = \dfrac{1}{x-1}$ 的增量与微分.

4. 求下列式子的近似值：

(1)$\sqrt[3]{8.02}$；　　　　　　　　　(2)$\mathrm{e}^{0.03}$；

(3)$\ln 2.02$；　　　　　　　　　　(4)$\cos 29°$.

综合练习二

一、填空题

1. 设 $f(x) = \ln 2x + 2\mathrm{e}^{\frac{x}{2}}$，则 $f'(2) = $ _____.

2. 当 $h \to 0$ 时，$f(2+h) - f(2) - 2h$ 是 h 的高阶无穷小，则 $f'(2) = $ _____.

3. 设 $y = \mathrm{e}^x\ln x$，则 $\mathrm{d}y = $ _____.

4. 设 $f(x) = \ln(\cot x)$，则 $f'\left(\dfrac{\pi}{4}\right) = $ _____.

5. 曲线 $y = \ln x + \mathrm{e}^x$ 在 $x = 1$ 处的切线方程是 _____.

6. 设 $f(x) = \begin{cases} x, & x \geqslant 0 \\ \tan x, & x < 0 \end{cases}$，则 $f(x)$ 在 $x = 0$ 处的导数为 _____.

7. 设 $y = \mathrm{e}^{\cos x}$，则 $y'' = $ _____.

8. 设 $y = f\left(\dfrac{1}{x}\right)$，其中 $f(u)$ 为二阶可导函数，则 $\dfrac{\mathrm{d}^2 y}{\mathrm{d}x^2} = $ _____.

二、选择题

1. 设 $y = x\sin x$，则 $f'\left(\dfrac{\pi}{2}\right) = ($　　$)$.

A. -1　　　　　B. 1　　　　　C. $\dfrac{\pi}{2}$　　　　　D. $-\dfrac{\pi}{2}$

2. 已知 $f'(3) = 2$，$\lim\limits_{h\to 0}\dfrac{f(3-h)-f(3)}{2h} = ($　　$)$.

A. $\dfrac{3}{2}$　　　　　B. $-\dfrac{3}{2}$　　　　　C. 1　　　　　D. -1

3. 设 $f(x) = \ln(x^2 + x)$，则 $f'(x) = ($　　$)$.

A. $\dfrac{2}{x+1}$　　　　B. $\dfrac{1}{x^2+x}$　　　　C. $\dfrac{2x+1}{x^2+x}$　　　　D. $\dfrac{2}{x+1}$

4. 设 $f(x)$ 为偶函数，且在 $x = 0$ 处可导，则 $f'(0) = ($　　$)$.

A. 1　　　　　B. -1　　　　　C. 0　　　　　D. 2

5. 设 $f(x) = \begin{cases} k(k-1)x\mathrm{e}^x + 1, & x > 0, \\ k^2, & x = 0, \\ x^2 + 1, & x < 0, \end{cases}$ 则下列结论不正确的是($　　$).

A. k 为任意值时，$\lim\limits_{x\to 0} f(x)$ 存在

B. $k = -1$ 或 1 时，$f(x)$ 在 $x = 0$ 处连续

C. $k = -1$ 时，$f(x)$ 在 $x = 0$ 处可导

D. $k = 1$ 时，$f(x)$ 在 $x = 0$ 处可导

三、解答题

1. 求下列函数的导数：

(1) $y = (2x + 3)^4$；　　　　　　　(2) $y = \mathrm{e}^{-2x}$；

(3) $y = \cos^3 x$；　　　　　　　　(4) $y = \ln[\sin(1-x)]$.

2. 设 $f(x) = \sqrt{x + \ln^2 x}$，求 $f'(1)$.

3. 设 $f(x) = \arctan\sqrt{x^2 - 1} - \dfrac{\ln x}{\sqrt{x^2 - 1}}$，求 $\mathrm{d}f(x)$.

4. 设方程 $x^2 y - \mathrm{e}^{2y} = \sin y$ 确定 $y = y(x)$，求 $\dfrac{\mathrm{d}y}{\mathrm{d}x}$.

5. 设 $f(x) = \pi^x + x^\pi + x^x$，求 $f'(1)$.

6. 设参数方程 $x = \dfrac{1 + \ln t}{t^2}$，$y = \dfrac{3 + 2\ln t}{t}$ 确定 $y = y(x)$，求 $\dfrac{\mathrm{d}y}{\mathrm{d}x}$，$\dfrac{\mathrm{d}^2 y}{\mathrm{d}x^2}$.

7. 已知 $y = x^3 + \ln\sin x$，求 y''.

8. 设 $f(x) = x^2\varphi(x)$ 且 $\varphi(x)$ 具有二阶连续导数，求 $f''(0)$.

9. 设 $f(x) = \begin{cases} x^m\sin\dfrac{1}{x}, & x \neq 0 \\ 0, & x = 0 \end{cases}$，其中 m 为自然数，试讨论：

(1) m 为何值时，$f(x)$ 在 $x = 0$ 处连续；

(2) m 为何值时，$f(x)$ 在 $x = 0$ 处可导；

(3) m 为何值时，$f'(x)$ 在 $x = 0$ 处连续.

10. 确定 a 的值使曲线 $y = ax^2$ 与 $y = \ln x$ 相切 $(a > 0)$.

第 3 章　微分中值定理及导数的应用

在本章中,我们将介绍利用导数来求某些极限的方法 —— 罗必达法则,介绍如何利用导数来判定函数的单调性和极值、曲线的凹凸性和拐点、描绘函数的图象等. 作为这些结论的理论基础,我们首先介绍几个微分中值定理.

3.1　微分中值定理

3.1.1　罗尔(Rolle) 定理

罗尔(Rolle,1652—1719),法国数学家. 罗尔年轻时因家境贫困,仅受过初等教育,靠自学精通了代数和 Diophantus 分析理论. 罗尔所处的时代正当微积分诞生不久,因而微积分遭受到多方面的非议,罗尔就是反对派之一. 他认为:"微积分是巧妙的谬论的汇集." 因此罗尔和一些数学家之间展开了激烈的争论,直到 1706 年秋,他才放弃自己的观点,充分认识到无穷小分析新方法的价值. 他在 1691 年的论著《方程的解法》中论证了:在多项式方程 $f(x) = 0$ 的两个相邻的实根之间,另一个比它低一次的多项式方程 $g(x) = 0$ 至少有一个实根(当时还没有导数的概念和符号,不过根据定理的结论,$g(x)$ 恰好相当于 $f(x)$ 的导数). 这个定理本来和微分学没有关系,但在一百多年后的 1846 年,Giusto Bellavitis 将这一定理推广到可微函数,并将此定理命名为罗尔定理,一直沿用至今.

观察图 3-1,可以看出:如果函数 $f(x)$ 在闭区间 $[a,b]$ 上所表示的曲线弧 $\overset{\frown}{AB}$ 是连续的,弧 $\overset{\frown}{AB}$ 在开区间 (a,b) 内的每一点都具有不垂直于 Ox 的切线,且在弧的两端点 A,B 的纵坐标相等,即 $f(a) = f(b)$,则在弧 $\overset{\frown}{AB}$ 上至少存在一点 $C(\xi, f(\xi))$,使得弧 $\overset{\frown}{AB}$ 在该点的切线平行于 x 轴,即切线的斜率 $f'(\xi) = 0$.

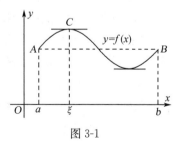

图 3-1

定理 3.1(罗尔定理)　如果函数 $y = f(x)$ 满足

(1)在闭区间 $[a,b]$ 上连续;

(2)在开区间 (a,b) 内可导;

(3)在区间端点处的函数值相等,即 $f(a) = f(b)$,则在区间 (a,b) 内至少存

在一点 $\xi(a < \xi < b)$ **,使得** $f'(\xi) = 0$.

证明　　因为函数 $f(x)$ 在区间 $[a,b]$ 上连续,根据闭区间上连续函数的性质,则 $f(x)$ 在 $[a,b]$ 上必能取得最小值 m 和最大值 M. 于是有两种可能情况:

(1) 若 $M = m$, 则 $\forall x \in [a,b], f(x) = m$ 为一常数. 于是 $\forall x \in (a,b)$, $f'(x) = 0$.

(2) 若 $M > m$, 由于 $f(a) = f(b)$, 则数 M 与 m 中至少有一个不等于端点的函数值 $f(a)$. 不妨设 $M \neq f(a)$, 则存在点 $\xi \in (a,b)$, 使得 $f(\xi) = M$. 下面证明 $f'(\xi) = 0$.

由于 $f(\xi) = M$, 所以 $\forall x \in (a,b)$, 有 $f(x) - f(\xi) \leqslant 0$.

当 $x > \xi$ 时, 有

$$\frac{f(x) - f(\xi)}{x - \xi} \leqslant 0,$$

由于 $f'(\xi)$ 存在及极限存在的保号性可知

$$f'(\xi) = \lim_{x \to \xi+0} \frac{f(x) - f(\xi)}{x - \xi} \leqslant 0.$$

当 $x < \xi$ 时, 有

$$\frac{f(x) - f(\xi)}{x - \xi} \geqslant 0,$$

同样可知

$$f'(\xi) = \lim_{x \to \xi-0} \frac{f(x) - f(\xi)}{x - \xi} \geqslant 0,$$

所以由夹逼准则

$$f'(\xi) = 0.$$

罗尔定理的几何意义是:如果连续曲线除端点外处处都具有不垂直于 x 轴的切线,且两端点处的纵坐标相等,那么其上至少有一条平行于 x 轴的切线.

注　　该定理的条件为充分条件,具备这三个条件时,结论一定成立.但不具备这三个条件时,结论也可能成立,也可能不成立.

例 1　　验证函数 $f(x) = x^3 - 3x$ 在闭区间 $[-\sqrt{3}, \sqrt{3}]$ 上满足罗尔定理的条件,并求出使 $f'(x) = 0$ 的 ξ 值.

解　　因为函数 $f(x) = x^3 - 3x$ 在闭区间 $[-\sqrt{3}, \sqrt{3}]$ 上连续, 又 $f'(x) = 3x^2 - 3$, 即 $f(x)$ 在开区间 $(-\sqrt{3}, \sqrt{3})$ 内可导, 且 $f(-\sqrt{3}) = f(\sqrt{3}) = 0$. 所以函数 $f(x) = x^3 - 3x$ 在 $[-\sqrt{3}, \sqrt{3}]$ 上满足罗尔定理的条件.

令 $f'(x) = 0$, 即 $3x^2 - 3 = 0$, 解之得 $x = \pm 1$, 即 $f'(-1) = 0, f'(1) = 0$. 所以在 $(-\sqrt{3}, \sqrt{3})$ 内, 使得 $f'(x) = 0$ 的 ξ 有两个: $\xi_1 = -1, \xi_2 = 1$.

例 2　不求函数 $f(x) = (x-1)(x-2)(x-3)$ 的导数,说明方程 $f'(x) = 0$ 有几个实根,并指出它们所在的区间.

解　显然 $f(x)$ 在闭区间 $[1,2]$ 和 $[2,3]$ 上都满足罗尔定理的条件,所以至少存在 $\xi_1 \in (1,2)$,$\xi_2 \in (2,3)$ 使得 $f'(\xi_1) = 0$,$f'(\xi_2) = 0$,即方程 $f'(x) = 0$ 至少有两个实根. 又 $f'(x) = 0$ 是一个一元二次方程,最多有两个实根,所以方程 $f'(x) = 0$ 有且仅有两个实根,且分别在区间 $(1,2)$ 和 $(2,3)$ 内.

3.1.2　拉格朗日(Lagrange)中值定理

约瑟夫·拉格朗日(Joseph Louis Lagrange,1736—1813),法国数学家、物理学家. 他在数学、力学和天文学三个领域中都有历史性的贡献,尤以数学方面的成就最为突出. 他用纯分析的方法发展了欧拉所开创的变分法,为变分法奠定了理论基础. 他的论著使他成为当时欧洲公认的第一流数学家. 近百余年来,数学领域的许多新成就都可以直接或间接地溯源于拉格朗日的工作.

假定罗尔定理中 $f(a) \neq f(b)$ 时,弦 AB 就不平行于 x 轴. 将图 3-1 中的弧 $\overparen{AB}$ 的左端点 A 固定,并绕点 A 旋转一个角度 φ,得到图 3-2,这时仍有过 C 点的切线平行于弦 AB. 因此,切线的斜率 $f'(\xi)$ 与弦 AB 的斜率相等,即

$$k_{AB} = f'(\xi).$$

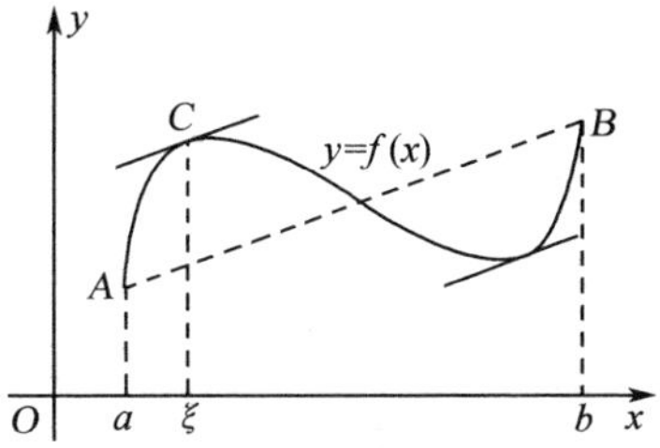

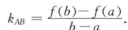

图 3-2

由 $A(a, f(a))$,$B(b, f(b))$ 及斜率公式,得

$$k_{AB} = \frac{f(b) - f(a)}{b - a}.$$

于是,得

$$\frac{f(b) - f(a)}{b - a} = f'(\xi).$$

定理 3.2(拉格朗日中值定理)　如果函数 $y = f(x)$ 满足:

(1)在闭区间 $[a,b]$ 上连续;

(2)在开区间 (a,b) 内可导,

则在开区间 (a,b) 内至少存在一点 $\xi(a < \xi < b)$,使得

$$\frac{f(b) - f(a)}{b - a} = f'(\xi) \text{ 或 } f(b) - f(a) = f'(\xi)(b - a). \qquad (3-1)$$

证明　构造辅助函数

$$F(x) = f(x) - \frac{f(b) - f(a)}{b - a}(x - a).$$

显然在闭区间 $[a,b]$ 上,$F(x)$ 满足罗尔定理的条件,所以至少存在一点 $\xi \in (a,b)$,

使得 $F'(\xi)=0$，因为

$$F'(x)=f'(x)-\frac{f(b)-f(a)}{b-a},$$

由

$$F'(\xi)=f'(\xi)-\frac{f(b)-f(a)}{b-a}=0,$$

即有

$$\frac{f(b)-f(a)}{b-a}=f'(\xi).$$

拉格朗日中值定理的几何意义：如果连续曲线除端点外处处都具有不垂直于 x 轴的切线，那么该曲线上至少存在一点，使得在该点的切线平行于连接两端点的直线.

例 3　验证函数 $f(x)=x^3+2x$ 在区间 $[0,1]$ 上满足拉格朗日中值定理的条件，并求 ξ 的值.

解　显然函数 $f(x)$ 在闭区间 $[0,1]$ 上连续，在开区间 $(0,1)$ 内可导，所以 $f(x)$ 满足拉格朗日中值定理的条件，且

$$f'(x)=3x^2+2,$$

所以有以下的等式

$$\frac{f(1)-f(0)}{1-0}=f'(\xi),$$

即

$$\frac{3-0}{1}=3\xi^2+2.$$

解得

$$\xi=\pm\frac{\sqrt{3}}{3}.$$

因为 $\xi=-\frac{\sqrt{3}}{3}\notin(0,1)$，所以舍去. 因此 $\xi=\frac{\sqrt{3}}{3}\in(0,1)$ 即为所求.

推论3.1　**如果函数 $f(x)$ 在区间 (a,b) 内可导，且 $f'(x)=0$，则 $f(x)$ 在区间 (a,b) 内恒为一个常数.**

证明　在区间 (a,b) 内任取两点 $x_1,x_2(x_1<x_2)$. 因为 $f(x)$ 在区间 (a,b) 内可导，所以在区间 (a,b) 内连续. 因此，$f(x)$ 在 $[x_1,x_2]$ 上连续，在 (x_1,x_2) 内可导，即 $f(x)$ 在 $[x_1,x_2]$ 上满足拉格朗日中值定理的条件，于是

$$\frac{f(x_2)-f(x_1)}{x_2-x_1}=f'(\xi)(x_1<\xi<x_2).$$

因为在区间 (a,b) 内 $f'(x)=0$，所以 $f'(\xi)=0$，即有 $f(x_2)=f(x_1)$，由 x_1,x_2 的

任意性,得 $f(x)$ 在区间 (a,b) 内恒为一个常数.

推论 3.2　如果函数 $f(x)$ 和 $g(x)$ 在区间 (a,b) 内可导,且 $f'(x)=g'(x)$,则在区间 (a,b) 内,$f(x)$ 和 $g(x)$ 至多相差一个常数,即

$$f(x)=g(x)+C,$$

其中 C 为常数.

证明　设 $F(x)=f(x)-g(x)$,则 $F(x)$ 在区间 (a,b) 内可导,且

$$F'(x)=f'(x)-g'(x)=0.$$

根据推论 3.1 得,

$$F(x)=f(x)-g(x)=C(C\text{ 为常数}),$$

即

$$f(x)=g(x)+C.$$

例 4　当 $x>0$ 时,证明 $\dfrac{x}{1+x}<\ln(1+x)<x$.

证明　设 $f(x)=\ln(1+x)$,则在区间 $[0,x]$ $(x>0)$ 上满足拉格朗日中值定理的条件,于是

$$f(x)-f(0)=f'(\xi)(x-0),\xi\in(0,x).$$

而 $f(x)=\ln(1+x),f(0)=0,f'(\xi)=\dfrac{1}{1+\xi}$,代入上式,得

$$\ln(1+x)=\frac{x}{1+\xi},\ \xi\in(0,x).$$

由于 $\dfrac{1}{1+x}<\dfrac{1}{1+\xi}<1$,所以 $\dfrac{x}{1+x}<\ln(1+x)<x$.

特别地,令 $x=\dfrac{1}{n}$,有 $\dfrac{1}{1+n}<\ln\left(1+\dfrac{1}{n}\right)<\dfrac{1}{n}$.

例 5　证明:若函数 $f(x)$ 的导数 $f'(x)$ 在 $(-\infty,+\infty)$ 内是一个常数,则函数 $f(x)$ 在 $(-\infty,+\infty)$ 内是线性函数.

证明　设 $f'(x)=k(k\text{ 是常数})$,显然 $(kx)'=k$,从而 $f'(x)=(kx)'$.根据推论 3.2 可知,$f(x)-kx=b(b\text{ 是常数})$,于是

$$f(x)=kx+b,$$

即 $f(x)$ 在 $(-\infty,+\infty)$ 内是线性函数.

在拉格朗日中值定理中,如果 $f(a)=f(b)$,定理就转化成罗尔定理,所以罗尔定理是拉格朗日中值定理的特例.

3.1.3　柯西(Cauchy)中值定理

柯西(Cauchy,1789—1857),法国数学家.他出身于高级官员家庭,从小受过良好的教育.柯西主要的贡献在微积分、复变函数和微分方程三个领域.他的主要著作《代

数分析教程》、《无穷小分析教程概要》和《微积分在几何中应用教程》等为微积分的教学奠定了基础，促进了数学的发展，成为数学教程的典范．柯西是一位多产的数学家，他的全集从 1882 年开始出版，到 1974 年才出齐最后一卷，总计 28 卷．

定理 3.3（柯西中值定理）　若函数 $f(x)$ 和 $g(x)$ 满足：

（1）在闭区间 $[a,b]$ 上连续；

（2）在开区间 (a,b) 内可导，且 $g'(x) \neq 0$，

则在开区间 (a,b) 内至少存在一点 $\xi (a < \xi < b)$，使得

$$\frac{f(b)-f(a)}{g(b)-g(a)} = \frac{f'(\xi)}{g'(\xi)}. \tag{3-2}$$

证明　略．

在上式中，如果令 $g(x) = x$，则（3-2）式就转化成（3-1）式，所以拉格朗日中值定理是柯西中值定理的特例．

习题 3.1

1. 验证函数 $y = \sin x$ 在区间 $\left[\dfrac{\pi}{4}, \dfrac{3\pi}{4}\right]$ 上满足罗尔定理，并求出 ξ 值．

2. 验证函数 $y = \ln(\sin x)$ 在区间 $\left[\dfrac{\pi}{6}, \dfrac{5\pi}{6}\right]$ 上满足罗尔定理，并求出 ξ 值．

3. 验证函数 $y = \arctan x$ 在区间 $[0,1]$ 上满足拉格朗日中值定理，并求出 ξ 值．

4. 设函数 $f(x) = ax^2 + bx + c (a \neq 0)$，验证在闭区间 $[x_1, x_2]$ 满足拉格朗日中值定理的条件，并求 ξ．

5. 证明下列各题：

（1）当 $x \neq 0$ 时，$e^x > 1 + x$；

（2）$\arcsin x + \arccos x = \dfrac{\pi}{2}, x \in [-1,1]$；

（3）$\arctan x + \text{arccot} x = \dfrac{\pi}{2}$．

6. 设 $a > b > 0, n > 1$，证明：$nb^{n-1}(a-b) < a^n - b^n < na^{n-1}(a-b)$．

7. 证明：方程 $x^5 + x - 1 = 0$ 只有一个正根．

8. 证明：如果函数 $f(x)$ 在 $(-\infty, +\infty)$ 内满足关系式 $f'(x) = f(x)$，且 $f(0) = 1$，则 $f(x) = e^x$．

3.2　罗必达（ L'Hospital ）法则

如果当 $x \to x_0$（或 $x \to \infty$）时，两个函数 $f(x)$ 与 $g(x)$ 都趋于零，或都趋于无

穷大,则极限 $\lim\limits_{x \to x_0} \dfrac{f(x)}{g(x)}$(或 $\lim\limits_{x \to \infty} \dfrac{f(x)}{g(x)}$) 可能存在,也可能不存在.通常把这种极限叫

做**未定式**,并分别简记作 $\dfrac{0}{0}$ 型或 $\dfrac{\infty}{\infty}$ 型.例如极限 $\lim\limits_{x \to 0} \dfrac{\sin x}{x}$ 是 $\dfrac{0}{0}$ 型,$\lim\limits_{x \to \infty} \dfrac{x^2 - 2x + 1}{3x + 4}$

是 $\dfrac{\infty}{\infty}$ 型.对于这种极限,即使存在,也不能用商的极限法则直接求得,需另用其他

方法.本节介绍求未定式极限的一个简单有效的方法 —— 罗必达法则,它的理论

基础是前面介绍的微分中值定理.

罗必达(L ′Hospital,1661—1704),法国数学家.他的重要著作是《无穷小分

析》,这是世界上第一本系统的微积分学教科书.在书中第九章记载着约翰·贝努

利告诉他的一个求一个分式当分子和分母都趋于零时的极限的法则.后人误以为

是他发明的,故"罗必达法则"之名沿用至今.

3.2.1 $\dfrac{0}{0}$ 型未定式极限的求法

当 $x \to x_0$ 时,$\dfrac{0}{0}$ 型未定式极限的求法,有下面的定理:

定理 3.4(罗必达法则 1)   **如果函数 $f(x)$ 和 $g(x)$ 满足下述条件:**

(1) $\lim\limits_{x \to x_0} f(x) = \lim\limits_{x \to x_0} g(x) = 0$;

(2) **在 x_0 的某邻域内(点 x_0 可以除外),$f(x)$ 和 $g(x)$ 均可导,且 $g'(x) \neq 0$;**

(3) $\lim\limits_{x \to x_0} \dfrac{f'(x)}{g'(x)} = A$(或为 ∞),

则有

$$\lim_{x \to x_0} \frac{f(x)}{g(x)} = \lim_{x \to x_0} \frac{f'(x)}{g'(x)} = A(或为 \infty).$$

证明   如果 $f(x)$ 和 $g(x)$ 在 x_0 处无定义,可补充定义使 $f(x_0) = g(x_0) = 0$.

取区间 $[x_0, x]$ 或 $[x, x_0]$,使该区间在给定的 x_0 的邻域之内,显然 $f(x)$ 和 $g(x)$ 在

上述区间内满足柯西中值定理条件,由 $f(x_0) = g(x_0) = 0$,从而有

$$\frac{f(x)}{g(x)} = \frac{f(x) - f(x_0)}{g(x) - g(x_0)} = \frac{f'(\xi)}{g'(\xi)},$$

其中 ξ 在 x_0 与 x 之间,显然,当 $x \to x_0$ 时,$\xi \to x_0$,所以

$$\lim_{x \to x_0} \frac{f(x)}{g(x)} = \lim_{x \to x_0} \frac{f'(\xi)}{g'(\xi)} = \lim_{\xi \to x_0} \frac{f'(\xi)}{g'(\xi)}.$$

因为 $\lim\limits_{x \to x_0} \dfrac{f'(x)}{g'(x)} = A$(或为 ∞),所以

$$\lim_{\xi \to x_0} \frac{f'(\xi)}{g'(\xi)} = \lim_{x \to x_0} \frac{f'(x)}{g'(x)} = A(或为 \infty),$$

即

$$\lim_{x \to x_0} \frac{f(x)}{g(x)} = \lim_{x \to x_0} \frac{f'(x)}{g'(x)} = A(\text{或为} \infty).$$

注 以下将该法则简称为法则 1,上述法则 1 对于 $x \to \infty$(或单侧趋向)时的 $\frac{0}{0}$ 型未定式同样适用.

例 1 求极限 $\lim\limits_{x \to 0} \dfrac{(1+x)^{\alpha}-1}{x}$($\alpha$ 为实数).

解 当 $x \to 0$ 时,分子 $(1+x)^{\alpha}-1 \to 0$,所以这是一个 $\frac{0}{0}$ 型的未定式. 根据法则 1,有

$$\lim_{x \to 0} \frac{(1+x)^{\alpha}-1}{x} = \lim_{x \to 0} \frac{[(1+x)^{\alpha}-1]'}{x'} = \lim_{x \to 0} \frac{\alpha(1+x)^{\alpha-1}}{1} = \alpha.$$

例 2 求极限 $\lim\limits_{x \to 0} \dfrac{\ln(1+3x)}{x}$.

解 当 $x \to 0$ 时,分子 $\ln(1+3x) \to 0$,所以这是一个 $\frac{0}{0}$ 型的未定式. 根据法则 1,有

$$\lim_{x \to 0} \frac{\ln(1+3x)}{x} = \lim_{x \to 0} \frac{[\ln(1+3x)]'}{x'} = \lim_{x \to 0} \frac{\dfrac{3}{1+3x}}{1} = 3.$$

例 3 求极限 $\lim\limits_{x \to +\infty} \dfrac{\dfrac{\pi}{2} - \arctan x}{\dfrac{1}{x}}$.

解 当 $x \to +\infty$ 时,分子 $\dfrac{\pi}{2} - \arctan x \to 0$,分母 $\dfrac{1}{x} \to 0$,所以这是一个 $\frac{0}{0}$ 型的未定式. 所以有

$$\lim_{x \to +\infty} \frac{\dfrac{\pi}{2} - \arctan x}{\dfrac{1}{x}} = \lim_{x \to +\infty} \frac{\left(\dfrac{\pi}{2} - \arctan x\right)'}{\left(\dfrac{1}{x}\right)'} = \lim_{x \to +\infty} \frac{-\dfrac{1}{1+x^2}}{-\dfrac{1}{x^2}}$$

$$= \lim_{x \to +\infty} \frac{x^2}{1+x^2} = \lim_{x \to +\infty} \frac{1}{1+\dfrac{1}{x^2}} = 1.$$

例 4 求极限 $\lim\limits_{x \to 0} \dfrac{x - \sin x}{x^3}$.

解 当 $x \to 0$ 时,分子 $x - \sin x \to 0$,分母 $x^3 \to 0$,所以这是一个 $\frac{0}{0}$ 型的未定

式. 根据法则 1,有

$$\lim_{x\to 0}\frac{x-\sin x}{x^3}=\lim_{x\to 0}\frac{(x-\sin x)'}{(x^3)'}=\lim_{x\to 0}\frac{1-\cos x}{3x^2}.$$

对于极限 $\lim\limits_{x\to 0}\dfrac{1-\cos x}{3x^2}$,当 $x\to 0$ 时,分子 $(1-\cos x)\to 0$,分母 $3x^2\to 0$,所以这仍然是一个 $\dfrac{0}{0}$ 型的未定式. 同样地,根据法则 1,有

$$\lim_{x\to 0}\frac{x-\sin x}{x^3}=\lim_{x\to 0}\frac{(1-\cos x)'}{(3x^2)'}=\lim_{x\to 0}\frac{\sin x}{6x}=\frac{1}{6}.$$

注　例 4 使用了两次罗必达法则. 一般来说,若施行一次罗必达法则后,仍是未定型,且 $f'(x),g'(x)$ 仍满足定理 3.4 的条件,则可继续使用罗必达法则,即

$$\lim_{x\to x_0}\frac{f(x)}{g(x)}=\lim_{x\to x_0}\frac{f'(x)}{g'(x)}=\lim_{x\to x_0}\frac{f''(x)}{g''(x)}.$$

3.2.2　$\dfrac{\infty}{\infty}$ 型未定式极限的求法

定理 3.5（罗必达法则 2）　如果函数 $f(x)$ 和 $g(x)$ 满足下述条件:

(1) $\lim\limits_{x\to x_0}f(x)=\lim\limits_{x\to x_0}g(x)=\infty$;

(2) 在 x_0 的某空心邻域内,$f(x)$ 和 $g(x)$ 均可导,且 $g'(x)\neq 0$;

(3) $\lim\limits_{x\to x_0}\dfrac{f'(x)}{g'(x)}=A$(或为 ∞),

则有

$$\lim_{x\to x_0}\frac{f(x)}{g(x)}=\lim_{x\to x_0}\frac{f'(x)}{g'(x)}=A(或为 \infty).$$

证明　略.

注　以下将该法则简称法则 2,上述法则 2 对于 $x\to\infty$(或单侧趋向) 时的 $\dfrac{\infty}{\infty}$ 型未定式同样适用.

例 5　求极限 $\lim\limits_{x\to 0+0}\dfrac{\ln\sin x}{\ln x}$.

解　当 $x\to 0+0$ 时,分子 $\ln\sin x\to-\infty$,分母 $\ln x\to-\infty$,所以这是一个 $\dfrac{\infty}{\infty}$ 型的未定式. 根据法则 2,有

$$\lim_{x\to 0+0}\frac{\ln\sin x}{\ln x}=\lim_{x\to 0+0}\frac{(\ln\sin x)'}{(\ln x)'}=\lim_{x\to 0+0}\frac{\dfrac{\cos x}{\sin x}}{\dfrac{1}{x}}=\lim_{x\to 0+0}\frac{x}{\sin x}\cdot\cos x=1.$$

例 6　求极限 $\lim\limits_{x \to +\infty} \dfrac{\ln x}{x^2}$.

解　当 $x \to +\infty$ 时,分子 $\ln x \to +\infty$,分母 $x^2 \to +\infty$,所以这是一个 $\dfrac{\infty}{\infty}$ 型的未定式. 根据法则 2,有

$$\lim_{x \to +\infty} \frac{\ln x}{x^2} = \lim_{x \to +\infty} \frac{(\ln x)'}{(x^2)'} = \lim_{x \to +\infty} \frac{\dfrac{1}{x}}{2x} = \lim_{x \to +\infty} \frac{1}{2x^2} = 0.$$

例 7　求极限 $\lim\limits_{x \to +\infty} \dfrac{x^n}{e^{\lambda x}}(\lambda > 0, n \in \mathbf{N}^+)$.

解　显然这是一个 $\dfrac{\infty}{\infty}$ 型的未定式,而且需要多次使用罗必达法则 2,即

$$\lim_{x \to +\infty} \frac{x^n}{e^{\lambda x}} = \lim_{x \to +\infty} \frac{nx^{n-1}}{\lambda e^{\lambda x}} = \cdots = \lim_{x \to +\infty} \frac{n!}{\lambda^n e^{\lambda x}} = 0.$$

例 8　求极限 $\lim\limits_{x \to \infty} \dfrac{\sin x + x}{x}$.

解　显然这是一个 $\dfrac{\infty}{\infty}$ 型的未定式,但因为

$$\lim_{x \to \infty} \frac{(\sin x + x)'}{x'} = \lim_{x \to \infty} \frac{\cos x + 1}{1}(极限不存在),$$

所以不能使用罗必达法则求解. 改用其他方法,得

$$\lim_{x \to \infty} \frac{\sin x + x}{x} = \lim_{x \to \infty} \left(\frac{\sin x}{x} + 1 \right) = 1.$$

注　当我们使用罗必达法则求极限的时候,一定要注意法则适用的条件. 否则,罗必达法则可能失效. 当法则失效时,并不意味着原极限不存在,这时应改用其他方法来求.

3.2.3　其他类型的未定式极限的求法

除了上述 $\dfrac{0}{0}$ 型及 $\dfrac{\infty}{\infty}$ 型未定式之外,还有 $0 \cdot \infty, \infty - \infty, 0^0, 1^\infty, \infty^0$ 等形式的未定式. 这些未定式可先化为 $\dfrac{0}{0}$ 型或 $\dfrac{\infty}{\infty}$ 型,再用罗必达法则进行计算.

例 9　求极限 $\lim\limits_{x \to 0+0} x \ln x$.

解　这是 $0 \cdot \infty$ 型的未定式.

$$\lim_{x \to 0+0} x \ln x = \lim_{x \to 0+0} \frac{\ln x}{\dfrac{1}{x}} \overset{\frac{\infty}{\infty}}{=\!=} \lim_{x \to 0+0} \frac{\dfrac{1}{x}}{-\dfrac{1}{x^2}} = - \lim_{x \to 0+0} x = 0.$$

例 10　求极限 $\lim\limits_{x \to 1}\left(\dfrac{x}{x-1} - \dfrac{1}{\ln x}\right)$.

解　这是 $\infty - \infty$ 型的未定式.

$$\lim\limits_{x \to 1}\left(\dfrac{x}{x-1} - \dfrac{1}{\ln x}\right) = \lim\limits_{x \to 1}\dfrac{x\ln x - x + 1}{(x-1)\ln x} \overset{\frac{0}{0}}{=\!=} \lim\limits_{x \to 1}\dfrac{\ln x}{\ln x + \dfrac{x-1}{x}}$$

$$= \lim\limits_{x \to 1}\dfrac{x\ln x}{x\ln x + x - 1} \overset{\frac{0}{0}}{=\!=} \lim\limits_{x \to 1}\dfrac{\ln x + 1}{\ln x + 1 + 1} = \dfrac{1}{2}.$$

例 11　求极限 $\lim\limits_{x \to 0+0} x^x$.

解　这是 0^0 型的未定式. 由例 9 的结果 $\lim\limits_{x \to 0+0} x\ln x = 0$,有

$$\lim\limits_{x \to 0+0} x^x = \lim\limits_{x \to 0+0}\mathrm{e}^{x\ln x} = \mathrm{e}^{\lim\limits_{x \to 0+0} x\ln x} = \mathrm{e}^0 = 1.$$

例 12　求极限 $\lim\limits_{x \to 0}(\cos x)^{\csc x}$.

解　这是 1^∞ 型的未定式.

$$\lim\limits_{x \to 0}(\cos x)^{\csc x} = \lim\limits_{x \to 0}\mathrm{e}^{\frac{\ln(\cos x)}{\sin x}} = \mathrm{e}^{\lim\limits_{x \to 0}\frac{\ln(\cos x)}{\sin x}}$$

$$= \mathrm{e}^{\lim\limits_{x \to 0}\frac{-\sin x}{\cos^2 x}} = \mathrm{e}^0 = 1.$$

例 13　求极限 $\lim\limits_{x \to 0+0}\left(\dfrac{1}{x}\right)^{\tan x}$.

解　这是 ∞^0 型的未定式.

$$\lim\limits_{x \to 0+0}\left(\dfrac{1}{x}\right)^{\tan x} = \lim\limits_{x \to 0+0}\mathrm{e}^{-\tan x\ln x} = \mathrm{e}^{-\lim\limits_{x \to 0+0}\frac{\ln x}{\cot x}}$$

$$= \mathrm{e}^{\lim\limits_{x \to 0+0}\frac{\frac{1}{x}}{\csc^2 x}} = \mathrm{e}^{\lim\limits_{x \to 0+0}\frac{\sin x}{x}\cdot\sin x} = \mathrm{e}^0 = 1.$$

习题 3.2

1. 求下列极限:

(1) $\lim\limits_{x \to 0}\dfrac{\mathrm{e}^x - 1}{\sin x}$;

(2) $\lim\limits_{x \to a}\dfrac{\sin x - \sin a}{x - a}$;

(3) $\lim\limits_{x \to 0}\dfrac{\sin 2x}{\tan 3x}$;

(4) $\lim\limits_{x \to 0}\left(\dfrac{1}{x} - \dfrac{1}{\mathrm{e}^x - 1}\right)$;

(5) $\lim\limits_{x \to +\infty}\dfrac{\ln x}{\sqrt{x}}$;

(6) $\lim\limits_{x \to 0+0}\dfrac{\ln\tan 5x}{\ln\tan 2x}$;

(7) $\lim\limits_{x \to \frac{\pi}{2}}\dfrac{\tan x}{\tan 3x}$;

(8) $\lim\limits_{x \to +\infty} x \cdot (\mathrm{e}^{\frac{1}{x}} - 1)$;

(9) $\lim\limits_{x\to\frac{\pi}{2}}(\sec x-\tan x)$;　　　　　　(10) $\lim\limits_{x\to0+0}x^{\sin x}$;

(11) $\lim\limits_{x\to0+0}(\cot x)^{\frac{1}{\ln x}}$;　　　　　　(12) $\lim\limits_{x\to0}\left(\dfrac{\sin x}{x}\right)^{\frac{1}{x^2}}$.

2. 验证极限 $\lim\limits_{x\to0+0}\dfrac{x^2\cos\dfrac{1}{x}}{\sin x}$ 存在,但不能用罗必达法则求得.

3. 验证极限 $\lim\limits_{x\to+\infty}\dfrac{\mathrm{e}^x-\mathrm{e}^{-x}}{\mathrm{e}^x+\mathrm{e}^{-x}}$ 存在,但不能用罗必达法则求得.

4. 设函数 $f(x)=\begin{cases}\dfrac{\ln\cot x}{\ln x}, & x>0,\\[2mm] 0, & x=0,\\[2mm] \dfrac{2}{\mathrm{e}^x-1}-\dfrac{2}{x}, & x<0,\end{cases}$ 讨论 $f(x)$ 在 $x=0$ 处的连续性.

3.3　函数单调性的判别法

我们在第一章中讨论了函数单调性的概念,现在利用导数来研究函数的单调性.

观察图 3-3,可以看出:单调增加的函数其图象是一条沿 x 轴正向上升的曲线,且曲线上各点切线的倾斜角都是锐角,因此切线的斜率都是正的,即 $f'(x)>0$.

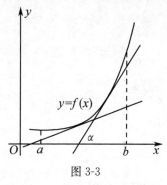

图 3-3

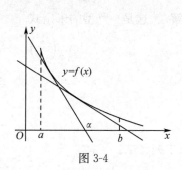

图 3-4

观察图 3-4,可以看出:单调减少的函数其图象是一条沿 x 轴正向下降的曲线,且曲线上各点切线的倾斜角都是钝角,因此切线的斜率都是负的,即 $f'(x)<0$.

由此启发我们,可以用导数的符号来判定函数的单调性. 由前面所学的微分中值定理,可以推得下面函数单调性的判定定理.

定理 3.6　设函数 $y=f(x)$ 在区间 (a,b) 内可导,

(1)若当 $x\in(a,b)$ 时,$f'(x)>0$,则 $f(x)$ 在区间 (a,b) 内单调增加;

(2)若当 $x\in(a,b)$ 时,$f'(x)<0$,则 $f(x)$ 在区间 (a,b) 内单调减少.

证明　$\forall x_1,x_2 \in (a,b)$，且 $x_1 < x_2$，则 $f(x)$ 在区间 $[x_1,x_2]$ 内满足拉格朗日中值定理的条件，所以有

$$\frac{f(x_2)-f(x_1)}{x_2-x_1}=f'(\xi)，其中 \xi \in (x_1,x_2).$$

(1) 若 $f'(x) > 0$，则 $f'(\xi) > 0$，于是

$$\frac{f(x_2)-f(x_1)}{x_2-x_1} > 0.$$

因为 $x_2 - x_1 > 0$，所以 $f(x_2)-f(x_1) > 0$，即当 $x_1 < x_2$ 时，有 $f(x_2) > f(x_1)$．由 x_1,x_2 的任意性可知 $f(x)$ 在区间 (a,b) 内单调递增；

(2) 可以类似证明．

注　将定理中的区间 (a,b) 换成其他各种区间（包括无穷区间），结论同样成立．

例 1　求函数 $f(x)=x^3-3x^2-9x+14$ 的单调区间．

解　函数 $f(x)$ 的定义域为 $(-\infty,+\infty)$，它的导数是

$$f'(x)=3x^2-6x-9=3(x+1)(x-3),$$

令 $f'(x)=0$，得 $x=-1,x=3$，它把 $(-\infty,+\infty)$ 分为三个子区间，即 $(-\infty,-1),(-1,3),(3,+\infty)$．

根据定理 3.6，函数的单调性情况可以列成表 3-1（"↗" 表示单调增加，"↘" 表示单调减少）：

表 3-1

x	$(-\infty,-1)$	-1	$(-1,3)$	3	$(3,+\infty)$
$f'(x)$	$+$	0	$-$	0	$+$
$f(x)$	↗		↘		↗

所以函数 $f(x)$ 在区间 $(-\infty,-1)$ 和 $(3,+\infty)$ 内单调增加；在区间 $(-1,3)$ 内单调减少．

例 2　求函数 $f(x)=\sin x, x \in (0,2\pi)$ 的单调区间．

解　因为 $f'(x)=\cos x$，它的零点是 $\frac{k\pi}{2}(k=1,2,3)$，故函数的单调性情况可以列成表 3-2：

表 3-2

x	$\left(0,\frac{\pi}{2}\right)$	$\frac{\pi}{2}$	$\left(\frac{\pi}{2},\frac{3\pi}{2}\right)$	$\frac{3\pi}{2}$	$\left(\frac{3\pi}{2},2\pi\right)$
$f'(x)$	$+$	0	$-$	0	$+$
$f(x)$	↗		↘		↗

所以函数 $f(x)$ 在区间 $\left(0,\frac{\pi}{2}\right)$ 和 $\left(\frac{3\pi}{2},2\pi\right)$ 内单调增加；在区间 $\left(\frac{\pi}{2},\frac{3\pi}{2}\right)$ 内单调

减少.

例 3 求函数 $f(x) = 3(x-1)^{\frac{2}{3}}$ 的单调区间.

解 函数 $f(x)$ 的定义域为 $(-\infty, +\infty)$,它的导数是

$$f'(x) = 2(x-1)^{-\frac{1}{3}}.$$

函数 $f(x)$ 没有导数为零的点,但在点 $x = 1$ 处导数不存在. 以此划分函数 $f(x)$ 的定义域,并列成表 3-3:

表 3-3

x	$(-\infty, 1)$	1	$(1, +\infty)$
$f'(x)$	$-$	不存在	$+$
$f(x)$	↘		↗

所以函数 $f(x)$ 在区间 $(-\infty, 1)$ 内单调减少;在区间 $(1, +\infty)$ 内单调增加.

注 (1) 导数不存在的点,也可能成为单调增加区间和单调减少区间的分界点;

(2) 在区间内有限个点处的导数等于零,不影响函数的单调性;

(3) 在区间内有限个点处的导数不存在,且函数在这些点处连续,则同样不影响函数的单调性.

例 4 求函数 $f(x) = \dfrac{3}{7}x^{\frac{7}{3}} - \dfrac{3}{2}x^{\frac{4}{3}} + 3x^{\frac{1}{3}}$ 的单调区间.

解 函数 $f(x)$ 的定义域为 $(-\infty, +\infty)$,它的导数是

$$f'(x) = x^{\frac{4}{3}} - 2x^{\frac{1}{3}} + x^{-\frac{2}{3}} = \frac{(x-1)^2}{\sqrt[3]{x^2}}.$$

因为 $f(x)$ 是 $(-\infty, +\infty)$ 内的连续函数,且除在 $x = 0$ 处导数不存在和 $f'(1) = 0$ 外,都有 $f'(x) > 0$,所以 $f(x)$ 在其定义域 $(-\infty, +\infty)$ 上都是单调增加的.

综合以上几例,我们可以归纳出确定函数单调性的步骤如下:

(1) 确定函数的定义域;

(2) 求出使 $f'(x) = 0$ 和 $f'(x)$ 不存在的点,并以这些点为分界点,将定义域分为若干个子区间;

(3) 确定 $f'(x)$ 在各个子区间内的符号,从而判定 $f(x)$ 的单调性.

利用函数的单调性还可以证明某些不等式.

例 5 在 $\left(0, \dfrac{\pi}{2}\right)$ 内,证明 $x > \sin x$.

证明 构造函数 $f(x) = x - \sin x$,则 $f'(x) = 1 - \cos x > 0, x \in \left(0, \dfrac{\pi}{2}\right)$ 且 $f'(0) = 0$. 根据定理 3.6 以及后面的说明,函数 $f(x)$ 在 $\left[0, \dfrac{\pi}{2}\right)$ 内单调增加,从而

$$f(x) > f(0) = 0, x \in \left(0, \frac{\pi}{2}\right).$$

即有 $x > \sin x, x \in \left(0, \frac{\pi}{2}\right)$.

例 6　比较 e^{π} 与 π^{e} 的大小.

解　要比较 e^{π} 与 π^{e} 的大小,将它们同时取对数,就只需要比较 $\ln \mathrm{e}^{\pi}$ 与 $\ln \pi^{\mathrm{e}}$ 的大小,即 $\pi \ln \mathrm{e}$ 与 $\mathrm{e} \ln \pi$ 的大小;再同时除以 $\pi \cdot \mathrm{e}$,就只需要比较 $\dfrac{\ln \mathrm{e}}{\mathrm{e}}$ 与 $\dfrac{\ln \pi}{\pi}$ 的大小. 于是构造函数 $f(x) = \dfrac{\ln x}{x}$,考察其在 $[\mathrm{e}, +\infty)$ 上的单调性就可以判别 e^{π} 与 π^{e} 的大小了.

$$f'(x) = \frac{1 - \ln x}{x^2} \leqslant 0, x \in [\mathrm{e}, +\infty),$$ 且仅当 $x = \mathrm{e}$ 时,$f'(0) = 0$. 根据定理 3.6 以及后面的说明,函数 $f(x) = \dfrac{\ln x}{x}$ 在 $[\mathrm{e}, +\infty)$ 内单调减少. 由于 $\pi > \mathrm{e}$,从而 $\dfrac{\ln \mathrm{e}}{\mathrm{e}} > \dfrac{\ln \pi}{\pi}$. 根据之前的分析可知 $\mathrm{e}^{\pi} > \pi^{\mathrm{e}}$.

习题 3.3

1. 求下列函数的单调区间：

(1) $y = 3x - x^3$；

(2) $y = \mathrm{e}^{-x^2}$；

(3) $y = 2x^2 - \ln x$；

(4) $y = \cos x, x \in (0, 2\pi)$；

(5) $y = \dfrac{1}{x^2 - 2x - 3}$；

(6) $y = \dfrac{x}{\ln x}$；

(7) $y = \cot x - \tan x, x \in \left(0, \dfrac{\pi}{2}\right)$；

(8) $y = \dfrac{3}{8} x^{\frac{8}{3}} - \dfrac{3}{2} x^{\frac{2}{3}}$.

2. 利用函数的单调性证明下列不等式：

(1) $\ln(1+x) < x, x > 0$；

(2) $\mathrm{e}^x > 1 + \sin x, x > 0$；

(3) $1 + \dfrac{1}{2}x > \sqrt{1+x}, x > 0$；

(4) $x - \dfrac{x^2}{2} < \ln(1+x), x > 0$.

3. 试证方程 $x = \sin x$ 只有一个实根.

4. 单调函数的导函数是否必为单调函数?研究这个例子：

$$y = x + \sin x.$$

3.4 函数的极值

3.4.1 函数极值的定义

定义 3.1 设函数 $y = f(x)$ 在 x_0 的某邻域内有定义.

(1)如果对于该邻域内的任意点 $x(x \neq x_0)$，都有 $f(x_0) > f(x)$，则称 $f(x_0)$ 为函数 $f(x)$ 的极大值，x_0 称为 $f(x)$ 的极大值点；

(2)如果对于该邻域内的任意点 $x(x \neq x_0)$，都有 $f(x_0) < f(x)$，则称 $f(x_0)$ 为函数 $f(x)$ 的极小值，x_0 称为 $f(x)$ 的极小值点.

函数的极大值、极小值统称为极值；极大值点、极小值点统称为极值点.

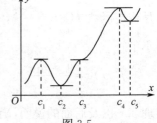

图 3-5

如图 3-5，c_1 和 c_4 是极大值点，c_2 和 c_5 是极小值点，c_3 不是极值点.

注 (1) 极值为局部概念；

(2) 极小值可能大于极大值.

3.4.2 函数极值的判定和求法

如图 3-5，曲线上对应极值点处的切线是水平的，即函数在极值点处的导数为零. 但有水平切线的点不一定是极值点，如点 c_3.

定理 3.7（极值存在的必要条件） 设函数 $y = f(x)$ 在点 x_0 处可导，且 $f(x_0)$ 为极值（即 x_0 为极值点），则 $f'(x_0) = 0$.

证明 略.

定理 3.7 又称为费马引理，它的证明完全类似于定理 3.1 证明的后半部分. 其几何意义为：可微函数的极值点必在导数为零的那些点之中，即具有水平切线的点之中. 称导数为零的点为**驻点**.

注 (1) 导数为零的点即驻点可能是极值点；

(2) 导数不存在的点可能是极值点，也可能不是极值点.

函数 $y = |x|$ 在 $x = 0$ 处导数不存在，但该点是极小值点，如图 3-6 所示；函数 $y = \sqrt[3]{x}$ 在 $x = 0$ 处导数不存在，但该点不是极值点，如图 3-7 所示.

综上所述，函数的极值只可能在驻点或导数不存在的点处取得. 因此，求函数的极值时，可以首先求出所有的驻点和导数不存在的点，再判别这些点中哪些是极值点. 下面就来研究极值存在的充分条件.

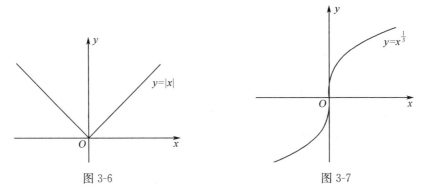

图 3-6　　　　　　　　　　　　　　图 3-7

如图 3-8,函数 $f(x)$ 在点 x_0 处取得极小值,在 x_0 的左侧单调减少,在 x_0 的右侧单调增加. 这就是说,在 x_0 的左侧有 $f'(x)<0$,在 x_0 的右侧有 $f'(x)>0$. 对于 $f(x)$ 取得极大值的情形与上述结论相反(见图 3-9).

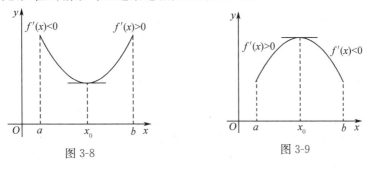

图 3-8　　　　　　　　　　　　　　图 3-9

定理 3.8(极值存在的第一充分条件)　设函数 $y=f(x)$ 在点 x_0 处连续,在 x_0 的某去心邻域内可导(即 $f(x)$ 在 $x=x_0$ 处导数可以不存在),

(1)如果在 x_0 的某去心邻域内,当 $x<x_0$ 时,$f'(x)>0$;当 $x>x_0$ 时,$f'(x)<0$,则函数 $f(x)$ 在点 x_0 处取得极大值为 $f(x_0)$;

(2)如果在 x_0 的某去心邻域内,当 $x<x_0$ 时,$f'(x)<0$;当 $x>x_0$ 时,$f'(x)>0$,则函数 $f(x)$ 在点 x_0 处取得极小值为 $f(x_0)$;

(3)如果在 x_0 的某去心邻域内,$f'(x)$ 在 x_0 的两侧同号,则 $f(x_0)$ 不是 $f(x)$ 的极值.

证明　设所述邻域为 $\overset{\circ}{U}(x_0,\delta)$,且 $x\in\overset{\circ}{U}(x_0,\delta)$,

(1)当 $x\in(x_0-\delta,x_0)$ 时,$f'(x)>0$,则 $f(x)$ 在 $(x_0-\delta,x_0)$ 内单调增加;当 $x\in(x_0,x_0+\delta)$ 时,$f'(x)<0$,则 $f(x)$ 在 $(x_0,x_0+\delta)$ 内单调减少;又因为 $f(x)$ 在 x_0 处连续,所以当 $x\in\overset{\circ}{U}(x_0,\delta)$ 时,恒有 $f(x_0)>f(x)$,即在该邻域内 $f(x_0)$ 为 $f(x)$ 的极大值.

(2) 和(3) 可类似证明.

利用定理 3.7 和 3.8 求极值,得到寻找和判别极值的一般步骤如下:

(1) 求函数的定义域;

(2) 求导数 $f'(x)$;

(3) 求 $f(x)$ 的全部驻点和导数不存在的点;

(4) 讨论各驻点和导数不存在的点是否为极值,是极大值还是极小值;

(5) 求出各极值点的函数值,得到全部的极值.

例 1   求函数 $f(x) = 2x^3 - 6x^2 - 18x + 7$ 的极值.

解   函数的定义域为 $(-\infty, +\infty)$,且

$$f'(x) = 6x^2 - 12x - 18 = 6(x-3)(x+1).$$

令 $f'(x) = 0$,求得驻点 $x_1 = 3, x_2 = -1$. 列表 3-4 讨论如下:

表 3-4

x	$(-\infty, -1)$	-1	$(-1, 3)$	3	$(3, +\infty)$
$f'(x)$	$+$	0	$-$	0	$+$
$f(x)$	↗	极大值 21	↘	极小值 -47	↗

所以函数 $f(x)$ 的极大值为 $f(-1) = 21$,极小值为 $f(3) = -47$.

例 2   求函数 $f(x) = (x^2 - 1)^3 + 1$ 的极值.

解   函数的定义域为 $(-\infty, +\infty)$,且

$$f'(x) = 3(x^2 - 1)^2 \cdot 2x$$
$$= 6x(x+1)^2(x-1)^2.$$

令 $f'(x) = 0$,求得驻点

$$x_1 = -1, x_2 = 0, x_3 = 1.$$

列表 3-5 讨论如下:

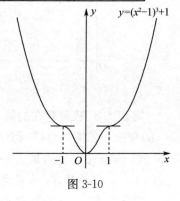

图 3-10

表 3-5

x	$(-\infty, -1)$	-1	$(-1, 0)$	0	$(0, 1)$	1	$(1, +\infty)$
$f'(x)$	$-$	0	$-$	0	$+$	0	$+$
$f(x)$	↘		↘	极小值 0	↗		↗

由上表可知,$f(0) = 0$ 为极小值,驻点 $x_1 = -1$ 和 $x_3 = 1$ 不是极值点,函数的图象如图 3-10 所示.

例 3   求函数 $f(x) = x - \dfrac{3}{2}x^{\frac{2}{3}}$ 的极值.

解   函数的定义域为 $(-\infty, +\infty)$,且 $f'(x) = 1 - x^{-\frac{1}{3}}$. 令 $f'(x) = 0$,求得

驻点 $x = 1$. 此外,当 $x = 0$ 时,$f'(x)$ 不存在. 列表 3-6 讨论如下:

表 3-6

x	$(-\infty, 0)$	0	$(0, 1)$	1	$(1, +\infty)$
$f'(x)$	$+$	不存在	$-$	0	$+$
$f(x)$	↗	极大值 0	↘	极小值 -0.5	↗

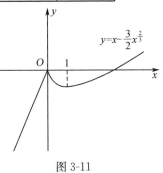

由上表可知,$f'(x)$ 在 $x = 0$ 处不存在,但 $f(0)$ $= 0$ 是其极大值点,$f(1) = -0.5$ 为极小值,函数的图象如图 3-11 所示.

图 3-11

极值存在的第一充分条件既适用于函数 $f(x)$ 在点 x_0 处可导的情况,也适用于函数 $f(x)$ 在点 x_0 处不可导的情况. 如果函数 $f(x)$ 在驻点处的二阶导数存在且不为零,也可以利用下面的定理来判定极值.

定理 3.9(极值存在的第二充分条件) 设函数 $f(x)$ 在 x_0 处具有二阶导数,且 $f'(x_0) = 0$,$f''(x_0) \neq 0$,

(1)如果 $f''(x_0) > 0$,则函数 $f(x)$ 在 x_0 处取得极小值;

(2)如果 $f''(x_0) < 0$,则函数 $f(x)$ 在 x_0 处取得极大值.

证明 略.

注 当 $f'(x_0) = 0$ 且 $f''(x_0) = 0$ 时,定理 3.9 失效,这时仍用极值存在的第一充分条件即定理 3.8 来判定. 例如,函数 $f(x) = x^4$ 和 $g(x) = x^3$ 在 $x = 0$ 处的一阶导数和二阶导数都为零,但 $f(x)$ 在 $x = 0$ 处取得极小值,$g(x)$ 在 $x = 0$ 处不取得极值.

利用定理 3.9 求极值的一般步骤如下:

(1) 确定函数定义域;

(2) 求导数 $f'(x)$;

(3) 求 $f(x)$ 的全部驻点;

(4) 求二阶导数 $f''(x)$,考察二阶导数在驻点处的符号,确定极值点;

(5) 求出极值点处的函数值,得到极值.

例 4 求函数 $f(x) = \sin x + \cos x$ 在区间 $[0, 2\pi]$ 上的极值.

解 $f'(x) = \cos x - \sin x$. 令 $f'(x) = 0$,得 $x_1 = \dfrac{\pi}{4}, x_2 = \dfrac{5\pi}{4}$.

又 $f''(x) = -\sin x - \cos x$. 根据定理 3.9,求出在驻点处二阶导数的符号.

因为 $f''\left(\dfrac{\pi}{4}\right) = -\sqrt{2} < 0$,所以 $f(x)$ 在 $x = \dfrac{\pi}{4}$ 处取得极大值 $f\left(\dfrac{\pi}{4}\right) = \sqrt{2}$.

因为 $f''\left(\dfrac{5\pi}{4}\right)=\sqrt{2}>0$,所以 $f(x)$ 在 $x=\dfrac{5\pi}{4}$ 处取得极小值 $f\left(\dfrac{5\pi}{4}\right)=-\sqrt{2}$.

习题 3.4

1. 求下列函数的极值点和极值:

    (1)$y=x^2-2x+7$;   (2)$y=2x^3-9x^2+12x+11$;

    (3)$y=x+\sqrt{1-x}$;   (4)$y=x-\ln(1+x^2)$;

    (5)$y=xe^x$;   (6)$y=3-2\sqrt[3]{1+x}$.

2. 利用二阶导数,判断下列函数的极值:

    (1)$y=2x-\ln(4x)^2$;   (2)$y=e^x\sin x,x\in[0,2\pi]$.

3. 已知函数 $f(x)=e^{-x}\ln ax$ 在 $x=0.5$ 处有极值,求 a 的值.

4. 试问 a 为何值时,函数 $f(x)=a\sin x+\dfrac{1}{3}\sin 3x$ 在 $x=\dfrac{\pi}{3}$ 处取得极值?它是极大值还是极小值?并求此极值.

3.5   函数的最大值和最小值

3.5.1   函数最大值和最小值定义

定义 3.2   设 $x_0\in[a,b]$,如果对任意的 $x\in[a,b]$,都有
$$f(x_0)\geqslant f(x)\ (\text{或}\ f(x_0)\leqslant f(x)),$$
则称 $f(x_0)$ 是函数 $f(x)$ 在 $[a,b]$ 上的最大值(或最小值).

    注   (1)上面定义中的闭区间可以换成其他形式的区间;

    (2)极值只是函数在极值点的某个邻域的最大值(或最小值),是局部概念,而最大值(或最小值)是函数在所考察的区间上全部函数值中的最大值(或最小值),是整体概念;

    (3)函数的最大值(或最小值)可以在区间端点处取得,而极值只能在区间内部取得;

    (4)在区间内部取得的最大值(或最小值)必相应的是极大值(或极小值).

3.5.2   函数最大值和最小值的判定和求法

一般的,函数的最大值和最小值,分为闭区间和开区间两种情形来求解:

1. 函数在闭区间上的最大值(或最小值)

若函数 $f(x)$ 在闭区间 $[a,b]$ 上连续,则 $f(x)$ 必有最大值和最小值. 因为 $f(x)$

的最大值和最小值只可能在区间端点、驻点和函数导数不存在的点处取得,所以只需把这些点都找出来,比较它们的函数值,就能得到 $f(x)$ 的最大值和最小值.

一般的,求函数 $f(x)$ 在闭区间 $[a,b]$ 上最大值和最小值的步骤如下:

(1) 求函数 $f(x)$ 的导数,并求出所有的驻点和导数不存在的点;

(2) 求各驻点和导数不存在点的函数值及两端点的函数值;

(3) 比较上述各函数值的大小,可得到函数 $f(x)$ 的最大值和最小值.

例 1　求函数 $f(x) = x^3 - 3x^2 - 9x + 2$ 在闭区间 $[-2,6]$ 上的最大值和最小值.

解　因为函数 $f(x)$ 在闭区间 $[-2,6]$ 上连续,所以函数 $f(x)$ 在闭区间 $[-2,6]$ 上必取得最大值和最小值. 又 $f'(x) = 3x^2 - 6x - 9 = 3(x-3)(x+1)$.
令 $f'(x) = 0$,得驻点 $x_1 = -1, x_2 = 3$,而且没有导数不存在的点. 求出端点和驻点的函数值:

$$f(-2) = 0, f(6) = 56, f(-1) = 7, f(3) = -25.$$

比较它们的大小,可知函数 $f(x) = x^3 - 3x^2 - 9x + 2$ 在闭区间 $[-2,6]$ 上的最大值为 $f(6) = 56$,最小值为 $f(3) = -25$.

2. 函数在开区间内的最大值(或最小值)

函数 $f(x)$ 在开区间 (a,b) 内可导,且函数 $f(x)$ 在开区间 (a,b) 内有最大值(或最小值),又只有一个驻点,则此点的函数值就是最大值(或最小值). 在实际应用中,我们经常会遇到这样的问题.

例 2　在椭圆 $\dfrac{x^2}{a^2} + \dfrac{y^2}{b^2} = 1$ 上找点 $M_0(x_0, y_0), x_0 > 0, y_0 > 0$,使过点 M_0 的切线与两坐标轴所围成的三角形面积最小,并求出此面积.

解　任取椭圆 $\dfrac{x^2}{a^2} + \dfrac{y^2}{b^2} = 1$ 上的点 $M(x,y), x > 0, y > 0$. 由隐函数求导法则可以得出过 M 点的切线斜率 $k = -\dfrac{b^2 x}{a^2 y}$. 因而过点 $M(x,y)$ 的切线方程为

$$Y - y = -\frac{b^2 x}{a^2 y}(X - x).$$

令 $Y = 0$,得切线在 x 轴的截距 $X = \dfrac{a^2}{x}$. 令 $X = 0$,得切线在 y 轴的截距 $Y = \dfrac{b^2}{y}$.

由此可以得知切线与两个坐标轴所围成的三角形面积为

$$S = \frac{1}{2} XY = \frac{a^2 b^2}{2xy}.$$

由于 $y = \dfrac{b}{a}\sqrt{a^2 - x^2}$，因此

$$S = \frac{a^2 b^2}{2x\dfrac{b}{a}\sqrt{a^2 - x^2}} \quad (0 < x < a).$$

如果求此函数的最小值，运算较复杂. 但是 S 的最小值当且仅当其分母 $\dfrac{2xb}{a}\sqrt{a^2 - x^2}$ 最大时取得，又因 a,b 为正常数，$x\sqrt{a^2 - x^2} > 0$，所以 S 的最小值当且仅当 $u = x^2(a^2 - x^2)$ 最大时取得. 由于

$$u' = 2a^2 x - 4x^3 = 2x(a^2 - 2x^2),$$

令 $u' = 0$，解得在 $(0,a)$ 内的唯一驻点 $x_0 = \dfrac{\sqrt{2}}{2}a$，此时，$y_0 = \dfrac{\sqrt{2}}{2}b$.

$$S = \frac{a^2 b^2}{2x_0 y_0} = ab.$$

由问题的实际意义可知，所围三角形面积存在最小值，且所求驻点唯一，因此点 $M_0\left(\dfrac{\sqrt{2}}{2}a, \dfrac{\sqrt{2}}{2}b\right)$ 即为所求点，最小面积为 ab.

例 3　如图 3-12，敌军骑摩托车从河的北岸 A 处以 1 千米 / 分钟的速度向正北逃窜，同时我军骑摩托车从河的南岸 B 处以 2 千米 / 分钟的速度向正东追击，河宽以及 A,B 的相对位置如图所示，问我军何时射击最好（已知相距最近时射击最好）？

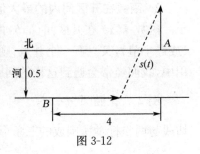

图 3-12

解　设经过 t 分钟后射击最好，这时与敌军相距

$$s(t) = \sqrt{(0.5 + t)^2 + (4 - 2t)^2} \quad (t \geqslant 0).$$

于是问题归结为：当 t 取何值时，函数 $s(t)$ 在区间 $[0, +\infty)$ 内取得最小值.

$$s'(t) = \frac{2(0.5 + t) + 2(4 - 2t)(-2)}{2\sqrt{(0.5 + t)^2 + (4 - 2t)^2}} = \frac{5t - 7.5}{\sqrt{(0.5 + t)^2 + (4 - 2t)^2}}.$$

令 $s'(t) = 0$，解得 $t = 1.5$. 因为在区间 $[0, +\infty)$ 内，函数 $s(t)$ 只有一个驻点 $t = 1.5$. 比较 $s(0)$ 和 $s(1.5)$ 的大小可知，当 $t = 1.5$ 时，函数 $s(t)$ 取得最小值. 故在一分半钟之后，我军射击最好.

例 4　某产品的固定成本是 18（万元），变动成本是 $2x^2 + 5x$（万元），其中 x 为产量（单位：百台），求平均成本最低时的产量.

解　成本函数为

$$C(x) = 2x^2 + 5x + 18,$$

平均成本为

$$\overline{C}(x) = \frac{C(x)}{x} = 2x + 5 + \frac{18}{x},$$

求导

$$\overline{C}'(x) = 2 - \frac{18}{x^2}.$$

令 $\overline{C}'(x) = 0$,解得驻点 $x_1 = 3, x_2 = -3$(舍去).

又 $\overline{C}''(x) = \frac{36}{x^3}, \overline{C}''(3) = \frac{4}{3} > 0$. 故 $x = 3$ 是唯一的一个极小值点,从而 $\overline{C}(x)$

在 $x = 3$ 处取得最小值,即当产 300 台时,平均成本最低.

例 5　某厂生产某产品,其固定成本为 2000 元,每生产一吨产品的成本为 60 元,该产品的需求函数为

$$Q = 1000 - 10P(Q \text{ 为需求量}, P \text{ 为价格}),$$

试求:

(1) 总成本函数和总收入函数;

(2) 产量为多少吨时,利润最大?

(3) 获得最大利润时的价格.

解　(1) 总成本函数为 $C(Q) = 60Q + 2000$.

因需求函数 $Q = 1000 - 10P$,知 $P = 100 - \frac{Q}{10}$,所以,总收入函数为

$$R(Q) = PQ = 100Q - \frac{1}{10}Q^2.$$

(2) 利润函数为

$$L(Q) = R(Q) - C(Q) = -\frac{1}{10}Q^2 + 40Q - 2000,$$

$$L'(Q) = -\frac{1}{5}Q + 40.$$

令 $L'(Q) = 0$,解得 $Q = 200$. 又 $L''(200) = -\frac{1}{5} < 0$,所以 $Q = 200$ 为唯一的一个极大值点,从而 $L(Q)$ 在 $Q = 200$ 时也取得最大值,即当产量为 200 吨时,利润最大.

(3) 获得最大利润时的价格为

$$P = 100 - \frac{1}{10} \cdot 200 = 80(\text{元}).$$

习题 3.5

1. 求下列函数在指定区间的最大值与最小值：

    (1) $y = x^3 - 3x^2 + 7, [-1, 3]$；   (2) $y = x^4 - 8x^2 + 1, [-1, 3]$；

    (3) $y = x + \sqrt{1-x}, [-5, 1]$；   (4) $y = x + 2\sqrt{x}, [0, 4]$.

2. 函数 $y = x^2 - \dfrac{54}{x}(x < 0)$ 在何处取得最小值?

3. 函数 $y = \dfrac{x}{x^2 + 1}(x \geqslant 0)$ 在何处取得最大值?

4. 某车间靠墙壁要盖一间长方形小屋,现有存砖只够砌 20 米长的墙壁,问围成怎样的长方形才能使这间小屋的面积最大?

5. 甲轮船位于乙轮船东 75 海里,以每小时 12 海里的速度向西行驶,而乙轮船以每小时 6 海里的速度向北行驶,问经过多少时间,两船相距最近?

6. 设生产某种产品 x 个单位的生产费用为 $C(x) = 900 + 20x + x^2$. 问 x 为多少时使平均费用最低?最低的平均费用是多少?

7. 设某工厂生产某种商品的固定成本为 200(百元),每生产一个单位商品,成本增加 5(百元),且已知需求函数 $Q = 100 - 2P$(其中 P 为价格,Q 为产量),这种商品在市场上是畅销的:(1) 试分别列出该商品的总成本函数 $C(Q)$ 和总收益函数 $R(Q)$ 的表达式;(2) 求出使该商品的总利润最大的产量;(3) 求出最大利润.

3.6 边际分析与弹性分析简介

3.6.1 边际分析

    边际是经济学中的一个重要概念,一般指经济函数的变化率. 设函数 $y = f(x)$ 是可导的,那么导函数 $f'(x)$ 在经济学中称为**边际函数**. 在经济学中有边际需求、边际成本和边际利润等.

    设产品的成本 C 与产量 Q 的函数关系为 $C = C(Q)(Q > 0)$,当产量从 Q_0 变化到 $Q_0 + \Delta Q$ 时,成本的平均变化率为 $\dfrac{\Delta C}{\Delta Q}$;当产量为 Q_0 时,成本的变化率为

$$\lim_{\Delta Q \to 0} \frac{\Delta C}{\Delta Q} = \lim_{\Delta Q \to 0} \frac{C(Q_0 + \Delta Q) - C(Q_0)}{\Delta Q} = C'(Q_0).$$

我们称**变化率 $C'(Q_0)$ 为成本函数 $C = C(Q)$ 在 $Q = Q_0$ 处的边际成本**,记作

$$MC = C'(Q_0).$$

因为

$$\Delta C = C(Q_0 + \Delta Q) - C(Q_0) \approx C'(Q_0)\Delta Q,$$

当 $\Delta Q = 1$ 时,有

$$\Delta C = C(Q_0 + 1) - C(Q_0) \approx C'(Q_0) = MC.$$

上式表明当产量达到 Q_0 时,再生产一个单位产品所增加的成本为 ΔC,可以用成本函数 $C(Q)$ 在点 Q_0 处的变化率 $C'(Q_0)$(即边际成本 MC)近似地表示. 类似地,收入函数 $R(Q)$ 对产量 Q 的变化率 $R'(Q)$ 称为**边际收入**,记作 MR,利润函数 $L(Q)$ 对产量 Q 的变化率 $L'(Q)$ 称为**边际利润**,记作 ML,等等. 经济意义也有上面类似的表述.

例 1　设某产品的总成本函数和收入函数分别为

$$C(Q) = 3 + 2\sqrt{Q}, \quad R(Q) = \frac{5Q}{Q+1},$$

其中 Q 为该产品的销售量. 求该产品的边际成本、边际收入和边际利润.

解　边际成本为

$$MC = C'(Q) = 2 \cdot \frac{1}{2} Q^{-\frac{1}{2}} = \frac{1}{\sqrt{Q}}.$$

边际收入为

$$MR = R'(Q) = \frac{5(Q+1) - 5Q}{(Q+1)^2} = \frac{5}{(Q+1)^2}.$$

因为利润函数为

$$L(Q) = R(Q) - C(Q) = \frac{5Q}{Q+1} - 3 - 2\sqrt{Q},$$

所以边际利润为

$$ML = L'(Q) = R'(Q) - C'(Q) = \frac{5}{(Q+1)^2} - \frac{1}{\sqrt{Q}}.$$

例 2　某种商品的需求量 Q 与价格 P 的关系为

$$Q = 1600 \left(\frac{1}{4}\right)^P.$$

(1) 求边际需求 MQ;

(2) 当商品的价格 $P = 10$ 元时,求该商品的边际需求量.

解　(1) $MQ = Q'(P) = 1600 \cdot \left(\frac{1}{4}\right)^P \ln\left(\frac{1}{4}\right) = -3200 \left(\frac{1}{4}\right)^P \ln 2.$

(2) $MQ(10) = Q'(10) = -3200 \left(\frac{1}{4}\right)^{10} \cdot \ln 2 = -\frac{25}{2^{13}} \ln 2.$

3.6.2　弹性分析

函数 $y = f(x)$ 的改变量 $\Delta y = f(x + \Delta x) - f(x)$ 称为函数在点 x 处的绝对

改变量,Δx 为自变量在点 x 处的绝对改变量,函数在点 x 处的绝对改变量与函数在该点处的函数值之比 $\dfrac{\Delta y}{y}$ 称为函数在点 x 处的相对改变量.

定义 3.3 设函数 $y = f(x)$ 在点 x 处可导,则我们称极限

$$\lim_{\Delta x \to 0} \frac{\frac{\Delta y}{y}}{\frac{\Delta x}{x}} = \lim_{\Delta x \to 0} \frac{\Delta y}{\Delta x} \cdot \frac{x}{y} = \frac{x}{y} \cdot f'(x) = \frac{x}{y} \cdot \frac{\mathrm{d}y}{\mathrm{d}x}$$

为函数 $y = f(x)$ 在点 x 处的相对变化率或弹性,记作 $\eta_y(x)$,即

$$\eta_y(x) = \frac{x}{y} \cdot \frac{\mathrm{d}y}{\mathrm{d}x}.$$

函数 $y = f(x)$ 在点 x 处的弹性 $\eta_y(x)$ 反映了当自变量 x 变化 1% 时,函数 $f(x)$ 变化的百分数为 $|\eta_y(x)|\%$.

若函数 $Q = Q(P)$ 为需求函数,则需求弹性为

$$\eta_Q(P) = \frac{P}{Q} \cdot Q'(P).$$

若商品的需求弹性满足:
(1) $|\eta_Q(P)| > 1$,则称该商品的需求富有弹性;
(2) $|\eta_Q(P)| = 1$,则称该商品的需求具有单位弹性;
(3) $|\eta_Q(P)| < 1$,则称该商品的需求缺乏弹性.

例 3 某商品的需求函数为

$$Q = 10 - \frac{P}{2},$$

求:(1) 需求价格弹性函数;
(2) 当 $P = 5$ 时的需求价格弹性,并说明其经济意义;
(3) 当 $P = 10$ 时的需求价格弹性,并说明其经济意义;
(4) 当 $P = 15$ 时的需求价格弹性,并说明其经济意义.

解 (1) 按弹性定义

$$\eta_Q(P) = \frac{P}{Q} \cdot Q'(P) = \frac{P}{10 - \frac{P}{2}} \cdot \left(-\frac{1}{2}\right) = \frac{P}{P - 20}.$$

(2) $\eta_Q(5) = \dfrac{5}{5 - 20} = -\dfrac{1}{3}$.

由于 $|\eta_Q(5)| = \dfrac{1}{3} < 1$,所以当 $P = 5$ 时,该商品的需求缺乏弹性,此时价格上涨 1%,需求量下降 $\dfrac{1}{3}\%$.

(3) $\eta_Q(10) = \dfrac{10}{10-20} = -1.$

由于 $|\eta_Q(10)| = 1$，所以当 $P = 10$ 时，该商品的需求具有单位弹性，此时价格上涨 1%，需求量下降 1%.

(4) $\eta_Q(15) = \dfrac{15}{15-20} = -3.$

由于 $|\eta_Q(15)| = 3 > 1$，所以当 $P = 15$ 时，该商品的需求富有弹性，此时价格上涨 1%，需求量下降 3%.

习题 3.6

1. 设某商品的价格 P 关于需求量 Q 的函数为 $P = 10 - \dfrac{Q}{5}$，求当 $P = 6$ 时的总收益、平均收益、边际收益和需求价格弹性.

2. 设生产某产品 x 个单位的成本函数为 $C(x) = 100 + 6x + \dfrac{x^2}{4}$，求当 $x = 10$ 时的总成本、平均成本、边际成本.

3. 设某商品的需求量 Q 对价格 P 的函数为 $Q = 25\mathrm{e}^{-3P}$，试求当 $P = 4$ 时的边际需求及价格弹性.

4. 设某商品的需求价格函数 $Q = 42 - 5P$，求：
   (1) 边际需求函数和需求价格弹性；
   (2) 当 $P = 6$ 时，若价格上涨 1%，总收益是增加还是减少？它将变化百分之几？

3.7　曲线的凹凸性与拐点

在研究函数图象时，仅了解其单调性还不能完全反映它的变化规律. 例如当 $x \geqslant 0$ 时，函数 $y = x^2$ 和 $y = \sqrt{x}$ 的图象（图 3-13 和图 3-14）尽管都是单调增加，但其弯曲方向不同. 前者是凹的，而后者是凸的.

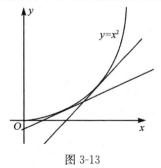

图 3-13

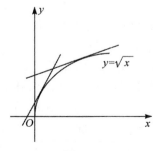

图 3-14

如果在图 3-13 和图 3-14 中的曲线上各点作切线,可以看出:如果曲线弧是凹的,则每一点的切线都位于该曲线的下方;如果曲线弧是凸的,则每一点的切线都位于该曲线的上方.据此,我们给出曲线凹凸性的定义如下:

定义 3.4　设在区间 (a,b) 内,曲线弧的方程为 $y=f(x)$,且曲线弧上的每一点都有切线.如果在区间 (a,b) 内,曲线上任一点的切线位于曲线的下方,则称曲线弧在区间 (a,b) 内是凹的;如果在区间 (a,b) 内,曲线上任一点的切线位于曲线的上方,则称曲线弧在区间 (a,b) 内是凸的.

从图 3-13 还可以看出,当切点在曲线弧上沿着 x 增加的方向移动时,切线的倾角在 $\left(0,\dfrac{\pi}{2}\right)$ 内逐渐增大,因而切线斜率 $\tan\alpha=f'(x)=2x$ 也随之增大.这就是说,$f'(x)=2x$ 是单调增加的函数.

又从图 3-14 还可以看出,当切点在曲线弧上沿着 x 增加的方向移动时,切线的倾角在 $\left(0,\dfrac{\pi}{2}\right)$ 内逐渐减小,因而切线斜率 $\tan\alpha=f'(x)=\dfrac{1}{2\sqrt{x}}$ 也随之减小.这就是说,$f'(x)=\dfrac{1}{2\sqrt{x}}$ 是单调减少的函数.

由以上讨论可知,曲线 $y=f(x)$ 的凹凸性可以用导数 $f'(x)$ 的单调性来判定.导数 $f'(x)$ 的单调性又可用它的导数,即 $f(x)$ 的二阶导数 $f''(x)$ 的符号来判定.

定理 3.10　设函数 $f(x)$ 在区间 (a,b) 内具有二阶导数.

(1)如果在 (a,b) 内 $f''(x)>0$,则曲线 $y=f(x)$ 在区间 (a,b) 内是凹的;

(2)如果在 (a,b) 内 $f''(x)<0$,则曲线 $y=f(x)$ 在区间 (a,b) 内是凸的.

证明　略.

例 1　判定曲线 $y=x^3$ 的凹凸性.

解　函数的定义域为 $(-\infty,+\infty)$,因为 $y'=3x^2$,$y''=6x$.当 $x<0$ 时,$y''<0$;当 $x>0$ 时,$y''>0$.所以,曲线 $y=x^3$ 在 $(-\infty,0)$ 内是凸的,在 $(0,+\infty)$ 内是凹的,其图象如图 3-15 所示.

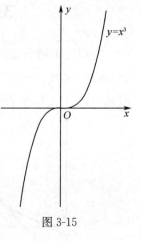

从图 3-15 可以看到点 $(0,0)$ 是曲线由凸变到凹的分界点.我们把连续曲线上凹的曲线弧与凸的曲线弧的分界点叫做曲线的拐点.

由拐点的定义知,如果 $f''(x_0)=0$,且 $f''(x)$ 在点 x_0 的左右异号,则点 $(x_0,f(x_0))$ 就是曲线 $y=f(x)$ 上的拐点;如果 $f''(x_0)=0$,且 $f''(x)$ 在点 x_0 的左右同号,则点 $(x_0,f(x_0))$ 就不是曲线 $y=f(x)$ 上的拐点.

图 3-15

例 2　求曲线 $f(x)=x^4-6x^3+12x^2-10x+4$ 的凹凸区间与拐点.

解　函数的定义域为 $(-\infty,+\infty)$，因为

$$f'(x)=4x^3-18x^2+24x-10,\ f''(x)=12x^2-36x+24=12(x-1)(x-2).$$

令 $f''(x)=0$，解得 $x_1=1,x_2=2$，它们把定义域 $(-\infty,+\infty)$ 分成三个子区间，列表 3-7 讨论如下：

表 3-7

x	$(-\infty,1)$	1	$(1,2)$	2	$(2,+\infty)$
$f''(x)$	$+$	0	$-$	0	$+$
$f(x)$	凹	拐点$(1,1)$	凸	拐点$(2,0)$	凹

所以曲线的凹区间为 $(-\infty,1)$ 和 $(2,+\infty)$，凸区间为 $(1,2)$；有拐点 $(1,1)$ 和 $(2,0)$.

例 3　讨论曲线 $y=x^{\frac{5}{3}}$ 的凹凸区间与拐点.

解　函数的定义域为 $(-\infty,+\infty)$.

$$y'=\frac{5}{3}x^{\frac{2}{3}},\ y''=\frac{5}{3}\cdot\frac{2}{3}x^{-\frac{1}{3}}=\frac{10}{9}x^{-\frac{1}{3}}.$$

在点 $x=0$ 处，函数 $y=x^{\frac{5}{3}}$ 是连续的，$y'(0)=0$，但 y'' 不存在，且没有使 $y''=0$ 的点. 点 $x=0$ 把定义域分为两个区间，列表 3-8 讨论如下：

表 3-8

x	$(-\infty,0)$	0	$(0,+\infty)$
y''	$-$	不存在	$+$
y	凸	拐点$(0,0)$	凹

所以曲线的凹区间为 $(0,+\infty)$，凸区间为 $(-\infty,0)$；有拐点 $(0,0)$.

例 4　求曲线 $y=2x^3+3x^2-12x+14$ 的单调区间、极值和凹凸区间、拐点.

解　函数的定义域为 $(-\infty,+\infty)$.

$$y'=6x^2+6x-12,\ \text{令}\ y'=0,\ \text{得}\ x_1=1,x_2=-2;$$

$$y''=12x+6,\ \text{令}\ y''=0,\ \text{得}\ x=-\frac{1}{2}.$$

用上述三个点将定义域分为四个区间，列表 3-9 讨论如下：

表 3-9

x	$(-\infty,-2)$	-2	$\left(-2,-\frac{1}{2}\right)$	$-\frac{1}{2}$	$\left(-\frac{1}{2},1\right)$	1	$(1,+\infty)$
y'	$+$	0	$-$		$-$	0	$+$
y''	$-$		$-$	0	$+$		$+$
y	增、凸	极大值 34	减、凸	拐点 $\left(-\frac{1}{2},\frac{41}{2}\right)$	减、凹	极小值 7	增、凹

所以,函数的单调增区间为 $(-\infty,-2)$,$(1,+\infty)$,单调减少区间为 $\left(-\dfrac{1}{2},1\right)$,函数的凸区间为 $\left(-\infty,-\dfrac{1}{2}\right)$,凹区间为 $\left(\dfrac{1}{2},+\infty\right)$;函数极大值为 $y(-2)=34$,极小值为 $y(1)=7$,拐点为 $\left(-\dfrac{1}{2},\dfrac{41}{2}\right)$.

习题 3.7

1. 判断下列曲线的凹凸性:

   (1)$y=\ln x$;   (2)$y=x^2$;

   (3)$y=x^3-3x+2$;   (4)$y=x+\dfrac{1}{x}$.

2. 求下列曲线的凹凸区间与拐点:

   (1)$y=x^4-6x^2$;   (2)$y=x\mathrm{e}^{-x}$;

   (3)$y=2x^3+3x^2+x+2$;   (4)$y=x\ln(x+1)$.

3. 当 a,b 为何值时,点 $(1,3)$ 是曲线 $y=ax^3+bx^2$ 的拐点?

4. 试确定曲线 $y=ax^3+bx^2+cx+d$ 中的 a,b,c,d,使得点 $(-2,44)$ 为驻点,$(1,-10)$ 为拐点.

3.8   函数图象的描绘

3.8.1   曲线的渐近线

看下面的例子:

(1) 当 $x\to+\infty$ 时,曲线 $y=2+\dfrac{1}{x}$ 无限接近于直线 $y=2$,因此直线 $y=2$ 是曲线的一条渐近线(图 3-16);

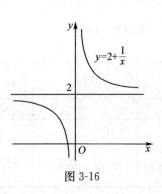

图 3-16

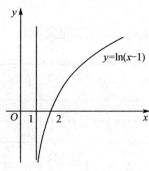

图 3-17

（2）当 $x \to 1+0$ 时，曲线 $y = \ln(x-1)$ 无限接近于直线 $x = 1$，因此直线 $x = 1$ 是曲线的一条渐近线（图 3-17）.

定义 3.5　若曲线 $y = f(x)$ 上的动点 $M(x, y)$ 沿着曲线移向无限远时，如果它与某直线 l 的距离趋于零，则称直线 l 为该曲线的渐近线.

渐近线一般分为以下三种：

（1）**铅垂渐近线**　若 $\lim\limits_{x \to x_0} f(x) = \infty$，则称直线 $x = x_0$ 为曲线 $y = f(x)$ 的铅垂渐近线；

（2）**水平渐近线**　若 $\lim\limits_{x \to \infty} f(x) = b$，则称直线 $y = b$ 为曲线 $y = f(x)$ 的水平渐近线；

（3）**斜渐近线**　若 $\lim\limits_{x \to \infty} [f(x) - (ax + b)] = 0$，则称直线 $y = ax + b$ 为曲线 $y = f(x)$ 的斜渐近线.

例如：$y = \ln x$，因为 $\lim\limits_{x \to 0^+} \ln x = -\infty$，所以 $x = 0$ 是 $y = \ln x$ 的一条铅垂渐近线；

$y = \arctan x$，因为 $\lim\limits_{x \to +\infty} \arctan x = \dfrac{\pi}{2}$，$\lim\limits_{x \to -\infty} \arctan x = -\dfrac{\pi}{2}$，所以 $x = \dfrac{\pi}{2}$，$x = -\dfrac{\pi}{2}$ 分别为 $y = \arctan x$ 的两条水平渐近线.

例 1　求曲线 $y = \mathrm{e}^{\frac{1}{x}} - 1$ 的渐近线.

解　因为 $\lim\limits_{x \to \infty} (\mathrm{e}^{\frac{1}{x}} - 1) = 0$，所以 $y = 0$ 是曲线 $y = \mathrm{e}^{\frac{1}{x}} - 1$ 的水平渐近线. 因为

$$\lim_{x \to 0+0} (\mathrm{e}^{\frac{1}{x}} - 1) = \infty,$$

所以 $x = 0$ 是曲线 $y = \mathrm{e}^{\frac{1}{x}} - 1$ 的铅垂渐近线.

例 2　求曲线 $y = \dfrac{x}{(x+1)(x-1)}$ 的渐近线.

解　因为

$$\lim_{x \to -1} \frac{x}{(x+1)(x-1)} = \infty, \ \lim_{x \to 1} \frac{x}{(x+1)(x-1)} = \infty,$$

所以 $x = -1$ 和 $x = 1$ 是曲线 $y = \dfrac{x}{(x+1)(x-1)}$ 的铅垂渐近线. 又因为

$$\lim_{x \to \infty} \frac{x}{(x+1)(x-1)} = 0,$$

所以 $y = 0$ 是曲线 $y = \dfrac{x}{(x+1)(x-1)}$ 的水平渐近线.

3.8.2　函数图形的描绘

我们利用导数讨论了函数的一些几何性质,这使得我们可以比较准确地将函数的图象描绘出来.一般的,描绘函数图形的步骤归纳如下:

(1) 确定函数的定义域,并讨论其对称性和周期性;

(2) 求函数的单调区间和极值;

(3) 求函数的凹凸区间和拐点;

(4) 讨论函数的水平渐近线和铅垂渐近线;

(5) 适当补点;

(6) 描图.

例 3　描绘函数 $y = 3x - x^3$ 的图形.

解　函数的定义域为 $(-\infty, +\infty)$,且显然 $y = 3x - x^3$ 是奇函数,它的图象关于原点对称.

$$f'(x) = 3 - 3x^2 = 3(1-x)(1+x),$$

令 $f'(x) = 0$,得 $x_1 = 1, x_2 = -1$.

$f''(x) = -6x$,令 $f''(x) = 0$,得 $x_3 = 0$.

列表 3-10 讨论如下:

表 3-10

x	$(-\infty, -1)$	-1	$(-1, 0)$	0	$(0, 1)$	1	$(1, +\infty)$
$f'(x)$	$-$	0	$+$		$+$	0	$-$
$f''(x)$	$+$		$+$	0	$-$		$-$
$f(x)$	↘	极小值 -2	↗		↗	极大值 2	↘
曲线	凹		凹	拐点 $(0,0)$	凸		凸

当 $x \to -\infty$ 时,$y \to +\infty$;当 $x \to +\infty$ 时,$y \to -\infty$,所以没有渐近线.计算 $x = -1, 0, 1$ 处的函数值,得 $f(-1) = -2, f(0) = 0, f(1) = 2$.

从而得到曲线上的三个点为 $(-1, -2)$,$(0, 0)$,$(1, 2)$. 再取辅助点 $(-\sqrt{3}, 0)$ 和 $(\sqrt{3}, 0)$,并结合上述讨论作出函数的图象,如图 3-18 所示.

例 4　描绘函数 $y = e^{-x^2}$ 的图形.

解　函数的定义域为 $(-\infty, +\infty)$,且显然 $y = e^{-x^2}$ 是偶函数,它的图象关于

y 轴对称.

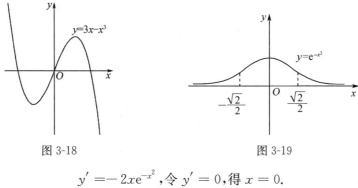

图 3-18　　　　　　　　　　　　　　图 3-19

$$y' = -2x\mathrm{e}^{-x^2}, 令\ y' = 0, 得\ x = 0.$$

$$y'' = 2(2x^2 - 1)\mathrm{e}^{-x^2}, 令\ y'' = 0, 得\ x = \pm\frac{\sqrt{2}}{2}.$$

列表 3-11 讨论如下:

表 3-11

x	$\left(-\infty, -\frac{\sqrt{2}}{2}\right)$	$-\frac{\sqrt{2}}{2}$	$\left(-\frac{\sqrt{2}}{2}, 0\right)$	0	$\left(0, \frac{\sqrt{2}}{2}\right)$	$\frac{\sqrt{2}}{2}$	$\left(\frac{\sqrt{2}}{2}, +\infty\right)$
$f'(x)$	+		+	0	−		−
$f''(x)$	+	0	−	−	−	0	+
$f(x)$	↗		↗	极大	↘		↘
曲线	凹	拐点	凸		凸	拐点	凹

当 $x = 0$ 时,取得极大值 1;有拐点 $\left(-\frac{\sqrt{2}}{2}, \mathrm{e}^{-\frac{1}{2}}\right)$ 和 $\left(\frac{\sqrt{2}}{2}, \mathrm{e}^{-\frac{1}{2}}\right)$. 当 $x \to \infty$ 时,
$y \to 0$,所以有水平渐近线 $y = 0$. 由曲线上的拐点与极值点,并结合上述讨论作出
函数的图象,如图 3-19 所示.

习题 3.8

1. 求下列曲线的渐近线:

　(1)$y = \dfrac{2x}{1+x^2}$;　　　　　　　　　(2)$y = x^2 + \dfrac{1}{x}$;

　(3)$y = \dfrac{4x^2 - 1}{x^2 - 1}$;　　　　　　　　(4)$y = \dfrac{\mathrm{e}^x}{x^2 + 2x - 3}$.

2. 作出下列函数的图象:

　(1)$y = 2 + 3x - x^3$;　　　　　　　　(2)$y = x\mathrm{e}^{-x}$;

$(3)\,y=\ln\,(x^2+1)\,;$　　　　　　　　$(4)\,y=\sqrt[3]{x^2}+5.$

3.9　曲　　率

3.9.1　弧微分

为了讨论曲线的弯曲程度,本节将给出曲率的概念及曲率的计算公式.作为曲率的预备知识,先介绍弧微分的概念.

设函数 $f(x)$ 在 (a,b) 内具有连续导数,在曲线 $y=f(x)$ 上取定一点 $M_0(x_0,y_0)$ 作为度量曲线弧长度的基点(图 3-20),并规定依 x 的增加方向作为曲线的正向,对曲线上任一点 $M(x,y)$,规定有向弧段 $\overparen{M_0M}$ 的值 s(简称弧 s,有时也常把 $\overparen{M_0M}$ 同时记为此有向弧段的值)如下:s 的绝对值等于这段弧的长度,当 $\overparen{M_0M}$ 与曲线的正向一致时,$s>0$,相反时,$s<0$;弧 $s=\overparen{M_0M}$ 是 x 的函数,

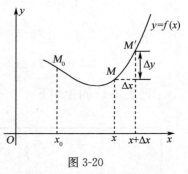

图 3-20

记为 $s=s(x)$,而且 $s(x)$ 是 x 的单调增加函数.下面来求 $s(x)$ 的导数和微分.

设 $x,x+\Delta x$ 为 (a,b) 内两个邻近的点,它们对应于曲线 $y=f(x)$ 上的点分别为 M,M'(图 3-20),则弧 s 相应的增量为

$$\Delta s=\overparen{M_0M'}-\overparen{M_0M}=\overparen{MM'}.$$

于是

$$\left(\frac{\Delta s}{\Delta x}\right)^2=\left(\frac{\overparen{MM'}}{\Delta x}\right)^2=\left(\frac{\overparen{MM'}}{|MM'|}\right)^2\cdot\left(\frac{|MM'|}{\Delta x}\right)^2=\left(\frac{\overparen{MM'}}{|MM'|}\right)^2\cdot\frac{(\Delta x)^2+(\Delta y)^2}{\Delta x^2}$$

$$=\left(\frac{\overparen{MM'}}{|MM'|}\right)^2\cdot\left[1+\left(\frac{\Delta y}{\Delta x}\right)^2\right].$$

因为当 $\Delta x\to 0$ 时,$M'\to M$,这时弧的长度与弦的长度之比的极限等于 1,即

$$\lim_{M'\to M}\left(\frac{\overparen{MM'}}{|MM'|}\right)^2=1.$$

于是

$$\left(\frac{\mathrm{d}s}{\mathrm{d}x}\right)^2=\lim_{\Delta x\to 0}\left(\frac{\Delta s}{\Delta x}\right)^2=1+\left(\frac{\mathrm{d}y}{\mathrm{d}x}\right)^2.$$

因此

$$\frac{\mathrm{d}s}{\mathrm{d}x} = \pm \sqrt{1 + \left(\frac{\mathrm{d}y}{\mathrm{d}x}\right)^2}.$$

由于 $s(x)$ 是 x 的单调增加函数,从而根号前应取正号,故 $s(x)$ 关于 x 的导数为

$$s' = \sqrt{1 + (y')^2},$$

$s(x)$ 关于 x 的微分为

$$\mathrm{d}s = \sqrt{1 + (y')^2}\,\mathrm{d}x. \tag{3-3}$$

这就是弧微分公式.

3.9.2　曲率及其计算公式

实际中,常需要研究曲线的弯曲程度.挺直的钢梁和机床的转轴等在外力作用下会发生弯曲变形,而弯到一定程度就会发生断裂. 因此,在计算梁和轴的强度时,就要考虑它们的弯曲程度. 根据直觉,直线是不弯曲的(如不受外力作用时的钢梁和转轴),而半径较小的圆比半径较大的圆弯曲得厉害些. 而其他曲线的不同部位有不同的弯曲程度,例如抛物线 $y = x^2$ 在顶点附近比远离顶点的部位弯曲得厉害些.

怎样度量曲线的弯曲程度呢?假设两曲线弧段 $\overset{\frown}{M_1M_2}$ 和 $\overset{\frown}{N_1N_2}$ 长度相等(图3-21),但它们的切线转过的角度 φ 和 ψ 是不同的,较平直的弧段 $\overset{\frown}{M_1M_2}$ 的切线转角 φ 要比弯曲较厉害的弧段 $\overset{\frown}{N_1N_2}$ 的切线转角 ψ 小一些.

然而只考虑曲线弧段的切线转角还不能完全反映曲线的弯曲程度. 如图3-22,两曲线弧段的切线转过的角度相同,而长度较短的弧段要比长度较长的弧段弯曲得厉害些.

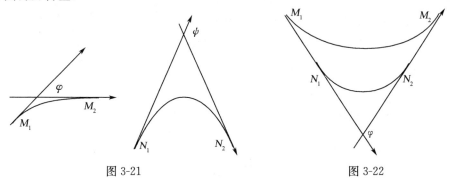

图 3-21　　　　　　　　　　　　　　图 3-22

从以上分析可以看出,曲线弧段的弯曲程度与弧段的长度及切线转过的角度有关.若弧段长度较短,切线转过角度较大,则曲线弧段弯曲较厉害.下面,我们引入描述曲线弯曲程度的概念 —— **曲率**.

设平面曲线 C 是光滑的，在 C 上选定一点 M_0 作为度量弧长 s 的基点，设曲线上点 M 对应于弧 s 在点 M 处的切线倾角为 α，曲线上另一点 M' 对应于弧 $s+\Delta s$ 在点 M' 处的切线倾角为 $\alpha+\Delta\alpha$（图 3-23），那么弧段 $\overset{\frown}{MM'}$ 的长度为 $|\Delta s|$，当动点从 M 移到 M' 时的切线转角为 $|\Delta\alpha|$。

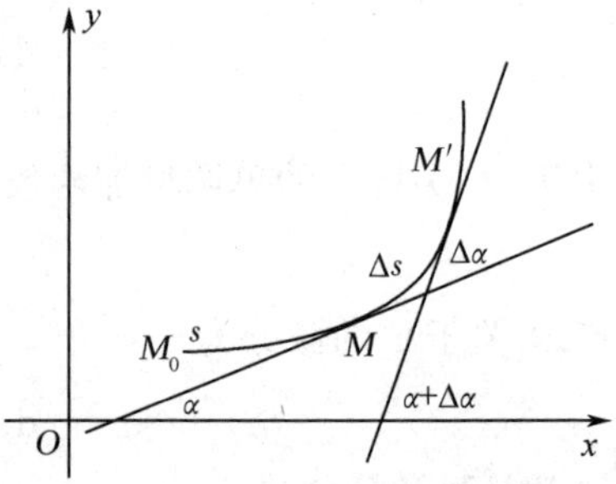

图 3-23

我们用比值 $\left|\dfrac{\Delta\alpha}{\Delta s}\right|$ 来表示弧段 $\overset{\frown}{MM'}$ 的平均弯曲程度，称它为弧段 $\overset{\frown}{MM'}$ 的**平均曲率**，记作 $\overline{K}$，即

$$\overline{K} = \left|\frac{\Delta\alpha}{\Delta s}\right|.$$

类似于从平均速度引进瞬时速度的方法，当 $\Delta s \to 0$ 时（即 $M' \to M$），平均曲率的极限称为曲线 C 在点 M 处的曲率，记为 K，即

$$K = \lim_{\Delta s \to 0} \left|\frac{\Delta\alpha}{\Delta s}\right|.$$

在 $\lim\limits_{\Delta s \to 0} \dfrac{\Delta\alpha}{\Delta s} = \dfrac{\mathrm{d}\alpha}{\mathrm{d}s}$ 存在的条件下，则有

$$K = \left|\frac{\mathrm{d}\alpha}{\mathrm{d}s}\right|. \tag{3-4}$$

例如，直线的切线就是其本身，当点沿直线移动时，切线的转角 $\Delta\alpha = 0$，$\dfrac{\Delta\alpha}{\Delta s} = 0$，从而 $\overline{K} = 0$，$K = 0$. 这表明直线上任一点的曲率都等于零. 又如，在半径为 R 的圆上的一点 M 及另一点 M' 的切线所夹的角 $\Delta\alpha$ 等于中心角 $\angle MDM'$（图 3-24）. 由于 $\angle MDM' = \dfrac{\Delta s}{R}$，于是

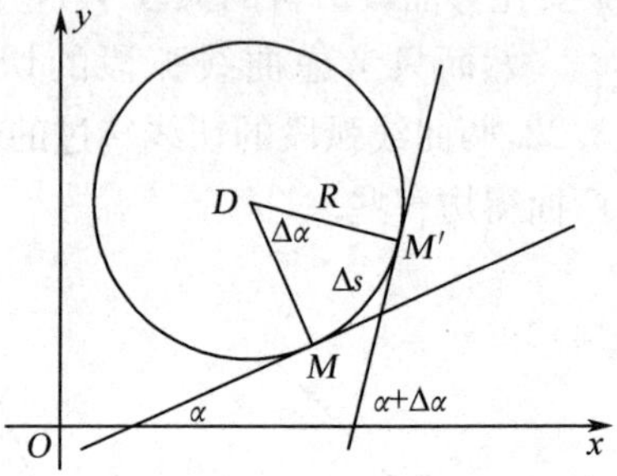

图 3-24

$$\overline{K} = \frac{\Delta\alpha}{\Delta s} = \frac{\Delta s}{R\Delta s} = \frac{1}{R}, \quad \lim_{\Delta s \to 0}\overline{K} = \frac{1}{R},$$

从而

$$K = \frac{1}{R}.$$

这表明，圆上各点处的曲率都等于圆半径 R 的倒数 $\dfrac{1}{R}$，也就是说，圆的弯曲程度处处相同，且半径越小，曲率越大，即弯曲得越厉害.

下面我们根据(3-3)式来推导出便于计算的曲率公式.

设曲线方程为 $y = f(x)$,且 $f(x)$ 具有二阶导数. 因为

$$\tan\alpha = y',$$

所以 $\alpha = \arctan y'$,$\mathrm{d}\alpha = \dfrac{y''}{1 + (y')^2}\mathrm{d}x.$

又由(3-3)式,可知

$$\mathrm{d}s = \sqrt{1 + (y')^2}\,\mathrm{d}x,$$

从而根据曲率 K 的表达式(3-4)有

$$K = \frac{|y''|}{[1 + (y')^2]^{\frac{3}{2}}}. \tag{3-5}$$

若曲线由参数方程

$$\begin{cases} x = \varphi(t), \\ y = \psi(t) \end{cases}$$

来表示,则根据参数方程所确定的函数的求导法,有

$$\frac{\mathrm{d}y}{\mathrm{d}x} = \frac{\psi'(t)}{\varphi'(t)}, \frac{\mathrm{d}^2 y}{\mathrm{d}x^2} = \frac{\psi''(t)\varphi'(t) - \psi'(t)\varphi''(t)}{[\varphi'(t)]^3},$$

代入(3-5)式,得

$$K = \frac{|\psi''(t)\varphi'(t) - \psi'(t)\varphi''(t)|}{[\varphi'^2(t) + \psi'^2(t)]^{\frac{3}{2}}}. \tag{3-6}$$

例 1　求抛物线 $y = x^2$ 上任一点处的曲率.

解　因为 $y' = 2x, y'' = 2$,故由公式(3-5),得

$$K = \frac{|y''|}{[1 + (y')^2]^{\frac{3}{2}}} = \frac{2}{(1 + 4x^2)^{\frac{3}{2}}}.$$

从曲率表达式中看出,抛物线 $y = x^2$ 在原点 $(x = 0)$ 处 K 最大,且

$$K_{\max} = 2.$$

例 2　计算摆线 $\begin{cases} x = a(t - \sin t), \\ y = a(1 - \cos t) \end{cases}$ 在 $t = \dfrac{\pi}{2}$ 处的曲率.

解　因为

$$\frac{\mathrm{d}y}{\mathrm{d}x} = \frac{a\sin t}{a(1 - \cos t)} = \cot\frac{t}{2},$$

$$\frac{\mathrm{d}^2 y}{\mathrm{d}x^2} = \frac{-\dfrac{1}{2}\csc^2\dfrac{t}{2}}{a(1 - \cos t)} = -\frac{1}{4a}\csc^4\frac{t}{2},$$

由公式(3-5),得

$$K = \frac{\frac{1}{4a} \csc^4 \frac{t}{2}}{\left(1 + \cot^2 \frac{t}{2}\right)^{\frac{3}{2}}} = \frac{\csc \frac{t}{2}}{4a}.$$

令 $t = \frac{\pi}{2}$,得

$$K = \frac{\sqrt{2}}{4a}.$$

3.9.3　曲率半径,曲率圆

我们已知半径为 R 的圆上各点的曲率等于圆半径的倒数 $\frac{1}{R}$. 仿此,把曲线 C 上 M 点的曲率的倒数称为此曲线在 M 点的曲率半径,记为 R,

$$R = \frac{1}{K} = \frac{\left[1 + (y')^2\right]^{\frac{3}{2}}}{|y''|}.$$

设 $K \neq 0$,过点 M 作半径 $R = \frac{1}{K}$ 的圆 O',使它在点 M 与曲线 C 的切线相切,并位于曲线的同侧(图 3-25),则由(3-5)式可知,曲线 C 与圆 O' 在点 M 处有相同的切线、凹凸性与曲率,从而圆 O' 与曲线 C 所对应的函数在点 M 处有相同的函数值、一阶导数值和二阶导数值.

我们把圆 O' 称为曲线 C 在点 M 处的曲率圆,圆心 O' 称为曲率中心.

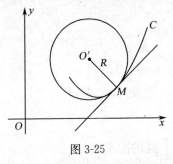

图 3-25

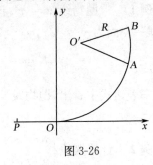

图 3-26

例 3　铁路的弯道衔接问题.

在建筑铁路时,由于地形的特点,有时要把轨道从直线转入半径为 R 的圆弧,为了避免离心率的突变,使火车能平稳地转过弯去,要求轨道曲线有连续变化的曲率,为此需要在直道和圆弧道之间衔接一段所谓缓和曲线的弯道 $\overset{\frown}{OA}$(见图 3-26),试求缓和曲线方程.

解　国内一般采用三次抛物线作为缓和曲线. 在图 3-26 中,$\overline{PO}$ 为直轨,$\overset{\frown}{AB}$ 为圆轨,$\overset{\frown}{OA}$ 为缓和曲线,其方程设为

$$y = \frac{ax^3}{R},$$

其中 $a > 0$ 是待定系数. 下面来选择 a，使曲线 $y = \frac{ax^3}{R}$ 从原点 O 到点 A 这一段的曲率由 0 逐步增大到 $\frac{1}{R}$.

记 A 的横坐标为 x_0，$|\overset{\frown}{OA}| = l$，一般来说，$R$ 要比 l 大得多，于是取 $l \approx x_0$，$\frac{3ax_0^2}{R}$ ≈ 0，而 $y' = \frac{3ax^2}{R}$，$y'' = \frac{6ax}{R}$. 由曲率公式 (3-5)，并令 $K|_A = \frac{1}{R}$，得

$$\frac{1}{R} = K|_A = \frac{\dfrac{|6ax_0|}{R}}{\left(1 + \dfrac{9a^2 x_0^4}{R^2}\right)^{\frac{3}{2}}} \approx \frac{6al}{R}.$$

故取

$$a \approx \frac{1}{6l}.$$

由此可得缓和曲线的方程为

$$y \approx \frac{x^3}{6lR}.$$

例 4　一金属工件的内表面截线为抛物线 $y = 0.4x^2$，现用砂轮打磨使其表面更加光滑. 试问选用直径多大的砂轮打磨较为合适？

解　为使砂轮在磨光工件时不至于磨削过多，选用的砂轮的半径 r（即砂轮圆的曲率半径）应不超过抛物线 $y = 0.4x^2$ 的最小曲率半径.

因为抛物线 $y = 0.4x^2$ 的曲率半径为

$$R = \frac{1}{K} = \frac{\left[1 + (0.8x)^2\right]^{\frac{3}{2}}}{0.8},$$

$$R_{\min} = \frac{1}{0.8} = 1.25（长度单位），$$

即选用砂轮的直径 $2r$ 不宜超过 2.5（长度单位）较为合适.

习题 3.9

1. 求下列曲线的弧微分：

(1) $y = \ln(1 - x^2)$；

(2) $y = ax^2$；

(3) $\begin{cases} x = a\cos t, \\ y = b\sin t; \end{cases}$

(4) $r = a\theta$.

2. 求下列曲线在指定点的曲率：

(1) $y = \dfrac{e^x + e^{-x}}{2}, M_0 = (0,1)$;

(2) $\begin{cases} x = a\cos^3 t, \\ y = b\sin^3 t, \end{cases}$ 对应于 $t = t_0$ 的点；

(3) $y = \ln\sec x, M_0 = (x_0, y_0)$;

(4) $y = \sin x, M_0 = \left(\dfrac{\pi}{2}, 1\right)$.

3. 求摆线 $\begin{cases} x = a(t - \sin t), \\ y = a(1 - \cos t) \end{cases}$ $(0 < t < 2\pi)$ 的曲率，t 等于何值时曲率最小？

4. 求曲线 $x^2 + xy + y^2 = 3$ 在点 $(1,1)$ 处的曲率及曲率半径.

5. 求曲线 $y = \dfrac{1}{4}x^2 - \dfrac{1}{2}\ln x$ 的弧微分、曲率和曲率半径.

6. 确定常数 k 和 b，使直线 $y = kx + b$ 与曲线 $y = x^3 - 3x^2 + 2$ 相切，并使曲线在切点处的曲率为零.

7. 确定常数 a, b, c，使抛物线 $y = ax^2 + bx + c$ 在 $x = 0$ 处与曲线 $y = e^x$ 相切，并有共同的曲率半径.

8. 证明曲线 $y = \dfrac{a}{2}(e^{\frac{x}{a}} + e^{-\frac{x}{a}})$ 上任意一点处的曲率半径为 $\dfrac{y^2}{a}$.

综合练习三

一、填空题

1. 对于定义在 $[-a, a]$ 上的函数 $f(x)$，满足拉格朗日中值定理的条件是：_____，_____.

2. 设函数 $f(x) = x + ax^2 + bx^3$ 在区间 $[-2,2]$ 上满足罗尔中值定理的全部条件，且 $x = 1$ 是其满足罗尔中值定理的 ξ 值，则 $a = $ _____，$b = $ _____.

3. 函数 $f(x) = x^3$ 在区间 $[0,1]$ 上满足拉格朗日中值定理结论的 $\xi = $ _____.

4. 极限 $\lim\limits_{x \to +\infty} x^2 e^{ax}$ $(a < 0)$ 属于_____型未定式，它的值为_____.

5. 极限 $\lim\limits_{x \to +\infty} \left(\dfrac{x+2}{x+1}\right)^{\frac{x}{2}}$ 属于_____型未定式，它的值为_____.

6. 在区间 (a,b) 内，如果函数 $f(x)$ 的导数 $f'(x)$ _____，那么函数 $f(x)$ 在该区间内单调增加；如果 $f'(x)$ _____，那么函数 $f(x)$ 在该区间内单调减少.

7. 函数 $y = 2x^2 - \ln x (x > 0)$ 的单调增加区间是_____，单调减少区间是_____.

8. 函数 $y = x + \dfrac{4}{x}$ 在其定义域内的极大值是_____，极小值是_____.

9. 设 $x_1 = 1, x_2 = 2$ 均为函数 $y = a\ln x + bx^2 + 3x$ 的极值点，则 $a = $ _____，

$b =$ _____.

10. 设函数 $f(x)$ 在区间 $[a,b]$ 上单调增加,则函数 $f(x)$ 在区间 $[a,b]$ 上的最大值为_____,最小值为_____.

11. 曲线 $y = x^4 - 2x^2 + 5$ 的两个拐点分别是_____和_____.

12. 曲线 $y = \dfrac{e^x}{x}$ 的水平渐近线方程是_____,铅垂渐近线方程是_____.

二、选择题

1. 下列函数中,在 $[-1,1]$ 上满足罗尔中值定理所有条件的是( ).

    A. e^x B. $1 - x^2$ C. $P_n(2x+3)$ D. $\dfrac{1}{1-x^2}$

2. 函数 $f(x) = \dfrac{1}{x}$ 满足拉格朗日中值定理条件的区间是( ).

    A. $[-2,2]$ B. $[1,2]$ C. $[-2,0]$ D. $[0,1]$

3. 若两个函数 $f(x),g(x)$ 在区间 (a,b) 内各点的导数相等,则这两个函数在区间 (a,b) 内( ).

    A. 必不相等   B. 必相等

    C. 仅相差一个常数   D. 均为常数

4. $\lim\limits_{x \to 1} \left(\dfrac{1}{x-1} - \dfrac{2}{x^2-1} \right) = ($).

    A. -1 B. $\dfrac{1}{2}$ C. 0 D. ∞

5. 下列极限式中,能够用罗必达法则的是( ).

    A. $\lim\limits_{x \to 0} \dfrac{x + \cos x}{x}$ B. $\lim\limits_{x \to +\infty} \dfrac{x + \cos x}{x + \sin x}$

    C. $\lim\limits_{x \to +\infty} \dfrac{\sqrt{x} + 1 + x^2}{\sqrt{x}}$ D. $\lim\limits_{x \to 0} \dfrac{x^2 \sin \dfrac{1}{x}}{\sin x}$

6. $\lim\limits_{x \to 0} \dfrac{x^2 \sin \dfrac{1}{x}}{\tan x} = ($).

    A. 不存在   B. 1 C. 0 D. -1

7. 在 $\left(-\dfrac{\pi}{2}, \dfrac{\pi}{2} \right)$ 中,函数 $f(x) = |\sin x|$ 的单调区间的分界点是( ).

    A. $-\dfrac{\pi}{2}$ B. $\dfrac{\pi}{2}$ C. 0 D. 不存在

8. 下列函数中,在 $(-\infty, +\infty)$ 内为单调函数的是( ).

    A. $x^2 - x$ B. $|x|$ C. e^{-x} D. $\sin x$

9. 函数 $f(x) = \dfrac{1}{2}(e^x + e^{-x})$ 的极小值点为（　　　）.

    A. 1　　　　　　　B. -1　　　　　　C. 0　　　　　　　　D. 不存在

10. 设 $x = 1$ 是函数 $f(x) = \dfrac{1}{x^2 + bx + 2}$ 的驻点，则 $b = $（　　　）.

    A. -2　　　　　　B. 2　　　　　　C. $\dfrac{1}{2}$　　　　　　D. $-\dfrac{1}{2}$

11. 曲线 $y = e^{-x^2}$（　　　）.

    A. 没有拐点　　　　　　　　　　B. 有一个拐点

    C. 有两个拐点　　　　　　　　　D. 有三个拐点

12. 曲线 $y = \dfrac{4x - 1}{(x - 2)^2}$（　　　）.

    A. 只有水平渐近线　　　　　　　B. 只有铅垂渐近线

    C. 无渐近线　　　　　　　　　　D. 既有水平渐近线，又有铅垂渐近线

三、计算题

1. $\lim\limits_{x \to \frac{\pi}{2}} \dfrac{\ln \sin x}{(\pi - 2x)^2}$.

2. $\lim\limits_{x \to 0 + 0} x^{\sin x}$.

3. 求 $y = \arctan x - \dfrac{1}{2}\ln(1 + x^2)$ 的极值.

4. 求 $y = x^2 - \dfrac{54}{x}$，$x \in (-\infty, 0)$ 时的最大值与最小值.

5. 确定 $y = 1 + \sqrt[3]{x}$ 的凹凸区间和拐点.

6. 求 $y = \ln\left(e + \dfrac{1}{x}\right)$ 的渐近线.

四、证明题

1. 设 $\lim\limits_{x \to \infty} f'(x) = k$，证明 $\lim\limits_{x \to \infty}[f(x + a) - f(x)] = ka$.

2. 当 $0 < x_1 < x_2 < \dfrac{\pi}{2}$ 时，$\dfrac{\tan x_2}{\tan x_1} > \dfrac{x_2}{x_1}$.

第 4 章 不 定 积 分

前面我们已经讨论了一元函数的微分学,这一章和下一章我们将讨论一元函数积分学.在一元函数积分学中,有两个基本概念,即不定积分与定积分.本章讲述不定积分的概念、性质与求不定积分的基本方法.

4.1 原函数与不定积分

在第 2 章中,我们已经知道,质点沿直线运动在某一时刻的速度 v 是路程 s 对时间 t 的导数.即已知质点的运动规律为 $s=f(t)$,则速度为 $v=f'(t)$.但在物理学中,经常遇到相反的问题,就是已知沿直线运动的质点在任一时刻的速度 $v=v(t)$,求质点的运动规律 $s=f(t)$.而这个未知函数的导数 $f'(t)$ 等于 $v(t)$,即 $f'(t)=v(t)$.因此问题就变为已知 $f'(t)$ 如何求 $f(t)$.

从数学的角度来看,就是已知函数的导数 $f'(x)$,如何求原来的函数 $f(x)$,即求导数的逆运算的问题.这种问题在数学及其应用中具有普遍意义,也正是积分学中要解决的问题.牛顿在 1676 年 10 月给莱布尼茨写了一封信,信中说:"当给出包含若干流量的方程时,试求流率;反之,再从流率求流量."这里流量是函数,而流率是其导数,这表明牛顿最迟在 1676 年就已经找到求微分逆运算的方法.

4.1.1 函数的原函数与不定积分

定义 4.1 设 $f(x)$ 在区间 I 内有定义,若存在函数 $F(x)$,使得 $\forall x \in I$,都有 $F'(x)=f(x)$ 或 $\mathrm{d}F(x)=f(x)\mathrm{d}x$,则称函数 $F(x)$ 为 $f(x)$ 在区间 I 内的一个原函数.

例如: $(x^2)'=2x$,则 x^2 是 $2x$ 在 $(-\infty,+\infty)$ 内的一个原函数;

$(\mathrm{e}^x)'=\mathrm{e}^x$,则 e^x 是 e^x 在 $(-\infty,+\infty)$ 内的一个原函数;

$(\sin x)'=\cos x$,则 $\sin x$ 是 $\cos x$ 在 $(-\infty,+\infty)$ 内的一个原函数.

我们知道,如果一个函数是可微的,则它的导数只有一个.那么反过来,如果一个函数具有原函数,它的原函数是否只有一个呢?答案是否定的.

例如: $(x^2+3)'=2x,(x^2-1)'=2x,(x^2+C)'=2x(C$ 为任意常数$)$.因此,一个函数如果存在原函数,那么必有无穷多个原函数.如何寻找所有的原函数呢?我们首先寻找原函数之间的关系,接着要找出所有的原函数就不难了.

定理 4.1 如果函数 $f(x)$ 在区间 I 上有原函数 $F(x)$，则

$$F(x) + C \ (C \text{ 为任意常数})$$

也是 $f(x)$ 在 I 上的原函数，且 $f(x)$ 的任一个原函数均可表示成 $F(x) + C$ 的形式.

证明 定理的前一部分是显然的. 事实上，$(F(x) + C)' = f(x)$.

现证后一部分，设 $G(x)$ 是 $f(x)$ 在 I 上的任一个原函数，令

$$\Phi(x) = G(x) - F(x),$$

则

$$\Phi'(x) = G'(x) - F'(x).$$

由于

$$G'(x) = f(x), \ F'(x) = f(x),$$

则在 I 上恒有 $\Phi'(x) = 0$. 根据第 3 章定理 3.2 的推论 1，得 $\Phi(x) = C$（常数）. 即

$$G(x) = F(x) + C.$$

证毕.

这就是说只要找到 $f(x)$ 的一个原函数，那么它的全体原函数均能找到，即在这个原函数后面加上任意的常数 C 即可.

定义 4.2 在区间 I 内，函数 $f(x)$ 带有任意常数项的原函数 $F(x) + C$ 称为 $f(x)$ 在区间 I 内的不定积分，记作 $\int f(x)\mathrm{d}x$，即

$$\int f(x)\mathrm{d}x = F(x) + C.$$

其中 x 称为积分变量，$f(x)$ 称为被积函数，$f(x)\mathrm{d}x$ 称为积分表达式，C 称为积分常数，$\int$ 称为积分号.

积分号 $\int$ 是莱布尼茨发明的符号，它是英文 sum（和）中 s 拉长而形成的.

由定义 4.2 可知，求函数 $f(x)$ 的不定积分，即求 $f(x)$ 的全体原函数.

例如，在 $(-\infty, +\infty)$ 内 $\sin x$ 是 $\cos x$ 的一个原函数，那么 $\sin x + C$ 就是 $\cos x$ 的不定积分，即

$$\int \cos x \mathrm{d}x = \sin x + C.$$

例如，在 $(0, +\infty)$ 内 $2\sqrt{x}$ 是 $\dfrac{1}{\sqrt{x}}$ 的一个原函数，那么 $2\sqrt{x} + C$ 就是 $\dfrac{1}{\sqrt{x}}$ 的不定积分，即

$$\int \frac{1}{\sqrt{x}}\mathrm{d}x = 2\sqrt{x} + C.$$

又如, $(\ln x)' = \dfrac{1}{x}(x > 0)$, 即在区间 $(0, +\infty)$ 内 $\ln x$ 是 $\dfrac{1}{x}$ 的一个原函数, 那么 $\dfrac{1}{x}$ 的不定积分为

$$\int \frac{1}{x}\mathrm{d}x = \ln x + C(x > 0).$$

又 $[\ln(-x)]' = \dfrac{1}{x}(x < 0)$, 得

$$\int \frac{1}{x}\mathrm{d}x = \ln(-x) + C(x < 0).$$

以上两式可合并为一个, 即

$$\int \frac{1}{x}\mathrm{d}x = \ln|x| + C.$$

由原函数之间的关系, 容易得到不定积分的几何意义: $\int f(x)\mathrm{d}x$ 是由函数 $y = f(x)$ 的一个原函数 $y = F(x)$ 的图象沿 y 轴上下平移而得到的一族曲线. 而且在这族曲线上, 横坐标相同的点处的切线斜率相等, 即在相应点处的切线都是平行的. 如图 4-1 和 4-2 所示.

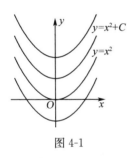

图 4-1

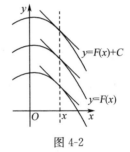

图 4-2

4.1.2　基本积分公式

由于不定积分是微分的逆运算, 因此我们可以从导数的基本公式得到相应的积分基本公式.

例如, 因为 $\left(\dfrac{2}{3}x^{\frac{3}{2}}\right)' = \sqrt{x}$, 得积分公式

$$\int \sqrt{x}\,\mathrm{d}x = \frac{2}{3}x^{\frac{3}{2}} + C.$$

又如, 因为 $(\arctan x)' = \dfrac{1}{1+x^2}$, 得积分公式

$$\int \frac{1}{1+x^2}\mathrm{d}x = \arctan x + C.$$

类似地,可以得到其他的基本积分公式,下面我们将它们列成表,这个表称为基本积分公式表.

(1) $\int k\mathrm{d}x = kx + C$ (k 是常数);

(2) $\int x^{a}\mathrm{d}x = \dfrac{x^{a+1}}{\alpha+1} + C (\alpha \neq -1)$;

(3) $\int \dfrac{1}{x}\mathrm{d}x = \ln|x| + C$;

(4) $\int e^{x}\mathrm{d}x = e^{x} + C$;

(5) $\int a^{x}\mathrm{d}x = \dfrac{a^{x}}{\ln a} + C$;

(6) $\int \cos x\mathrm{d}x = \sin x + C$;

(7) $\int \sin x\mathrm{d}x = -\cos x + C$;

(8) $\int \sec^{2}x\mathrm{d}x = \tan x + C$;

(9) $\int \csc^{2}x\mathrm{d}x = -\cot x + C$;

(10) $\int \sec x\tan x\mathrm{d}x = \sec x + C$;

(11) $\int \csc x\cot x\mathrm{d}x = -\csc x + C$;

(12) $\int \dfrac{1}{\sqrt{1-x^{2}}}\mathrm{d}x = \arcsin x + C = -\arccos x + C$;

(13) $\int \dfrac{1}{1+x^{2}}\mathrm{d}x = \arctan x + C = -\mathrm{arccot}\, x + C$.

以上公式是求不定积分的基础,必须熟记.

4.1.3　不定积分的性质

根据不定积分的定义可以直接推出下面几个性质.

1. $\left(\int f(x)\mathrm{d}x\right)' = f(x)$

证明　设 $F(x)$ 是 $f(x)$ 的一个原函数,即 $F'(x) = f(x)$,则

$$\int f(x)\mathrm{d}x = F(x) + C,$$

于是

$$\left(\int f(x)\mathrm{d}x\right)' = (F(x)+C)' = F'(x) = f(x)$$

或者

$$\mathrm{d}\left(\int f(x)\mathrm{d}x\right) = f(x)\mathrm{d}x.$$

2. $\int f'(x)\mathrm{d}x = f(x)+C$

证明　因为 $f(x)$ 是 $f'(x)$ 的一个原函数,所以

$$\int f'(x)\mathrm{d}x = f(x)+C$$

或者

$$\int \mathrm{d}f(x) = f(x)+C.$$

第一个性质是说,如果先积分后求导,则两者的作用相互抵消;第二个性质是说,如果先求导后积分,则抵消后相差一个常数 C.

3. $\int [f(x)\pm g(x)]\mathrm{d}x = \int f(x)\mathrm{d}x \pm \int g(x)\mathrm{d}x$

证明　因为

$$\left[\int f(x)\mathrm{d}x \pm \int g(x)\mathrm{d}x\right]'$$
$$= \left[\int f(x)\mathrm{d}x\right]' \pm \left[\int g(x)\mathrm{d}x\right]'$$
$$= f(x) \pm g(x),$$

所以等式成立.

注　此性质可推广到有限多个函数代数和的情况.

类似地可以证明:

4. $\int kf(x)\mathrm{d}x = k\int f(x)\mathrm{d}x$ (k **是常数**,$k \neq 0$)

利用不定积分的性质和基本积分公式,就可以求一些简单函数的不定积分.

例 1　求 $\int x^2\sqrt{x}\,\mathrm{d}x$.

解　$\int x^2\sqrt{x}\,\mathrm{d}x = \int x^{\frac{5}{2}}\mathrm{d}x = \dfrac{x^{\frac{5}{2}+1}}{\frac{5}{2}+1} + C = \dfrac{2}{7}x^{\frac{7}{2}} + C.$

例 2　求 $\int (\mathrm{e}^x - 3\cos x)\mathrm{d}x$.

解　$\int (\mathrm{e}^x - 3\cos x)\mathrm{d}x = \int \mathrm{e}^x \mathrm{d}x - 3\int \cos x\,\mathrm{d}x = \mathrm{e}^x - 3\sin x + C.$

直接用积分基本公式与运算性质求不定积分,或者对被积函数进行适当的恒等变形,再利用积分基本公式与运算性质求不定积分的方法叫做**直接积分法**.

前两例都是用直接积分法来求不定积分,下面再举几例.

例 3 求 $\int \tan^2 x \mathrm{d}x$.

解 $\int \tan^2 x \mathrm{d}x = \int (\sec^2 x - 1) \mathrm{d}x = \int \sec^2 x \mathrm{d}x - \int \mathrm{d}x$
$$= \tan x - x + C.$$

例 4 求 $\int \dfrac{x^2}{1+x^2} \mathrm{d}x$.

解 $\int \dfrac{x^2}{1+x^2} \mathrm{d}x = \int \left(1 - \dfrac{1}{1+x^2}\right) \mathrm{d}x = \int \mathrm{d}x - \int \dfrac{1}{1+x^2} \mathrm{d}x$
$$= x - \arctan x + C.$$

例 5 求 $\int \dfrac{1+2x^2}{x^2(1+x^2)} \mathrm{d}x$.

解 $\int \dfrac{1+2x^2}{x^2(1+x^2)} \mathrm{d}x = \int \left(\dfrac{1}{x^2} + \dfrac{1}{1+x^2}\right) \mathrm{d}x = \int \dfrac{1}{x^2} \mathrm{d}x + \int \dfrac{1}{1+x^2} \mathrm{d}x$
$$= -\dfrac{1}{x} + \arctan x + C.$$

例 6 求 $\int \sin^2 \dfrac{x}{2} \mathrm{d}x$.

解 $\int \sin^2 \dfrac{x}{2} \mathrm{d}x = \int \dfrac{1-\cos x}{2} \mathrm{d}x = \dfrac{1}{2}(x - \sin x) + C.$

例 7 求 $\int \dfrac{1}{\sin^2 \dfrac{x}{2} \cos^2 \dfrac{x}{2}} \mathrm{d}x$.

解 $\int \dfrac{1}{\sin^2 \dfrac{x}{2} \cos^2 \dfrac{x}{2}} \mathrm{d}x = \int \dfrac{4}{4 \sin^2 \dfrac{x}{2} \cos^2 \dfrac{x}{2}} \mathrm{d}x = \int \dfrac{4}{\sin^2 x} \mathrm{d}x$
$$= -4\cot x + C.$$

例 8 一物体做直线运动,速度为 $v(t) = (2t^2 + 1)\,\mathrm{m/s}$,当 $t = 1\,\mathrm{s}$ 时,物体所经过的路程为 $3\,\mathrm{m}$,求物体的运动方程.

解 设物体的运动方程为 $s = s(t)$. 依题意有
$$s'(t) = v(t) = 2t^2 + 1,$$
所以
$$s(t) = \int (2t^2 + 1) \mathrm{d}t = \dfrac{2}{3}t^3 + t + C.$$

把 $t=1,s=3$ 代入上式,得 $C=\dfrac{4}{3}$. 因此,所求物体的运动方程为

$$s(t)=\frac{2}{3}t^3+t+\frac{4}{3}.$$

习题 4.1

1. 求下列不定积分:

(1) $\displaystyle\int x^3\mathrm{d}x$;

(2) $\displaystyle\int \frac{1}{x^3}\mathrm{d}x$;

(3) $\displaystyle\int x^2\cdot\sqrt[3]{x}\,\mathrm{d}x$;

(4) $\displaystyle\int (x^2+1)^2\mathrm{d}x$;

(5) $\displaystyle\int \left(\frac{1}{x^2}-3\cos x+\frac{1}{x}\right)\mathrm{d}x$;

(6) $\displaystyle\int \left(\frac{3}{1+x^2}-\frac{2}{\sqrt{1-x^2}}\right)\mathrm{d}x$;

(7) $\displaystyle\int \mathrm{e}^x\left(1-\frac{\mathrm{e}^{-x}}{\sqrt{x}}\right)\mathrm{d}x$;

(8) $\displaystyle\int a^x\cdot\mathrm{e}^x\mathrm{d}x$;

(9) $\displaystyle\int \left(3\sin x+\frac{1}{\sin^2 x}\right)\mathrm{d}x$;

(10) $\displaystyle\int \cos^2\frac{x}{2}\mathrm{d}x$;

(11) $\displaystyle\int \frac{\sqrt{x^3}+1}{\sqrt{x}+1}\mathrm{d}x$;

(12) $\displaystyle\int \frac{x^3-2x+5}{x^2}\mathrm{d}x$;

(13) $\displaystyle\int \frac{\cos 2x}{\sin^2 x\cos^2 x}\mathrm{d}x$;

(14) $\displaystyle\int \frac{(x+1)^2}{x(x^2+1)}\mathrm{d}x$.

2. 一曲线过点 $(1,2)$,且曲线上任意一点处的切线斜率都等于该点横坐标的平方,求该曲线方程.

4.2　换元积分法

对于比较简单的积分问题,可利用基本积分公式和性质求不定积分. 但是,能直接求积分的函数是非常少的. 对于不能直接求积分的函数,可先化成基本积分公式的形式,再用直接积分法求积分. 本节介绍一种新的积分法 —— 换元积分法.

先看一个例子:计算 $\displaystyle\int\sin 2x\mathrm{d}x$.

我们知道

$$\int\sin x\mathrm{d}x=-\cos x+C.$$

为了把积分化为已知的基本积分公式的形式,利用直接积分法求积分,故令 $u=2x$,则

$$\mathrm{d}x = \frac{1}{2}\mathrm{d}u,$$

$$\int \sin 2x \mathrm{d}x = \frac{1}{2}\int \sin u \mathrm{d}u = -\frac{1}{2}\cos u + C$$

$$= -\frac{1}{2}\cos 2x + C.$$

上述运算中关键一步是用 $u = 2x$ 换元,从而把原积分化为积分变量为 u 的简单积分,再用直接计算法求解,这种方法就是换元积分法.

换元积分法按其应用的侧重不同,又分为第一类换元积分法和第二类换元积分法. 对同一积分采用不同的换元积分法会造成计算繁简上的差异.

4.2.1　第一类换元积分法

定理 4.2　若

$$\int f(u)\mathrm{d}u = F(u) + C, \text{且 } u = \varphi(x) \text{可导},$$

则

$$\int f[\varphi(x)]\varphi'(x)\mathrm{d}x = \int f[\varphi(x)]\mathrm{d}[\varphi(x)] = F[\varphi(x)] + C.$$

证明　由于

$$\int f(u)\mathrm{d}u = F(u) + C,$$

从而

$$F'(u) = f(u), u = \varphi(x).$$

所以

$$[F(\varphi(x))]' = F'_u \cdot u'_x = f(u) \cdot \varphi'(x) = f[\varphi(x)] \cdot \varphi'(x).$$

故

$$\int f[\varphi(x)]\varphi'(x)\mathrm{d}x = F[\varphi(x)] + C. \tag{4-1}$$

得证.

其中(4-1)式为不定积分的第一类换元积分公式,这种求不定积分的方法叫做第一类换元积分法. 由于这种积分方法的关键是怎样选择适当的变量代换 $u = \varphi(x)$,将被积表达式凑成 $f[\varphi(x)]\mathrm{d}[\varphi(x)]$ 的形式,因此第一类换元积分法又叫凑微分法.

为了掌握好这一方法,下面分几种情况来介绍.

1. $\int f(ax+b)\mathrm{d}x = \frac{1}{a}\int f(ax+b)\mathrm{d}(ax+b) = \frac{1}{a}\int f(u)\mathrm{d}(u)$($a, b$ 为常数,且 a

$\neq 0)$

例 1　求 $\displaystyle\int (3x-4)^3 \mathrm{d}x.$

解　由基本公式有

$$\int x^3 \mathrm{d}x = \frac{1}{4}x^4 + C.$$

因为

$$\mathrm{d}(3x-4) = 3\mathrm{d}x,$$

所以

$$\int (3x-4)^3 \mathrm{d}x = \frac{1}{3}\int (3x-4)^3 \mathrm{d}(3x-4) \xlongequal{u=3x-4} \frac{1}{3}\int u^3 \mathrm{d}u$$

$$= \frac{1}{12}u^4 + C = \frac{1}{12}(3x-4)^4 + C.$$

例 2　求 $\displaystyle\int \frac{1}{5x+2}\mathrm{d}x.$

解　由基本公式有

$$\int \frac{1}{x}\mathrm{d}x = \ln|x| + C.$$

因为

$$\mathrm{d}(5x+2) = 5\mathrm{d}x,$$

所以

$$\int \frac{1}{5x+2}\mathrm{d}x = \frac{1}{5}\int \frac{1}{5x+2}\mathrm{d}(5x+2) \xlongequal{u=5x+2} \frac{1}{5}\int \frac{1}{u}\mathrm{d}u$$

$$= \frac{1}{5}\ln|u| + C = \frac{1}{5}\ln|5x+2| + C.$$

2. $\displaystyle\int f(ax^2+b)x\mathrm{d}x = \frac{1}{2a}\int f(ax^2+b)\mathrm{d}(ax^2+b) = \frac{1}{2a}\int f(u)\mathrm{d}u(a,b$ **为常**

数,且 $a \neq 0)$

例 3　求 $\displaystyle\int x\mathrm{e}^{x^2}\mathrm{d}x.$

解　由基本公式有

$$\int \mathrm{e}^x \mathrm{d}x = \mathrm{e}^x + C.$$

因为

$$\mathrm{d}(x^2) = 2x\mathrm{d}x,$$

所以

$$\int x\mathrm{e}^{x^2}\mathrm{d}x = \frac{1}{2}\int \mathrm{e}^{x^2}\mathrm{d}x^2 \xlongequal{u=x^2} \frac{1}{2}\int \mathrm{e}^u \mathrm{d}u$$

$$= \frac{1}{2}e^u + C = \frac{1}{2}e^{x^2} + C.$$

例 4 求 $\int x\sqrt{1-x^2}\,dx.$

解 由基本公式有

$$\int x^u\,dx = \frac{x^{u+1}}{u+1} + C(u \neq -1).$$

因为

$$d(1-x^2) = -2x\,dx,$$

所以 $\int x\sqrt{1-x^2}\,dx = -\frac{1}{2}\int \sqrt{1-x^2}\,d(1-x^2) \xlongequal{u=1-x^2} -\frac{1}{2}\int u^{\frac{1}{2}}\,du$

$$= -\frac{1}{2}\cdot\frac{2}{3}u^{\frac{3}{2}} + C = -\frac{1}{3}(1-x^2)^{\frac{3}{2}} + C.$$

例 5 求 $\int \frac{1}{\sqrt{4-9x^2}}\,dx.$

解 $\int \frac{1}{\sqrt{4-9x^2}}\,dx = \int \frac{1}{2\sqrt{1-\frac{9x^2}{4}}}\,dx = \frac{1}{3}\int \frac{1}{\sqrt{1-\left(\frac{3x}{2}\right)^2}}\,d\left(\frac{3x}{2}\right)$

$$\xlongequal{u=\frac{3x}{2}} \frac{1}{3}\int \frac{1}{\sqrt{1-u^2}}\,du = \frac{1}{3}\arcsin u + C$$

$$= \frac{1}{3}\arcsin\frac{3x}{2} + C.$$

例 6 求 $\int \frac{x}{\sqrt{4-9x^2}}\,dx.$

解 $\int \frac{x}{\sqrt{4-9x^2}}\,dx = \int \frac{1}{2\sqrt{4-9x^2}}\,dx^2 = -\frac{1}{18}\int \frac{1}{\sqrt{4-9x^2}}\,d(4-9x^2)$

$$\xlongequal{u=4-9x^2} -\frac{1}{18}\int \frac{1}{\sqrt{u}}\,du = -\frac{1}{18}\cdot 2\sqrt{u} + C$$

$$= -\frac{1}{9}\sqrt{4-9x^2} + C.$$

3. $\int f(\ln x)\frac{1}{x}\,dx = \int f(\ln x)\,d\ln x = \int f(u)\,du$

例 7 求 $\int \frac{1}{x\ln x}\,dx.$

解 $\int \frac{1}{x\ln x}\,dx = \int \frac{1}{\ln x}\,d(\ln x) \xlongequal{u=\ln x} \int \frac{1}{u}\,du$

$$= \ln|u| + C = \ln|\ln x| + C.$$

4. $\int f(\sqrt{x})\dfrac{1}{\sqrt{x}}\mathrm{d}x = 2\int f(\sqrt{x})\mathrm{d}\sqrt{x} = 2\int f(u)\mathrm{d}u$

例 8　求 $\int \dfrac{\sec^2\sqrt{x}}{\sqrt{x}}\mathrm{d}x.$

解　　$\int \dfrac{\sec^2\sqrt{x}}{\sqrt{x}}\mathrm{d}x = 2\int \sec^2\sqrt{x}\,\mathrm{d}\sqrt{x} \xlongequal{u=\sqrt{x}} 2\int \sec^2 u\,\mathrm{d}u$

$$= 2\tan u + C = 2\tan\sqrt{x} + C.$$

例 9　求 $\int \dfrac{\cos\sqrt{x}}{\sqrt{x}}\mathrm{d}x.$

解　　$\int \dfrac{\cos\sqrt{x}}{\sqrt{x}}\mathrm{d}x = 2\int \cos\sqrt{x}\,\mathrm{d}\sqrt{x} \xlongequal{u=\sqrt{x}} 2\int \cos u\,\mathrm{d}u$

$$= 2\sin u + C = 2\sin\sqrt{x} + C.$$

5. $\int f\left(\dfrac{1}{x}\right)\dfrac{1}{x^2}\mathrm{d}x = -\int f\left(\dfrac{1}{x}\right)\mathrm{d}\dfrac{1}{x} = -\int f(u)\mathrm{d}u$

例 10　求 $\int \dfrac{1}{x^2}\cos\dfrac{1}{x}\mathrm{d}x.$

解　　$\int \dfrac{1}{x^2}\cos\dfrac{1}{x}\mathrm{d}x = -\int \cos\dfrac{1}{x}\mathrm{d}\left(\dfrac{1}{x}\right) \xlongequal{u=\frac{1}{x}} -\int \cos u\,\mathrm{d}u$

$$= -\sin u + C = -\sin\dfrac{1}{x} + C.$$

例 11　求 $\int \dfrac{1}{x^2\sqrt[x]{\mathrm{e}}}\mathrm{d}x.$

解　　$\int \dfrac{1}{x^2\sqrt[x]{\mathrm{e}}}\mathrm{d}x = \int \mathrm{e}^{-\frac{1}{x}}\mathrm{d}\left(-\dfrac{1}{x}\right) \xlongequal{u=-\frac{1}{x}} \int \mathrm{e}^u\mathrm{d}u$

$$= \mathrm{e}^u + C = \mathrm{e}^{-\frac{1}{x}} + C.$$

6. $\int f(\mathrm{e}^x)\mathrm{e}^x\mathrm{d}x = \int f(\mathrm{e}^x)\mathrm{d}\mathrm{e}^x = \int f(u)\mathrm{d}u$

例 12　求 $\int \dfrac{\mathrm{e}^x}{\mathrm{e}^x+1}\mathrm{d}x.$

解　　$\int \dfrac{\mathrm{e}^x}{\mathrm{e}^x+1}\mathrm{d}x = \int \dfrac{\mathrm{d}(\mathrm{e}^x+1)}{\mathrm{e}^x+1} = \ln(\mathrm{e}^x+1) + C.$

例 13　求 $\int \dfrac{\mathrm{e}^x}{1+\mathrm{e}^{2x}}\mathrm{d}x.$

解　　$\int \dfrac{\mathrm{e}^x}{1+\mathrm{e}^{2x}}\mathrm{d}x = \int \dfrac{\mathrm{d}\mathrm{e}^x}{1+(\mathrm{e}^x)^2} \xlongequal{u=\mathrm{e}^x} \int \dfrac{\mathrm{d}u}{1+u^2}$

$$= \arctan u + C = \arctan e^x + C.$$

7. $\int f(\sin x) \cos x \mathrm{d}x = \int f(\sin x) \mathrm{d}\sin x = \int f(u) \mathrm{d}u$

$$\int f(\cos x) \sin x \mathrm{d}x = -\int f(\cos x) \mathrm{d}\cos x = -\int f(u) \mathrm{d}u$$

例 14 求 $\int \tan x \mathrm{d}x$.

解
$$\int \tan x \mathrm{d}x = \int \frac{\sin x}{\cos x} \mathrm{d}x = -\int \frac{\mathrm{d}\cos x}{\cos x} \xlongequal{u = \cos x} -\int \frac{\mathrm{d}u}{u}$$
$$= -\ln|u| + C = -\ln|\cos x| + C.$$

例 15 求 $\int \sin x \cos x \mathrm{d}x$.

解
$$\int \sin x \cos x \mathrm{d}x = \int \sin x \mathrm{d}\sin x \xlongequal{u = \sin x} \int u \mathrm{d}u$$
$$= \frac{1}{2}u^2 + C = \frac{1}{2}\sin^2 x + C.$$

特别提示 比较本题与本节刚开始引入的例子有何异同之处? 本题还有别的方法做吗? 得到的结果又会是什么呢?

当我们对积分基本公式比较熟练之后, 为了节省时间, 就没有必要每次都把中间的换元过程写出来了.

例 16 求 $\int \frac{1}{x^2 - a^2} \mathrm{d}x$.

解 因为 $\frac{1}{x^2 - a^2} = \frac{1}{2a}\left(\frac{1}{x-a} - \frac{1}{x+a}\right)$, 所以

$$\int \frac{1}{x^2 - a^2} \mathrm{d}x = \frac{1}{2a}\int\left(\frac{1}{x-a} - \frac{1}{x+a}\right)\mathrm{d}x = \frac{1}{2a}\ln\left|\frac{x-a}{x+a}\right| + C.$$

例 17 求 $\int \sec x \mathrm{d}x$.

解
$$\int \sec x \mathrm{d}x = \int \frac{1}{\cos x}\mathrm{d}x = \int \frac{\cos x}{\cos^2 x}\mathrm{d}x$$
$$= \int \frac{\mathrm{d}(\sin x)}{1 - \sin^2 x} = \frac{1}{2}\ln\left|\frac{1 + \sin x}{1 - \sin x}\right| + C.$$

因为 $\dfrac{1 + \sin x}{1 - \sin x} = \dfrac{(1 + \sin x)^2}{(1 - \sin x)(1 + \sin x)} = \left(\dfrac{1 + \sin x}{\cos x}\right)^2 = (\sec x + \tan x)^2$,

所以上述不定积分又可以写成 $\int \sec x \mathrm{d}x = \ln|\sec x + \tan x| + C.$

想一想 $\int \csc x \mathrm{d}x$ 又怎么求呢?

例 18　求 $\int \dfrac{\arctan x}{1+x^2}\mathrm{d}x$.

解　　$\displaystyle\int \dfrac{\arctan x}{1+x^2}\mathrm{d}x = \int \arctan x\,\mathrm{d}(\arctan x) = \dfrac{1}{2}\arctan^2 x + C.$

例 19　求 $\int \sin 3x\cos 4x\,\mathrm{d}x$.

解　利用三角函数中的积化和差公式,得

$$\sin 3x \cdot \cos 4x = \dfrac{1}{2}(\sin 7x - \sin x)$$

$$\int \sin 3x\cos 4x\,\mathrm{d}x = \dfrac{1}{2}\int (\sin 7x - \sin x)\,\mathrm{d}x$$

$$= \dfrac{1}{2}\left(-\dfrac{1}{7}\cos 7x + \cos x\right) + C.$$

4.2.2　第二类换元积分法

在第一类换元积分法中, 通过选择变量代换 $u = \varphi(x)$, 将积分 $\int f[\varphi(x)]\varphi'(x)\mathrm{d}x$ 化为积分 $\int f(u)\mathrm{d}u$. 我们常常也会遇到相反的情形,适当选择变量代换 $x = \varphi(t)$,将积分 $\int f(x)\mathrm{d}x$ 化为积分 $\int f[\varphi(t)]\varphi'(t)\mathrm{d}t$,再求出结果. 这种求积分的方法就是第二类换元积分法.

定理 4.3　设 $x = \varphi(t)$ 是单调可微函数,并且 $\varphi'(t) \neq 0$,若

$$\int f[\varphi(t)]\varphi'(t)\mathrm{d}t = F(t) + C,$$

则

$$\int f(x)\mathrm{d}x = \int f[\varphi(t)]\varphi'(t)\mathrm{d}t = F[\varphi^{-1}(x)] + C.$$

其中 $t = \varphi^{-1}(x)$ 是 $x = \varphi(t)$ 的反函数.

证明　略.

对于被积函数含有根式的不定积分,一般用第二类换元积分法,引入适当的代换去掉根号. 常见的第二类换元积分法有根式代换和三角代换.

1. 根式代换

例 20　求 $\int \dfrac{\sqrt{x-1}}{x}\mathrm{d}x$.

解　令 $\sqrt{x-1} = t$,则 $x = t^2 + 1, \mathrm{d}x = 2t\mathrm{d}t$.

所以

$$\int \frac{\sqrt{x-1}}{x}\mathrm{d}x = \int \frac{t}{t^2+1} \cdot 2t\mathrm{d}t = 2\int \frac{t^2}{t^2+1}\mathrm{d}t$$

$$= 2\int \Big(1-\frac{1}{t^2+1}\Big)\mathrm{d}t$$

$$= 2(t-\arctan t)+C$$

$$= 2(\sqrt{x-1}-\arctan \sqrt{x-1})+C.$$

例 21　求$\int \dfrac{1}{\sqrt{x}+\sqrt[3]{x}}\mathrm{d}x$.

解　令$\sqrt[6]{x}=t$,则$\sqrt{x}=t^3$,$\sqrt[3]{x}=t^2$,$x=t^6$,$\mathrm{d}x=6t^5\mathrm{d}t$.
所以

$$\int \frac{1}{\sqrt{x}+\sqrt[3]{x}}\mathrm{d}x = 6\int \frac{1}{t^3+t^2} \cdot t^5\mathrm{d}t$$

$$= 6\int \frac{t^3}{t+1}\mathrm{d}t = 6\int \frac{t^3-1+1}{t+1}\mathrm{d}t$$

$$= 6\int \Big(t^2-t+1-\frac{1}{t+1}\Big)\mathrm{d}t$$

$$= 6\Big(\frac{t^3}{3}-\frac{t^2}{2}+t-\ln|1+t|\Big)+C.$$

$$= 2\sqrt{x}-3\sqrt[3]{x}+6\sqrt[6]{x}-6\ln(1+\sqrt[6]{x})+C.$$

2. 三角代换

当被积函数含有$\sqrt{a^2-x^2}$,$\sqrt{x^2+a^2}$,$\sqrt{x^2-a^2}$ 时,可分别令$x=a\sin t$,$x=a\tan t$,$x=a\sec t$ 去掉根号后再积分.

例 22　求$\int \sqrt{a^2-x^2}\mathrm{d}x(a>0)$.

解　令$x=a\sin t$,$t\in \Big(-\dfrac{\pi}{2},\dfrac{\pi}{2}\Big)$,则

$$t=\arcsin \frac{x}{a},\sqrt{a^2-x^2}=a\sqrt{1-\sin^2 t}=a\cos t,\mathrm{d}x=a\cos t\mathrm{d}t.$$

所以

$$\int \sqrt{a^2-x^2}\mathrm{d}x = \int a\cos t \cdot a\cos t\mathrm{d}t = a^2\int \cos^2 t\mathrm{d}t$$

$$= \frac{a^2}{2}\int (1+\cos 2t)\mathrm{d}t = \frac{a^2}{2}\Big(t+\frac{1}{2}\sin 2t\Big)+C$$

$$= \frac{a^2}{2}(t+\sin t\cos t)+C = \frac{a^2}{2}\arcsin \frac{x}{a}+\frac{x}{2}\sqrt{a^2-x^2}+C.$$

由$x=a\sin t$ 作直角三角形,其变换的几何意义见图 4-3.

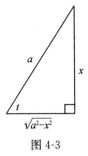

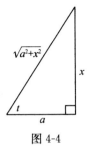

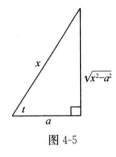

图 4-3   图 4-4   图 4-5

例 23   求 $\displaystyle\int \frac{1}{\sqrt{x^2+a^2}}\mathrm{d}x\,(a>0)$.

解   令 $x=a\tan t,\ t\in\left(-\dfrac{\pi}{2},\dfrac{\pi}{2}\right)$，则

$$t=\arctan\frac{x}{a},\ \sqrt{x^2+a^2}=a\sqrt{\tan^2 t+1}=a\sec t,\ \mathrm{d}x=a\sec^2 t\,\mathrm{d}t.$$

所以

$$\int \frac{1}{\sqrt{x^2+a^2}}\mathrm{d}x=\int \frac{1}{a\sec t}\cdot a\sec^2 t\,\mathrm{d}t=\int \sec t\,\mathrm{d}t$$

$$=\ln|\sec t+\tan t|+C_1=\ln\left|\frac{x}{a}+\frac{\sqrt{x^2+a^2}}{a}\right|+C_1$$

$$=\ln\left|x+\sqrt{x^2+a^2}\right|+C.$$

由 $x=a\tan t$ 作直角三角形，其代换的几何意义见图 4-4.

例 24   求 $\displaystyle\int \frac{1}{\sqrt{x^2-a^2}}\mathrm{d}x\,(a>0)$.

解   令 $x=a\sec t$，当 $x>a$ 时，$t\in\left(0,\dfrac{\pi}{2}\right)$. 有

$$\sqrt{x^2-a^2}=a\sqrt{\sec^2 t-1}=a\tan t,\ \mathrm{d}x=a\sec t\tan t\,\mathrm{d}t,$$

则

$$\int \frac{1}{\sqrt{x^2-a^2}}\mathrm{d}x=\int \frac{a\sec t\tan t}{a\tan t}\mathrm{d}t=\int \sec t\,\mathrm{d}t=\ln|\sec t+\tan t|+C_1.$$

当 $x<-a$ 时，同样有

$$\int \frac{1}{\sqrt{x^2-a^2}}\mathrm{d}x=\ln|\sec t+\tan t|+C_1.$$

由 $x=a\sec t$ 作直角三角形，其变换的几何意义见图 4-5.

所以

$$\int \frac{1}{\sqrt{x^2-a^2}}\mathrm{d}x=\ln|\sec t+\tan t|+C_1=\ln\left|\frac{x}{a}+\frac{1}{a}\sqrt{x^2-a^2}\right|+C_1$$

$$= \ln \left| x + \sqrt{x^2 - a^2} \right| + C.$$

习题 4.2

1. 用第一类换元积分法计算下列积分：

(1) $\int (1 + 2x)^3 \mathrm{d}x$;
(2) $\int \dfrac{1}{1 + x} \mathrm{d}x$;

(3) $\int \dfrac{x}{1 + x^2} \mathrm{d}x$;
(4) $\int \dfrac{1}{a^2 - x^2} \mathrm{d}x$;

(5) $\int \dfrac{\cos x}{\sqrt{\sin x}} \mathrm{d}x$;
(6) $\int \dfrac{x}{\sqrt{4 - x^2}} \mathrm{d}x$.

2. 用第二类换元积分法计算下列积分：

(1) $\int \dfrac{\sqrt{1 + x}}{1 + \sqrt{1 + x}} \mathrm{d}x$;
(2) $\int \dfrac{x^2}{\sqrt{a^2 - x^2}} \mathrm{d}x$;

(3) $\int \dfrac{1}{1 + \sqrt[3]{x}} \mathrm{d}x$;
(4) $\int \dfrac{1}{\sqrt{(x^2 + 1)^3}} \mathrm{d}x$;

(5) $\int \dfrac{x^2}{\sqrt{2 - x}} \mathrm{d}x$;
(6) $\int \dfrac{1}{x \sqrt{x^2 - 1}} \mathrm{d}x$.

3. 计算下列不定积分：

(1) $\int \dfrac{1}{\sin x \cos x} \mathrm{d}x$;
(2) $\int x \mathrm{e}^{-x^2} \mathrm{d}x$;

(3) $\int \dfrac{1}{1 + \sqrt{2} x} \mathrm{d}x$;
(4) $\int \dfrac{x^3}{9 + x^2} \mathrm{d}x$;

(5) $\int \tan^3 x \sec x \mathrm{d}x$;
(6) $\int \dfrac{1 + \ln x}{(x \ln x)^2} \mathrm{d}x$;

(7) $\int \dfrac{x}{\sqrt{2 - 3x^2}} \mathrm{d}x$;
(8) $\int \dfrac{1}{1 + \sqrt{1 - x^2}} \mathrm{d}x$;

(9) $\int \dfrac{1}{x + \sqrt{1 - x^2}} \mathrm{d}x$;
(10) $\int \dfrac{1}{x^2 \sqrt{1 + x^2}} \mathrm{d}x$.

4.3 分部积分法

上节所学的换元积分法是求不定积分的一种常用的重要方法，它可以解决许多积分问题，但有时对某些类型的积分却不能解决，如 $\int x \mathrm{e}^{2x} \mathrm{d}x$，$\int \mathrm{e}^x \sin x \mathrm{d}x$，$\int x \arctan x \mathrm{d}x$ 等。

本节将介绍另一种基本积分法——**分部积分法**,其理论基础是函数乘积的微分公式.

设 $u = u(x), v = v(x)$ 都是具有连续导数的函数,由函数乘积的微分公式,有

$$\mathrm{d}(uv) = v\mathrm{d}u + u\mathrm{d}v,$$

两边同时积分,得

$$\int \mathrm{d}(uv) = \int v\mathrm{d}u + \int u\mathrm{d}v.$$

即

$$uv = \int v\mathrm{d}u + \int u\mathrm{d}v.$$

移项,得

$$\int u\mathrm{d}v = uv - \int v\mathrm{d}u,$$

或

$$\int uv'\mathrm{d}x = uv - \int vu'\mathrm{d}x.$$

这就是不定积分的分部积分公式.

粗略地看,分部积分公式只是把原来要求的 $\int u\mathrm{d}v$ 改为求 $\int v\mathrm{d}u$ 而已,两者形式差不多,似乎并无多大的意义. 其实不然,很多时候 $\int u\mathrm{d}v$ 不易直接求得,而求 $\int v\mathrm{d}u$ 却很容易. 这时公式便起到了化难为易的作用. 运用分部积分法,关键在于把被积函数 $f(x)$ 分解为两个因式相乘,其中一个是 u,另一个是 v',即把 $f(x)\mathrm{d}x$ 化为 $uv'\mathrm{d}x = u\mathrm{d}v$,然后利用公式转化. 下面我们将看到,通过转化,一大类函数求不定积分的问题就迎刃而解了.

为了掌握好这一方法,下面分几种情况来介绍.

1. 形如 $\int x^m \mathrm{e}^{nx} \mathrm{d}x$ (m 是正整数, $n \neq 0$) 的不定积分

例 1 求 $\int x\mathrm{e}^x \mathrm{d}x$.

解 令 $u = x, v' = \mathrm{e}^x$,则 $u' = 1, v = \mathrm{e}^x$,代入分部积分公式,得

$$\int x\mathrm{e}^x \mathrm{d}x = x\mathrm{e}^x - \int \mathrm{e}^x \mathrm{d}x = x\mathrm{e}^x - \mathrm{e}^x + C.$$

特别提示 解本题时,若令 $u = \mathrm{e}^x, v' = x$,则 $u' = \mathrm{e}^x, v = \dfrac{1}{2}x^2$,代入分部积分公式,得

$$\int x\mathrm{e}^x \mathrm{d}x = \frac{1}{2}x^2 \mathrm{e}^x - \frac{1}{2}\int x^2 \mathrm{e}^x \mathrm{d}x. \tag{4-2}$$

　　最后一项变得比原积分更复杂,结果事与愿违. 由此可见,在使用分部积分法时,将哪个函数看成 u,哪个看成 v' 是很重要的,不然的话就有可能使我们更加一筹莫展. 可以说,正确地选定 u 和 v' 是使用分部积分法成功的关键.

　　此外,由(4-2)式与例1很快可得到不定积分 $\int x^2 e^x dx$ 的结果,对于 $\int x^n e^x dx$ 的求法也可类推而得.

例 2　求 $\int x e^{2x} dx$.

解　令 $u = x, v' = e^{2x}$,则 $u' = 1, v = \dfrac{e^{2x}}{2}$,代入分部积分公式,得

$$\int x e^{2x} dx = \frac{x e^{2x}}{2} - \int \frac{e^{2x}}{2} dx = \frac{x e^{2x}}{2} - \frac{e^{2x}}{4} + C.$$

2. 形如 $\int x^m \cos x dx, \int x^m \sin x dx$（$m$ 是正整数）的不定积分

例 3　求 $\int x \cos x dx$.

解　令 $u = x, v' = \cos x$,则 $u' = 1, v = \sin x$,代入分部积分公式,得

$$\int x \cos x dx = x \sin x - \int \sin x dx = x \sin x + \cos x + C.$$

当我们熟悉了 u, v' 的设法以后,计算将更加快捷.

例 4　求 $\int x^2 \sin x dx$.

解
$$\int x^2 \sin x dx = -\int x^2 d\cos x = -\left(x^2 \cos x - 2\int x \cos x dx \right)$$
$$= -x^2 \cos x + 2\int x d\sin x = -x^2 \cos x + 2\left(x \sin x - \int \sin x dx \right)$$
$$= -x^2 \cos x + 2x \sin x + 2\cos x + C.$$

3. 形如 $\int x \arcsin x dx, \int x \arccos x dx, \int x \arctan x dx$ 的不定积分

例 5　求 $\int \arcsin x dx$.

解　令 $u = \arcsin x, v' = 1$,则 $u' = \dfrac{1}{\sqrt{1-x^2}}, v = x$,代入分部积分公式,得

$$\int \arcsin x dx = x \arcsin x - \int \frac{x}{\sqrt{1-x^2}} dx.$$

对于不定积分 $\int \dfrac{x}{\sqrt{1-x^2}} dx$,我们采用前面的第一类换元积分法来求.

$$\int \frac{x}{\sqrt{1-x^2}} \mathrm{d}x = -\frac{1}{2}\int \frac{1}{\sqrt{1-x^2}} \mathrm{d}(1-x^2) \xlongequal{u=1-x^2} -\frac{1}{2}\int u^{-\frac{1}{2}}\mathrm{d}u$$

$$= -\frac{1}{2}\cdot 2\sqrt{u} + C = -\sqrt{1-x^2} + C.$$

所以

$$\int \mathrm{arcsin}x\mathrm{d}x = x\mathrm{arcsin}x + \sqrt{1-x^2} + C.$$

注　一般的,使用分部积分法所求积分的被积函数是两个函数乘积的形式,即 $\int uv'\mathrm{d}x$. 但本例的被积函数初看并不是这样,不过我们可以把它看成是 $1\cdot\mathrm{arcsin}x$,且 $u=\mathrm{arcsin}x,v'=1$.

例 6　求 $\int x\mathrm{arctan}x\mathrm{d}x$.

解　令 $u=\mathrm{arctan}x,v'=x$,则 $u'=\dfrac{1}{1+x^2},v=\dfrac{1}{2}x^2$,代入分部积分公式,得

$$\int x\mathrm{arctan}x\mathrm{d}x = \frac{1}{2}x^2\mathrm{arctan}x - \frac{1}{2}\int \frac{x^2}{1+x^2}\mathrm{d}x$$

$$= \frac{1}{2}x^2\mathrm{arctan}x - \frac{1}{2}\int \left(1-\frac{1}{1+x^2}\right)\mathrm{d}x$$

$$= \frac{1}{2}x^2\mathrm{arctan}x - \frac{x}{2} + \frac{1}{2}\mathrm{arctan}x + C.$$

4. 形如 $\int x^m \ln x\mathrm{d}x$ 的不定积分

例 7　求 $\int \ln x\mathrm{d}x$.

解　令 $u=\ln x,v'=1$,则 $u'=\dfrac{1}{x},v=x$,代入分部积分公式,得

$$\int \ln x\mathrm{d}x = x\ln x - \int x\cdot\frac{1}{x}\mathrm{d}x = x\ln x - \int \mathrm{d}x$$

$$= x\ln x - x + C.$$

例 8　求 $\int x\ln x\mathrm{d}x$.

解　令 $u=\ln x,v'=x$,则 $u'=\dfrac{1}{x},v=\dfrac{1}{2}x^2$,代入分部积分公式,得

$$\int x\ln x\mathrm{d}x = \frac{1}{2}x^2\ln x - \frac{1}{2}\int x^2\cdot\frac{1}{x}\mathrm{d}x = \frac{1}{2}x^2\ln x - \frac{1}{2}\int x\mathrm{d}x$$

$$= \frac{1}{2}x^2\ln x - \frac{1}{4}x^2 + C.$$

特别提示   分部积分法的使用是相当灵活的,例如本题还可以这样来做:令 $u = x\ln x, v' = 1$,则 $u' = 1 + \ln x, v = x$,代入分部积分公式,得

$$\int x\ln x\mathrm{d}x = x^2\ln x - \int x(1 + \ln x)\mathrm{d}x = x^2\ln x - \int x\mathrm{d}x - \int x\ln x\mathrm{d}x,$$

移项,得

$$2\int x\ln x\mathrm{d}x = x^2\ln x - \int x\mathrm{d}x = x^2\ln x - \frac{1}{2}x^2 + 2C,$$

即

$$\int x\ln x\mathrm{d}x = \frac{1}{2}x^2\ln x - \frac{1}{4}x^2 + C.$$

5. 形如 $\int \mathrm{e}^x\sin x\mathrm{d}x, \int \mathrm{e}^x\cos x\mathrm{d}x$ 的不定积分

例9   求 $\int \mathrm{e}^x\sin x\mathrm{d}x$.

解   令 $u = \sin x, v' = \mathrm{e}^x$,则 $u' = \cos x, v = \mathrm{e}^x$,代入分部积分公式,得

$$\int \mathrm{e}^x\sin x\mathrm{d}x = \mathrm{e}^x\sin x - \int \mathrm{e}^x\cos x\mathrm{d}x. \tag{4-3}$$

对于 $\int \mathrm{e}^x\cos x\mathrm{d}x$,再令 $u = \cos x, v' = \mathrm{e}^x$,则 $u' = -\sin x, v = \mathrm{e}^x$,代入分部积分公式,得

$$\int \mathrm{e}^x\cos x\mathrm{d}x = \mathrm{e}^x\cos x - \int (-\mathrm{e}^x\sin x)\mathrm{d}x.$$

把它代入到上面的(4-3)式,得

$$\int \mathrm{e}^x\sin x\mathrm{d}x = \mathrm{e}^x(\sin x - \cos x) - \int \mathrm{e}^x\sin x\mathrm{d}x,$$

化简,得

$$\int \mathrm{e}^x\sin x\mathrm{d}x = \frac{1}{2}\mathrm{e}^x(\sin x - \cos x) + C.$$

注   本题使用了两次分部积分法.

小结   对于可以使用分部积分法来求的积分,为了简单起见,假设被积函数是两个基本初等函数乘积的形式. 一般的,我们都是按照对数函数、反三角函数、幂函数、三角函数、指数函数的顺序来选择为 u,而另一个为 v'.

6. 其他情形

例10   求 $\int \mathrm{e}^{\sqrt{2x+1}}\mathrm{d}x$.

解   令 $\sqrt{2x+1} = t$,则 $x = \dfrac{t^2 - 1}{2}$,且 $\mathrm{d}x = t\mathrm{d}t$.

$$\int e^{\sqrt{2x+1}} dx = \int e^t \cdot t dt = e^t(t-1) + C = e^{\sqrt{2x+1}}(\sqrt{2x+1} - 1) + C.$$

注　本题的计算当中有一步直接套用了例 1 的结果,而且同时使用了换元积分法和分部积分法.

例 11　求 $\int \sin(\ln x) dx$.

解　令 $\ln x = t$,则 $x = e^t$,且 $dx = e^t dt$.

$$\int \sin(\ln x) dx = \int e^t \sin t dt = \frac{1}{2} e^t(\sin t - \cos t) + C$$

$$= \frac{1}{2} x[\sin(\ln x) - \cos(\ln x)] + C.$$

习题 4.3

1. 填空:

(1) 若 $\int f(x) dx = xf(x) - \int \dfrac{x}{\sqrt{1-x^2}} dx$,则 $f(x) = $ _____.

(2) 若 $\int xf(x) dx = x\cos x - \int \cos x dx$,则 $f(x) = $ _____.

2. 求下列不定积分:

(1) $\int x\sin x dx$;

(2) $\int xe^{-x} dx$;

(3) $\int x\arccos x dx$;

(4) $\int \dfrac{\ln x}{\sqrt{x}} dx$;

(5) $\int x^2 e^{2x} dx$;

(6) $\int \ln(1+x^2) dx$;

(7) $\int x\sin x\cos x dx$;

(8) $\int x\tan^2 x dx$;

(9) $\int \ln(x + \sqrt{1+x^2}) dx$;

(10) $\int (\ln x)^2 dx$;

(11) $\int (\arcsin x)^2 dx$;

(12) $\int e^{-x}\cos x dx$;

(13) $\int \cos(\ln x) dx$;

(14) $\int e^{\sqrt{x}} dx$.

3. 设函数 $f(x)$ 的一个原函数为 $\dfrac{\sin x}{x}$,试求 $\int xf'(x) dx$.

4.4　积分表的使用

前面学习了一些求积分的方法,有了这些方法,一些简单的积分我们已经能计算了,对于较为复杂的积分就需要使用积分表. 这样使我们在一些繁杂的计算上,可以避免花费过多的精力.

例 1　求 $\int \dfrac{1}{4+9x^2}\mathrm{d}x.$

解　被积函数中含有 $ax^2+b(a>0)$ 的形式,在积分表中,查得有关积分公式

$$\int \dfrac{1}{ax^2+b}\mathrm{d}x = \dfrac{1}{\sqrt{ab}}\arctan\sqrt{\dfrac{a}{b}}\,x+C(b>0),$$

所以,令 $a=9,b=4$,直接代入上面的公式,得

$$\int \dfrac{1}{4+9x^2}\mathrm{d}x = \dfrac{1}{6}\arctan\dfrac{3}{2}x+C.$$

例 2　求 $\int \dfrac{1}{5+6\sin x\cos x}\mathrm{d}x.$

解　积分表中无此积分,需要把被积函数变形.

因为

$$\int \dfrac{1}{5+6\sin x\cos x}\mathrm{d}x = \int \dfrac{\mathrm{d}x}{5+3\sin 2x} \xlongequal{u=2x} \int \dfrac{1}{10+6\sin u}\mathrm{d}u,$$

被积函数中含有三角函数的形式,在积分表中,查得有关积分公式

$$\int \dfrac{1}{a+b\sin x}\mathrm{d}x = \dfrac{2}{\sqrt{a^2-b^2}}\arctan\dfrac{a\tan\dfrac{x}{2}+b}{\sqrt{a^2-b^2}}+C(a^2>b^2).$$

所以,令 $a=10,b=6$,直接代入上面的公式,得

$$\int \dfrac{1}{10+6\sin u}\mathrm{d}u = \dfrac{1}{4}\arctan\dfrac{10\tan\dfrac{u}{2}+6}{8}+C.$$

从而

$$\int \dfrac{1}{5+6\sin x\cos x}\mathrm{d}x = \dfrac{1}{4}\arctan\dfrac{10\tan x+6}{8}+C = \dfrac{1}{4}\arctan\left(\dfrac{5\tan x}{4}+\dfrac{3}{4}\right)+C.$$

习题 4.4

用积分表求下列不定积分:

(1) $\int \dfrac{x^2}{2+3x}\mathrm{d}x;$

(2) $\int \dfrac{\mathrm{d}x}{\sqrt{(x^2+a^2)^3}}\,(a\neq 0);$

(3) $\int \dfrac{\mathrm{d}x}{x\sqrt{4x^2+9}};$

(4) $\int \dfrac{\mathrm{d}x}{3+5\sin x}.$

综合练习四

一、填空题

1. 若 $F_1(x),F_2(x)$ 都是 $f(x)$ 的原函数,则 $F_1(x)$ 与 $F_2(x)$ 的关系是_____.

2. 设 $\int f(x)\mathrm{d}x=\dfrac{1}{x^2}+C$,则 $\int\dfrac{f(\mathrm{e}^{-x})}{\mathrm{e}^x}\mathrm{d}x=$_____.

3. 函数 $f(x)=\dfrac{1}{\sqrt{4-x^2}}$ 的一个原函数是_____.

4. 设 $a\neq0$,则 $\int\dfrac{1}{a^2-x^2}\mathrm{d}x=$_____.

5. 设 $f(x)$ 的一个原函数是 $x\mathrm{e}^{-x}$,则 $\int xf'(x)\mathrm{d}x=$_____.

6. 设 $f'(\sqrt{x})=\dfrac{1}{x}$,且 $f(1)=0$,则 $f(x)=$_____.

二、选择题

1. 如果函数 $f(x)$ 在区间 I 内连续,则在 I 内 $f(x)$ 的原函数(　　).

　　A. 有唯一的一个　　　　B. 有有限多个　　　　C. 有无穷多个　　　　D. 不一定存在

2. 若 $F(x)$ 是 $f(x)$ 的一个原函数,C 为常数,则下列函数仍是 $f(x)$ 的原函数的是(　　).

　　A. $F(x+C)$　　　　　　B. $F(Cx)$　　　　　　C. $CF(x)$　　　　　　D. $F(x)+C$

3. 若 $f'(x)=\varphi(x)$,则称(　　).

　　A. $f(x)$ 为 $\varphi(x)$ 的一个原函数　　　　　　B. $\varphi(x)$ 为 $f(x)$ 的一个原函数

　　C. $f(x)$ 为 $\varphi(x)$ 的不定积分　　　　　　　D. $\int\varphi(x)\mathrm{d}x=f(x)$

4. 设 $f(x)=x\mathrm{e}^{-x^2}$,则 $\int f'(x)\mathrm{d}x=$(　　).

　　A. $-\dfrac{1}{2}\mathrm{e}^{-x^2}+C$　　　B. $x\mathrm{e}^{-x^2}+C$　　　C. $\dfrac{1}{2}\mathrm{e}^{-x^2}+C$　　　D. $-2\mathrm{e}^{-x^2}+C$

5. 若 $\int f(x)\mathrm{d}x=\mathrm{e}^{-x}\cos x+C$,则 $f(x)=$(　　).

　　A. $-\mathrm{e}^{-x}\cos x$　　　　　　　　　　B. $-\mathrm{e}^{-x}\sin x$

　　C. $-\mathrm{e}^{-x}(\cos x+\sin x)$　　　　　　D. $-\mathrm{e}^{-x}(\cos x-\sin x)$

三、解答题

1. 计算下列不定积分:

　　$(1)\displaystyle\int\dfrac{1}{x(x^3+1)}\mathrm{d}x$;　　　　　　　　$(2)\displaystyle\int\cot^2 x\mathrm{d}x$;

(3) $\displaystyle\int \frac{1}{\cos^4 x \sin^2 x}\mathrm{d}x$;

(4) $\displaystyle\int \frac{x^4}{1-x^2}\mathrm{d}x$;

(5) $\displaystyle\int \frac{\sqrt{3+2\tan x}}{\cos^2 x}\mathrm{d}x$;

(6) $\displaystyle\int \frac{x+\arccos x}{\sqrt{1-x^2}}\mathrm{d}x$;

(7) $\displaystyle\int \frac{2}{\mathrm{e}^x+\mathrm{e}^{-x}}\mathrm{d}x$;

(8) $\displaystyle\int \frac{a-x}{\sqrt{a^2-x^2}}\mathrm{d}x\,(a>0)$;

(9) $\displaystyle\int \frac{x^2}{9+4x^2}\mathrm{d}x$;

(10) $\displaystyle\int \frac{x+2}{x^2-4x+6}\mathrm{d}x$.

2. 已知某曲线上每点的切线斜率 $k=\dfrac{1}{2}(\mathrm{e}^x-\mathrm{e}^{-x})$,又知曲线经过点 $M(0,1)$,求曲线的方程.

3. 物体由静止开始运动,在任意时刻 t 的速度为 $v=5t^2\,\mathrm{m/s}$,求在第 3 秒末时物体离开出发点的距离. 又问需要多少时间,物体才能离开出发点 $360\,\mathrm{m}$?

第5章 定积分及其应用

促进定积分概念形成的实际问题中,其中一个典型问题是几何方面计算平面上曲边梯形的面积. 这个问题相当古老,可以追溯到公元前古希腊数学家阿基米德的"穷竭法",他用此法算出了圆、弓形与抛物线弓形的面积. 后来,中国古代数学家刘徽创造了"割圆术",用来求圆的面积. 不过,到了17世纪,牛顿(Newton)和莱布尼茨(Leibniz)才明确地提出了面积计算的普遍方法,将分割、求和与取极限相结合,来计算不规则几何图形的面积.

促进定积分概念形成的另一个典型问题是物理学方面求变化过程中的积累量. 例如,作变速直线运动的物体在时间$[T_1, T_2]$内经过的路程、变力使物体运动一段路程$[s_1, s_2]$所做的功等.

5.1 定积分的概念与性质

5.1.1 两个实例

例1 求曲边梯形(由三条直线与一条连续曲线所围成的封闭图形,其中这三条直线有两条互相平行且与第三条垂直)的面积A.

设在区间$[a,b]$上,函数$y = f(x)(f(x) \geqslant 0)$连续. 求由直线$x = a$, $x = b, y = 0$以及曲线$y = f(x)$所围成的曲边梯形的面积A(图5-1). 其具体计算方法是:

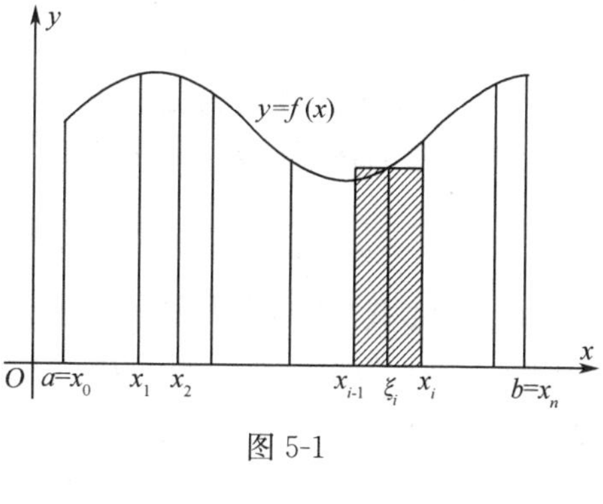

图5-1

(1)分割 在区间$[a,b]$上插入$n-1$个点,即用分点$a = x_0 < x_1 < x_2 < \cdots < x_i < \cdots < x_{n-1} < x_n = b(i = 1, 2, \cdots, n)$把区间$[a,b]$分成$n$个小区间

$$[x_0, x_1], [x_1, x_2], \cdots, [x_{n-1}, x_n],$$

第i个小区间的长度记为$\Delta x_i(i = 1, 2, \cdots, n)$,即

$$\Delta x_i = x_i - x_{i-1}(i = 1, 2, \cdots, n).$$

过各个分点作垂直于x轴的直线,把曲边梯形分成n个小的曲边梯形. 第i个曲边

梯形的面积记为 $\Delta A_i(i=1,2,\cdots,n)$, 则

$$A = \Delta A_1 + \Delta A_2 + \cdots + \Delta A_n = \sum_{i=1}^{n} \Delta A_i.$$

(2) 近似代替(或作乘积) 在第 i 个小区间 $[x_{i-1},x_i](i=1,2,\cdots,n)$ 上任取一点 $\xi_i(x_{i-1} \leqslant \xi_i \leqslant x_i)$, 用以 Δx_i 为宽, $f(\xi_i)$ 为高的小矩形的面积 $f(\xi_i)\Delta x_i$ 近似代替相应的小曲边梯形的面积 ΔA_i, 即

$$\Delta A_i \approx f(\xi_i)\Delta x_i (i=1,2,\cdots,n).$$

(3) 求和 将每个小矩形的面积相加, 所得的和就是整个曲边梯形面积的近似值, 即

$$A = \sum_{i=1}^{n} \Delta A_i \approx \sum_{i=1}^{n} f(\xi_i)\Delta x_i.$$

(4) 取极限 当分点个数 n 无限增大, 且使得这些小区间长度的最大值 $\lambda = \max\limits_{1 \leqslant i \leqslant n}\{\Delta x_i\}$ 趋向于零时, 和式 $\sum\limits_{i=1}^{n} f(\xi_i)\Delta x_i$ 的极限就是曲边梯形的面积, 即

$$A = \lim_{\lambda \to 0} \sum_{i=1}^{n} f(\xi_i)\Delta x_i.$$

例 2 求变速直线运动物体的路程 s.

设一物体作直线运动, 已知速度 $v=v(t)$ 是时间 t 的连续函数, 求在时间间隔 $[a,b]$ 上物体所经过的路程 s.

(1) 分割 在区间 $[a,b]$ 上插入 $n-1$ 个点; 用分点

$$a = t_0 < t_1 < t_2 < \cdots < t_i < \cdots < t_{n-1} < t_n = b(i=1,2,\cdots,n)$$

把区间 $[a,b]$ 分成 n 个小区间

$$[t_0,t_1],[t_1,t_2],\cdots,[t_{n-1},t_n],$$

第 i 个小区间的长度记为 $\Delta t_i = t_i - t_{i-1}(i=1,2,\cdots,n)$, 物体在第 i 个小区间 $[t_{i-1},t_i]$ 走过的路程记为 $\Delta s_i(i=1,2,\cdots,n)$, 则

$$s = \sum_{i=1}^{n} \Delta s_i.$$

(2) 近似代替(或作乘积) 在第 i 个小区间 $[t_{i-1},t_i]$ 上任取一点 ξ_i, 将这段时间内的运动近似地看成是速度为 $v(\xi_i)$ 的匀速直线运动, 从而得到 Δs_i 的近似值, 即

$$\Delta s_i \approx v(\xi_i)\Delta t_i (i=1,2,\cdots,n).$$

(3) 求和 把 n 个小区间内的路程相加, 得到整个区间上路程 s 的近似值, 即

$$s = \sum_{i=1}^{n} \Delta s_i \approx \sum_{i=1}^{n} v(\xi_i)\Delta t_i.$$

(4) 取极限 当分点个数 n 无限增大, 且使得这些小区间长度的最大值 $\lambda =$

$\max\limits_{1\leqslant i\leqslant n}\{\Delta t_i\}$ 趋向于零时,和式 $\sum\limits_{i=1}^{n}v(\xi_i)\Delta t_i$ 的极限就是所走过的路程,即

$$s = \lim_{\substack{\lambda\to 0 \\ (n\to\infty)}}\sum_{i=1}^{n}v(\xi_i)\Delta t_i.$$

5.1.2　定积分的定义

对于上面两个不同领域的实际问题,我们采用了相同的办法,且最终得到了两个形式相同的结果 —— 和式的极限. 我们把这些具体的问题抽象出来进行研究,从而引进了定积分的概念.

定义 5.1　设函数 $f(x)$ 是定义在闭区间 $[a,b]$ 上的有界函数,用分点

$$a = x_0 < x_1 < x_2 < \cdots < x_i < \cdots < x_{n-1} < x_n = b$$

把区间 $[a,b]$ 分成 n 个小区间

$$[x_0,x_1],[x_1,x_2],\cdots,[x_{n-1},x_n],$$

第 i 个小区间的长度记为 $\Delta x_i(i=1,2,\cdots,n)$,即

$$\Delta x_i = x_i - x_{i-1}(i=1,2,\cdots,n).$$

在每个小区间 $[x_{i-1},x_i](i=1,2,\cdots,n)$ 上任取一点 $\xi_i(x_{i-1}\leqslant\xi_i\leqslant x_i)$,作乘积 $f(\xi_i)\Delta x_i(i=1,2,\cdots,n)$,并作和式(称为积分和式)

$$\sum_{i=1}^{n}f(\xi_i)\Delta x_i,$$

记 $\lambda = \max\limits_{1\leqslant i\leqslant n}\{\Delta x_i\}$,如果当 $\lambda\to 0$ 时,和式的极限

$$\lim_{\lambda\to 0}\sum_{i=1}^{n}f(\xi_i)\Delta x_i$$

存在,且极限值与对区间 $[a,b]$ 的分法和点 ξ_i 在 $[x_{i-1},x_i]$ 上的取法无关,则称函数 $f(x)$ 在区间 $[a,b]$ 上可积,并称此极限为函数 $f(x)$ 在区间 $[a,b]$ 上的定积分,记作 $\int_a^b f(x)\mathrm{d}x$,即

$$\int_a^b f(x)\mathrm{d}x = \lim_{\substack{\lambda\to 0 \\ (n\to\infty)}}\sum_{i=1}^{n}f(\xi_i)\Delta x_i.$$

其中 $f(x)$ 称为被积函数,$f(x)\mathrm{d}x$ 称为被积表达式,x 称为积分变量,区间 $[a,b]$ 称为积分区间,a 与 b 分别称为积分下限与积分上限,符号 $\int_a^b f(x)\mathrm{d}x$ 读作函数 $f(x)$ 从 a 到 b 的定积分.

根据定积分的定义,例 1 和例 2 可分别表述为:

(1) 由连续函数 $y = f(x)(f(x)>0)$ 与直线 $x=a,x=b,y=0$ 所围曲边梯形的面积等于函数 $f(x)$ 在区间 $[a,b]$ 上的定积分,即

$$A = \int_a^b f(x)\mathrm{d}x.$$

(2) 物体以变速 $v = v(t)\,(v(t) > 0)$ 作直线运动,从时刻 a 到时刻 b 所走过的路程 s 等于其速度函数 $v = v(t)$ 在时间 $[a,b]$ 上的定积分,即

$$s = \int_a^b v(t)\mathrm{d}t.$$

因此,平面图形的面积是定积分生动的几何直观描述,直线上变速直线运动物体的路程是定积分绝妙的物理模型.

关于定积分定义的几点说明:

(1) 定积分 $\int_a^b f(x)\mathrm{d}x$ 是一个和式的极限,它是一个确定的数值,它只与积分区间和被积函数有关,与对区间 $[a,b]$ 的分法以及每个小区间 $[x_{i-1},x_i]\,(i = 1,2,\cdots,n)$ 上点 ξ_i 的取法无关;

(2) 定积分与积分变量无关,即

$$\int_a^b f(x)\mathrm{d}x = \int_a^b f(t)\mathrm{d}t = \int_a^b f(u)\mathrm{d}u;$$

(3) 改变积分的上、下限,则积分反号:

$$\int_a^b f(x)\mathrm{d}x = -\int_b^a f(x)\mathrm{d}x;$$

特别地,当 $a = b$ 时,我们规定:

$$\int_a^a f(x)\mathrm{d}x = 0.$$

定理 5.1　设函数 $f(x)$ 在区间 $[a,b]$ 上连续,则 $f(x)$ 在区间 $[a,b]$ 上可积.

一切初等函数在其定义域内都连续,故初等函数在其定义域内的任一闭子区间上都是可积的.

定理 5.2　设函数 $f(x)$ 在区间 $[a,b]$ 上只有有限个第一类间断点,则 $f(x)$ 在 $[a,b]$ 上可积.

例 3　根据定积分的定义,证明 $\int_a^b C\mathrm{d}x = C(b-a)$,其中 C 为常数.

证明　显然被积函数 $f(x) = C$ 是定义在 $[a,b]$ 上的连续函数,由定义可知

$$\int_a^b C\mathrm{d}x = \lim_{\lambda \to 0}\sum_{i=1}^n f(\xi_i)\Delta x_i = \lim_{\lambda \to 0}\sum_{i=1}^n C\Delta x_i$$

$$= \lim_{\lambda \to 0}C\sum_{i=1}^n \Delta x_i = \lim_{\lambda \to 0}C(b-a)$$

$$= C(b-a).$$

例 4　根据定积分的定义,求 $\int_0^1 x^2\mathrm{d}x$.

解 因为被积函数 $f(x) = x^2$ 在区间 $[0,1]$ 上连续,所以根据定理 5.1,它必定可积,从而其积分值与区间 $[0,1]$ 的分法及点 ξ_i 的取法无关. 为了便于计算,我们把区间 $[0,1]$ 进行 n 等分,分点为

$$x_i = \frac{i}{n}(i = 1,2,\cdots,n),$$

这时,每个小区间的区间长度 $\Delta x_i = \frac{1}{n}(i = 1,2,\cdots,n)$. 选取每个小区间的右端点

为 ξ_i,即 $\xi_i = \frac{i}{n}(i = 1,2,\cdots,n)$,于是积分和式为

$$\sum_{i=1}^{n} f(\xi_i)\Delta x_i = \sum_{i=1}^{n}\left(\frac{i}{n}\right)^2 \frac{1}{n} = \frac{1}{n^3}\sum_{i=1}^{n} i^2$$

$$= \frac{1}{n^3} \cdot \frac{1}{6}n(n+1)(2n+1)$$

$$= \frac{(n+1)(2n+1)}{6n^2}.$$

又因为 $\lambda = \max\left\{\dfrac{1}{n},\dfrac{1}{n},\cdots,\dfrac{1}{n}\right\} = \dfrac{1}{n}$,所以当 $\lambda \to 0$ 时,$n \to \infty$. 于是

$$\int_0^1 x^2 \mathrm{d}x = \lim_{\lambda \to 0}\sum_{i=1}^{n} f(\xi_i)\Delta x_i = \lim_{n \to \infty}\frac{(n+1)(2n+1)}{6n^2} = \frac{1}{3}.$$

5.1.3 定积分的几何意义

设函数 $f(x)$ 在 $[a,b]$ 上连续.

(1) 当 $f(x) \geqslant 0$ 时,根据例 1 可知定积分 $\int_a^b f(x)\mathrm{d}x$ 表示由曲线 $y = f(x)$ 与直线 $x = a, x = b, y = 0$ 所围成的曲边梯形的面积(图 5-1);

(2) 当 $f(x) \leqslant 0$ 时,我们有 $-f(x) \geqslant 0$,根据对称性可知,由曲线 $y = f(x)$ 与直线 $x = a, x = b, y = 0$ 所围成的曲边梯形的面积等于由曲线 $y = -f(x)$ 与这三条直线所围成的曲边梯形的面积. 根据(1),我们有

$$A = \lim_{\lambda \to 0}\sum_{i=1}^{n}[-f(\xi_i)]\Delta x_i = -\lim_{\lambda \to 0}\sum_{i=1}^{n} f(\xi_i)\Delta x_i = -\int_a^b f(x)\mathrm{d}x.$$

因此,定积分 $\int_a^b f(x)\mathrm{d}x$ 表示由曲线 $y = f(x)$ 与直线 $x = a, x = b, y = 0$ 所围成的曲边梯形面积的负值(图 5-2);

(3) 当 $f(x)$ 有正有负时,根据(1) 和(2) 可知,在 x 轴上方的曲边梯形的面积取正,在 x 轴下方的曲边梯形的面积取负,定积分 $\int_a^b f(x)\mathrm{d}x$ 表示几个曲边梯形的面积的代数和. 如图 5-3 所示,

$$\int_a^b f(x)\mathrm{d}x = A_1 - A_2 + A_3.$$

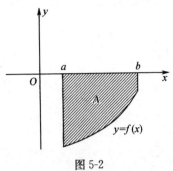

图 5-2

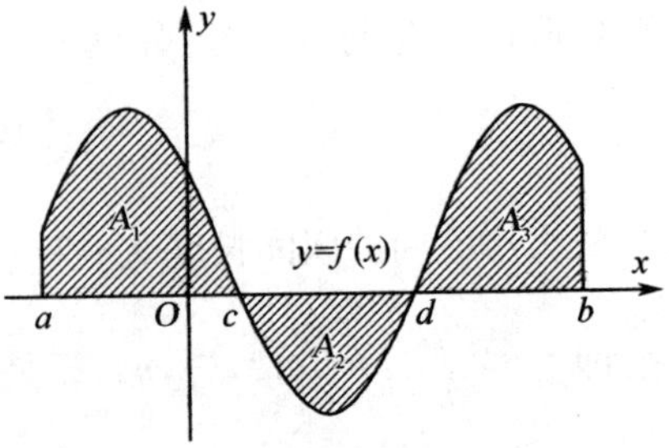

图 5-3

例 5　用定积分表示图 5-4 中阴影部分的面积,并根据定积分的几何意义求出其值.

解　在图 5-4 中,被积函数 $f(x) = x$ 在区间 $[1,2]$ 上连续,且 $f(x) > 0$,根据定积分的几何意义,阴影部分的面积为

$$A = \int_1^2 x\mathrm{d}x = \frac{(1+2)\times 1}{2} = \frac{3}{2}.$$

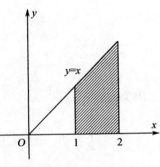

图 5-4

5.1.4　定积分的简单性质

下面,假设函数 $f(x), g(x)$ 在所讨论的区间上都是可积的.

性质 1　两个函数代数和的定积分等于各个函数定积分的代数和,即

$$\int_a^b [f(x) \pm g(x)]\mathrm{d}x = \int_a^b f(x)\mathrm{d}x \pm \int_a^b g(x)\mathrm{d}x.$$

证明　$\displaystyle \int_a^b [f(x) \pm g(x)]\mathrm{d}x = \lim_{\lambda \to 0} \sum_{i=1}^n [f(\xi_i) \pm g(\xi_i)]\Delta x_i$

$$= \lim_{\lambda \to 0} \sum_{i=1}^n f(\xi_i)\Delta x_i \pm \lim_{\lambda \to 0} \sum_{i=1}^n g(\xi_i)\Delta x_i$$

$$= \int_a^b f(x)\mathrm{d}x \pm \int_a^b g(x)\mathrm{d}x.$$

性质 1 可以推广到有限多个函数的代数和的情形.

性质 2　被积函数中的常数因子可以提到积分号外面,即

$$\int_a^b kf(x)\mathrm{d}x = k\int_a^b f(x)\mathrm{d}x.$$

证明　$\displaystyle \int_a^b kf(x)\mathrm{d}x = \lim_{\lambda \to 0} \sum_{i=1}^n kf(\xi_i)\Delta x_i = k\lim_{\lambda \to 0} \sum_{i=1}^n f(\xi_i)\Delta x_i = k\int_a^b f(x)\mathrm{d}x.$

性质 3(定积分的可加性)　如果积分区间 $[a,b]$ 被点 c 分成两个区间 $[a,c]$ 和

$[c,b]$,那么

$$\int_a^b f(x)\mathrm{d}x = \int_a^c f(x)\mathrm{d}x + \int_c^b f(x)\mathrm{d}x.$$

注　在可积的情况下,c 可以大于 b,也可以小于 a,结论仍然成立.

(1)$a < c < b$　见图 5-5(1),根据定积分的几何意义,有

$$\int_a^b f(x)\mathrm{d}x = A_1 + A_2 = \int_a^c f(x)\mathrm{d}x + \int_c^b f(x)\mathrm{d}x.$$

(2)$a < b < c$　见图 5-5(2),根据定积分的几何意义,有

$$\int_a^c f(x)\mathrm{d}x = A_1 + A_2 = \int_a^b f(x)\mathrm{d}x + \int_b^c f(x)\mathrm{d}x.$$

再根据交换积分上、下限时,改变积分值的符号,有

$$\int_a^b f(x)\mathrm{d}x = \int_a^c f(x)\mathrm{d}x - \int_b^c f(x)\mathrm{d}x = \int_a^c f(x)\mathrm{d}x + \int_c^b f(x)\mathrm{d}x.$$

(3)$c < a < b$　类似于(2) 的讨论可得同样的结果.

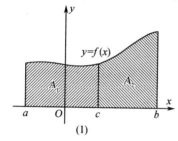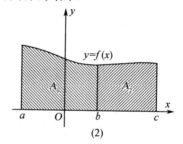

图 5-5

例 6　已知 $\int_0^1 x^3\mathrm{d}x = \dfrac{1}{4}$,$\int_0^4 x^3\mathrm{d}x = 64$,求 $\int_1^4 x^3\mathrm{d}x$.

解　根据性质 3,我们有

$$\int_0^4 x^3\mathrm{d}x = \int_0^1 x^3\mathrm{d}x + \int_1^4 x^3\mathrm{d}x.$$

即

$$\int_1^4 x^3\mathrm{d}x = \int_0^4 x^3\mathrm{d}x - \int_0^1 x^3\mathrm{d}x = 64 - \frac{1}{4} = 63\frac{3}{4}.$$

性质 4（保号性）　如果在区间 $[a,b]$ 上 $f(x) \geqslant 0$,则 $\int_a^b f(x)\mathrm{d}x \geqslant 0$.

证明　由 $f(x) \geqslant 0$ 及 $\Delta x_i = x_i - x_{i-1} > 0$,得 $\sum\limits_{i=1}^n f(\xi_i)\Delta x_i \geqslant 0$. 根据极限的保号性,有

$$\int_a^b f(x)\mathrm{d}x = \lim_{\lambda \to 0} \sum_{i=1}^n f(\xi_i)\Delta x_i \geqslant 0.$$

性质 5 如果在区间 $[a,b]$ 上有 $f(x) \geqslant g(x)$，那么

$$\int_a^b f(x)\mathrm{d}x \geqslant \int_a^b g(x)\mathrm{d}x.$$

证明 令 $F(x)=f(x)-g(x)$，再利用性质 4 及性质 1 即证.

推论 1（绝对可积性） 设 $f(x)$ 在 $[a,b]$ 上可积，则 $|f(x)|$ 在 $[a,b]$ 上也可积，且

$$\left| \int_a^b f(x)\mathrm{d}x \right| \leqslant \int_a^b |f(x)|\mathrm{d}x.$$

证明 因为 $-|f(x)| \leqslant f(x) \leqslant |f(x)|$，所以根据性质 5，有

$$\int_a^b [-|f(x)|]\mathrm{d}x \leqslant \int_a^b f(x)\mathrm{d}x \leqslant \int_a^b |f(x)|\mathrm{d}x.$$

即

$$-\int_a^b |f(x)|\mathrm{d}x \leqslant \int_a^b f(x)\mathrm{d}x \leqslant \int_a^b |f(x)|\mathrm{d}x,$$

所以

$$\left| \int_a^b f(x)\mathrm{d}x \right| \leqslant \int_a^b |f(x)|\mathrm{d}x.$$

性质 6（估值定理） 如果存在两个数 M, m，使得函数 $f(x)$ 在闭区间 $[a,b]$ 上有 $m \leqslant f(x) \leqslant M$，那么

$$m(b-a) \leqslant \int_a^b f(x)\mathrm{d}x \leqslant M(b-a).$$

证明 因为 $m \leqslant f(x) \leqslant M$，所以由性质 5，有

$$\int_a^b m\mathrm{d}x \leqslant \int_a^b f(x)\mathrm{d}x \leqslant \int_a^b M\mathrm{d}x. \tag{1}$$

由例 3 得

$$\int_a^b m\mathrm{d}x = m(b-a), \int_a^b M\mathrm{d}x = M(b-a),$$

代入 (1) 式命题得证.

性质 7（积分中值定理） 如果函数 $f(x)$ 在闭区间 $[a,b]$ 上连续，那么在闭区间 $[a,b]$ 内至少存在一点 ξ，使得下式成立：

$$\int_a^b f(x)\mathrm{d}x = f(\xi)(b-a).$$

证明 因为函数 $f(x)$ 在闭区间 $[a,b]$ 上连续，所以由闭区间上连续函数的最大值和最小值定理可知，存在数 M 和 m，使得 $m \leqslant f(x) \leqslant M$. 根据性质 6，有

$$m(b-a) \leqslant \int_a^b f(x)\mathrm{d}x \leqslant M(b-a).$$

不等式同时除以 $b-a$，得

$$m \leqslant \frac{1}{b-a}\int_a^b f(x)\mathrm{d}x \leqslant M.$$

设 $C = \dfrac{1}{b-a}\int_a^b f(x)\mathrm{d}x$，则 $m \leqslant C \leqslant M$，即 C 是介于 M 和 m 之间的一个数. 根据闭区间上连续函数的介值定理，在闭区间 $[a,b]$ 上至少存在一点 ξ，使得 $f(\xi) = C$，即

$$f(\xi) = \frac{1}{b-a}\int_a^b f(x)\mathrm{d}x \, (a \leqslant \xi \leqslant b),$$

从而

$$\int_a^b f(x)\mathrm{d}x = f(\xi)(b-a)\,(a \leqslant \xi \leqslant b).$$

几何解释　假设 $f(x) \geqslant 0 \,(a \leqslant x \leqslant b)$，由曲线 $y = f(x)$ 与直线 $x = a, x = b, y = 0$ 所围成的曲边梯形的面积，等于以区间 $[a,b]$ 为底，以该区间上某一点处的函数值 $f(\xi)$ 为高的矩形的面积（图 5-6）.

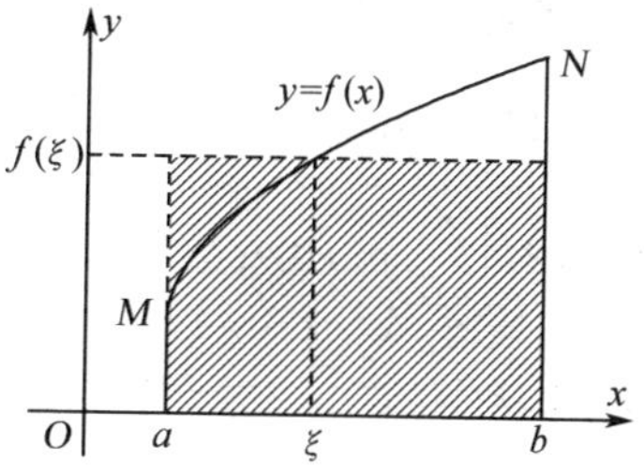

通常我们称

$$f(\xi) = \frac{1}{b-a}\int_a^b f(x)\mathrm{d}x$$

图 5-6

为函数 $y = f(x)$ 在 $[a,b]$ 上的平均值.

例 7　比较下列各对积分值的大小：

(1) $\int_0^1 \sqrt[3]{x}\,\mathrm{d}x$ 与 $\int_0^1 x^3\,\mathrm{d}x$；　　　　(2) $\int_0^1 x\,\mathrm{d}x$ 与 $\int_0^1 \ln(x+1)\,\mathrm{d}x$.

解　(1) 因为在区间 $[0,1]$ 上，$\sqrt[3]{x} \geqslant x^3$，所以由性质 5 有

$$\int_0^1 \sqrt[3]{x}\,\mathrm{d}x \geqslant \int_0^1 x^3\,\mathrm{d}x.$$

(2) 令 $f(x) = x - \ln(x+1)$. 因为 $f'(x) = 1 - \dfrac{1}{x+1} = \dfrac{x}{x+1} \geqslant 0$，所以 $f(x)$ 在 $[0,1]$ 上单调递增. 又 $f(0) = 0$，从而 $f(x) \geqslant f(0) = 0$. 即 $x \in [0,1]$，$x \geqslant \ln(x+1)$. 由性质 5 有

例 8　估计定积分 $\int_{-1}^1 \mathrm{e}^{-x^2}\,\mathrm{d}x$ 的值.

解　被积函数 $f(x) = \mathrm{e}^{-x^2}$ 是偶函数，有唯一的极值点 $x = 0$，且 $f(0) = 1$. 再比较它在端点 $x = \pm 1$ 处的取值，可得 $\mathrm{e}^{-1} \leqslant \mathrm{e}^{-x^2} \leqslant 1$. 从而根据性质 6 有

$$2\mathrm{e}^{-1} \leqslant \int_{-1}^1 \mathrm{e}^{-x^2}\,\mathrm{d}x \leqslant 2.$$

习题 5.1

1. 将区间 $[0,1]$ 上和式的极限 $\lim\limits_{\lambda \to 0} \sum\limits_{i=1}^{n} \dfrac{1}{1+\xi_i^2} \Delta x_i$ 表示成定积分的形式.

2. 用定积分的定义求 $\displaystyle\int_1^2 x^2 \,\mathrm{d}x$.

3. 用定积分表示由曲线 $y = \cos x + 1, x = \dfrac{\pi}{2}$ 及两坐标轴所围成的曲边梯形的面积.

4. 用定积分的几何意义计算下列定积分:

(1) $\displaystyle\int_{-2}^3 4\,\mathrm{d}x$;　　　　　　　　　　(2) $\displaystyle\int_0^2 3x\,\mathrm{d}x$;

(3) $\displaystyle\int_{-2\pi}^{2\pi} \sin x\,\mathrm{d}x$;　　　　　　　(4) $\displaystyle\int_0^4 (x+1)\,\mathrm{d}x$.

5. 已知 $\displaystyle\int_{-1}^0 x^2\,\mathrm{d}x = \dfrac{1}{3}, \int_{-1}^0 x\,\mathrm{d}x = -\dfrac{1}{2}$,求 $\displaystyle\int_{-1}^0 (2x^2 - 3x)\,\mathrm{d}x$ 的值.

6. 利用定积分的性质,判断下列定积分值的正负:

(1) $\displaystyle\int_0^2 \mathrm{e}^{-x}\,\mathrm{d}x$;　　　　　　　　(2) $\displaystyle\int_{\frac{\pi}{2}}^{\pi} \cos x\,\mathrm{d}x$.

7. 比较下列定积分的大小:

(1) $\displaystyle\int_0^1 x^2\,\mathrm{d}x$ 与 $\displaystyle\int_0^1 x^3\,\mathrm{d}x$;　　　(2) $\displaystyle\int_0^1 \mathrm{e}^x\,\mathrm{d}x$ 与 $\displaystyle\int_0^1 x\,\mathrm{d}x$;

(3) $\displaystyle\int_1^{\mathrm{e}} \ln x\,\mathrm{d}x$ 与 $\displaystyle\int_1^{\mathrm{e}} (\ln x)^2\,\mathrm{d}x$;　(4) $\displaystyle\int_0^{\frac{\pi}{2}} \sin x\,\mathrm{d}x$ 与 $\displaystyle\int_0^{\frac{\pi}{2}} x\,\mathrm{d}x$.

8. 估计下列定积分的大小:

(1) $\displaystyle\int_0^1 \dfrac{1}{1+x^2}\,\mathrm{d}x$;　　　　　　(2) $\displaystyle\int_1^{\mathrm{e}} \ln x\,\mathrm{d}x$.

5.2　微积分的基本公式

　　表面看来,不定积分与定积分是两个不同的概念,本节将介绍牛顿 — 莱布尼茨公式,把两者有机地结合起来,利用不定积分来计算定积分.

5.2.1　积分上限的函数及其导数

　　设函数 $f(x)$ 在区间 $[a,b]$ 上连续,x 为区间 $[a,b]$ 上的任意一点,则 $f(x)$ 在子区间 $[a,x]$ 上也连续,所以定积分

$$\int_a^x f(x)\mathrm{d}x$$

存在. 注意,这里积分上限是 x,但它与积分变量 x 的意义是不同的. 由于定积分的值与积分变量无关,为避免混淆,将上式积分改写成

$$\int_a^x f(t)\mathrm{d}t.$$

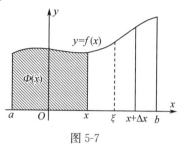

图 5-7

若固定积分下限 a 不变,则对于任一个 $x \in [a,b]$,定积分 $\int_a^x f(t)\mathrm{d}t$ 都有唯一确定的值与 x 对应,所以定积分 $\int_a^x f(t)\mathrm{d}t$ 是 x 的函数,称它为积分上限的函数,记作 $\Phi(x)$,即

$$\Phi(x) = \int_a^x f(t)\mathrm{d}t.$$

见图 5-7.

定理 5.3　**若函数 $f(x)$ 在区间 $[a,b]$ 上连续,则积分上限的函数**

$$\Phi(x) = \int_a^x f(t)\mathrm{d}t$$

在区间 $[a,b]$ 上可导,且其导数等于被积函数 $f(x)$,即

$$\Phi'(x) = \left[\int_a^x f(t)\mathrm{d}t\right]' = f(x).$$

证明　设 $x,x + \Delta x \in [a,b]$,由 $\Phi(x)$ 的定义,其增量

$$\Delta\Phi = \Phi(x + \Delta x) - \Phi(x) = \int_a^{x+\Delta x} f(t)\mathrm{d}t - \int_a^x f(t)\mathrm{d}t = \int_x^{x+\Delta x} f(t)\mathrm{d}t.$$

根据积分中值定理,在 x 和 $x + \Delta x$ 之间至少存在一点 ξ,使得

$$\Delta\Phi = \int_x^{x+\Delta x} f(t)\mathrm{d}t = f(\xi)\Delta x.$$

又因为 $f(x)$ 在区间 $[a,b]$ 上连续,所以,当 $\Delta x \to 0$ 时,有 $\xi \to x$,$f(\xi) \to f(x)$,从而有

$$\Phi'(x) = \lim_{\Delta x \to 0} \frac{\Delta\Phi(x)}{\Delta x} = \lim_{\xi \to x} f(\xi) = f(x).$$

即

$$\left[\int_a^x f(t)\mathrm{d}t\right]_x' = f(x).$$

定理 5.3 说明了闭区间上的连续函数一定存在原函数,因为其积分上限的函数就是它的一个原函数,从而我们有下面的定理.

定理 5.4（原函数存在定理）　**如果函数 $f(x)$ 在闭区间 $[a,b]$ 上连续,则函数**

$f(x)$ 在闭区间 $[a,b]$ 上的原函数一定存在.

例 1　设 $\Phi(x) = \int_{\frac{\pi}{2}}^{x} t\cos t\mathrm{d}t$，求 $\Phi'(x)$，$\Phi'(0)$，$\Phi'(\pi)$.

解　根据定理 5.3，有

$$\Phi'(x) = x\cos x.$$

从而 $\Phi'(0) = x\cos x\big|_{x=0} = 0$，$\Phi'(\pi) = x\cos x\big|_{x=\pi} = -\pi$.

例 2　求下列函数的导数：

(1) $F(x) = \int_{x}^{1} \cos^2 t\mathrm{d}t$.

(2) $F(x) = \int_{1}^{x^2} \ln t\mathrm{d}t (x > 0)$.

(3) $y = \int_{x}^{x^2} \sqrt{1+t^3}\,\mathrm{d}t$，求 $\dfrac{\mathrm{d}y}{\mathrm{d}x}$.

解　(1) 由于 $F(x) = -\int_{1}^{x} \cos^2 t\mathrm{d}t$，所以

$$F'(x) = \left(-\int_{1}^{x} \cos^2 t\mathrm{d}t\right)' = -\left(\int_{1}^{x} \cos^2 t\mathrm{d}t\right)' = -\cos^2 x.$$

(2) 我们把 $F(x) = \int_{1}^{x^2} \ln t\mathrm{d}t$ 看成是 x 的复合函数，其中中间变量是 $u = x^2$，利用链式法则，可得

$$F'(x) = \left(\int_{1}^{u} \ln t\mathrm{d}t\right)'_{u} \cdot (x^2)'_{x} = 2x\ln u = 2x\ln(x^2).$$

(3) 根据性质 3（定积分的可加性），有

$$y = \int_{0}^{x^2} \sqrt{1+t^3}\,\mathrm{d}t - \int_{0}^{x} \sqrt{1+t^3}\,\mathrm{d}t.$$

对于 $\int_{0}^{x^2} \sqrt{1+t^3}\,\mathrm{d}t$ 的求导，同样根据链式法则，令 $u = x^2$，即

$$
\begin{aligned}
\frac{\mathrm{d}y}{\mathrm{d}x} = y' &= \left(\int_{0}^{u} \sqrt{1+t^3}\,\mathrm{d}t\right)'_{u} \cdot (x^2)'_{x} - \sqrt{1+x^3} \\
&= 2x\sqrt{1+u^3} - \sqrt{1+x^3} \\
&= 2x\sqrt{1+x^6} - \sqrt{1+x^3}.
\end{aligned}
$$

5.2.2　微积分的基本公式

定理 5.5　设函数 $f(x)$ 在区间 $[a,b]$ 上连续，$F(x)$ 是 $f(x)$ 在区间 $[a,b]$ 上的一个原函数，则

$$\int_{a}^{b} f(x)\mathrm{d}x = F(b) - F(a).$$

证明　由定理 5.3 知道，$\Phi(x) = \int_a^x f(t)\mathrm{d}t$ 是 $f(x)$ 在 $[a,b]$ 上的一个原函数. 又由题设 $F(x)$ 也是 $f(x)$ 在 $[a,b]$ 上的一个原函数，由原函数的性质得知，同一函数的两个不同原函数只相差一个常数，即

$$F(x) - \int_a^x f(t)\mathrm{d}t = C\,(a \leqslant x \leqslant b).$$

把 $x = a$ 代入上式中，再根据 $\Phi(a) = \int_a^a f(t)\mathrm{d}t = 0$，从而 $C = F(a)$.

即
$$F(x) - \int_a^x f(t)\mathrm{d}t = F(a).$$

把 $x = b$ 代入上式中，移项，得

$$\int_a^b f(t)\mathrm{d}t = F(b) - F(a).$$

再把积分变量 t 换成 x，得

$$\int_a^b f(x)\mathrm{d}x = F(b) - F(a).$$

上式称为牛顿（Newton）—莱布尼茨（Leibniz）公式，也称为微积分基本公式. 今后为了使用该公式方便起见，把它右端的 $F(b) - F(a)$ 记为 $F(x)\Big|_a^b$，这样微积分基本公式就可以写成如下形式：

$$\int_a^b f(x)\mathrm{d}x = F(x)\Big|_a^b = F(b) - F(a).$$

该公式充分表达了定积分与原函数之间的内在联系，它把定积分的计算问题转化为求原函数（不定积分）的问题，从而给定积分的计算提供了一个简便而有效的途径.

例 3　计算下列定积分：

(1) $\displaystyle\int_0^1 \frac{1}{1+x^2}\mathrm{d}x$；　　　　　　　　(2) $\displaystyle\int_{-4}^{-2} \frac{1}{x}\mathrm{d}x$；

(3) $\displaystyle\int_{-1}^1 \frac{\mathrm{e}^x}{1+\mathrm{e}^x}\mathrm{d}x$；　　　　　　　　(4) $\displaystyle\int_{\frac{\pi}{6}}^{\frac{\pi}{4}} \cos^2 x\mathrm{d}x$.

解　(1) $\displaystyle\int_0^1 \frac{1}{1+x^2}\mathrm{d}x = \arctan x\Big|_0^1 = \frac{\pi}{4} - 0 = \frac{\pi}{4}$.

(2) $\displaystyle\int_{-4}^{-2} \frac{1}{x}\mathrm{d}x = \ln|x|\Big|_{-4}^{-2} = \ln 2 - \ln 4 = -\ln 2$.

(3) $\displaystyle\int_{-1}^1 \frac{\mathrm{e}^x}{1+\mathrm{e}^x}\mathrm{d}x = \int_{-1}^1 \frac{\mathrm{d}(1+\mathrm{e}^x)}{1+\mathrm{e}^x} = \ln(1+\mathrm{e}^x)\Big|_{-1}^1 = \ln(1+\mathrm{e}) - \ln(1+\mathrm{e}^{-1})$

$$= \ln\frac{1+\mathrm{e}}{1+\mathrm{e}^{-1}} = \ln\mathrm{e} = 1.$$

$(4)\displaystyle\int_{\frac{\pi}{6}}^{\frac{\pi}{4}}\cos^2x\mathrm{d}x=\int_{\frac{\pi}{6}}^{\frac{\pi}{4}}\frac{1+\cos2x}{2}\mathrm{d}x=\left(\frac{x}{2}+\frac{\sin2x}{4}\right)\Big|_{\frac{\pi}{6}}^{\frac{\pi}{4}}$

$\qquad\qquad =\left(\frac{\pi}{8}+\frac{1}{4}\right)-\left(\frac{\pi}{12}+\frac{\sqrt{3}}{8}\right)=\frac{\pi}{24}+\frac{2-\sqrt{3}}{8}.$

例4 计算$\displaystyle\int_0^{\frac{1}{\sqrt{2}}}\frac{x+1}{\sqrt{1-x^2}}\mathrm{d}x.$

解 $\qquad\displaystyle\int_0^{\frac{1}{\sqrt{2}}}\frac{x+1}{\sqrt{1-x^2}}\mathrm{d}x=\int_0^{\frac{1}{\sqrt{2}}}\frac{x}{\sqrt{1-x^2}}\mathrm{d}x+\int_0^{\frac{1}{\sqrt{2}}}\frac{1}{\sqrt{1-x^2}}\mathrm{d}x$

$\qquad\qquad =-\sqrt{1-x^2}\,\Big|_0^{\frac{1}{\sqrt{2}}}+\arcsin x\,\Big|_0^{\frac{1}{\sqrt{2}}}$

$\qquad\qquad =1-\frac{1}{\sqrt{2}}+\frac{\pi}{4}.$

例5 计算$\displaystyle\int_0^2|x-1|\mathrm{d}x.$

解 因为被积函数在积分区间上是分段函数,从而根据性质3(定积分的可加性),有

$\displaystyle\int_0^2|x-1|\mathrm{d}x=\int_0^1|x-1|\mathrm{d}x+\int_1^2|x-1|\mathrm{d}x=\int_0^1(1-x)\mathrm{d}x+\int_1^2(x-1)\mathrm{d}x$

$\qquad =\int_0^1(1-x)\mathrm{d}x+\int_1^2(x-1)\mathrm{d}x=\left(x-\frac{x^2}{2}\right)\Big|_0^1+\left(\frac{x^2}{2}-x\right)\Big|_1^2$

$\qquad =\left(1-\frac{1}{2}\right)-0+\left(\frac{2^2}{2}-2\right)-\left(\frac{1}{2}-1\right)=1.$

习题 5.2

1. 设$y=f(x)$在$[a,b]$上连续,则$\displaystyle\int_a^x f(t)\mathrm{d}t$与$\displaystyle\int_x^b f(u)\mathrm{d}u$是$x$的函数还是$t$与$u$的函数?它们的导数存在吗?如果存在,分别等于什么?

2. 求下列函数的导数:

$(1)y=\displaystyle\int_0^x\mathrm{e}^{t^2}\mathrm{d}t;$ $\qquad\qquad (2)y=\displaystyle\int_x^1 t\arctan t\mathrm{d}t;$

$(3)y=\displaystyle\int_0^{x^2}\frac{t\sin t}{1+\cos^2t}\mathrm{d}t;$ $\qquad (4)y=\displaystyle\int_{\sin x}^{\cos x}t\mathrm{d}t.$

3. 计算下列定积分:

$(1)\displaystyle\int_0^1(x^3+3x-2)\mathrm{d}x;$ $\qquad (2)\displaystyle\int_0^2(\mathrm{e}^t-t)\mathrm{d}x;$

$(3)\displaystyle\int_0^{\frac{\pi}{4}}\tan^2x\mathrm{d}x;$ $\qquad\qquad (4)\displaystyle\int_0^\pi\sin^2\frac{x}{2}\mathrm{d}x;$

$(5) \int_0^1 \dfrac{1}{\sqrt{4-x^2}} \mathrm{d}x$；

$(6) \int_0^1 \sqrt{1+x}\, \mathrm{d}x$；

$(7) \int_4^9 \sqrt{x}\,(\sqrt{x}+1)\, \mathrm{d}x$；

$(8) \int_0^{\sqrt{3}a} \dfrac{1}{a^2+x^2} \mathrm{d}x$；

$(9) \int_0^\pi |\cos x|\, \mathrm{d}x$；

$(10) \int_0^4 |2-x|\, \mathrm{d}x$.

4. 设 $f(x) = \begin{cases} x^2+2, & x \leqslant 1, \\ 4-x, & x > 1, \end{cases}$ 求 $\int_0^3 f(x)\mathrm{d}x$.

5. 求极限 $\lim\limits_{x \to 0} \dfrac{\int_0^x \cos t^2 \mathrm{d}t}{x}$.

5.3　定积分的换元积分法与分部积分法

由牛顿 — 莱布尼茨公式,定积分的计算只需找出被积函数的一个原函数,代入上下限,再用上限的函数值减去下限的函数值即可.本节将在不定积分的换元积分法与分部积分法的基础上,讨论定积分的换元积分法与分部积分法.

5.3.1　定积分的换元积分法

定理 5.6　设函数 $f(x)$ 在区间 $[a,b]$ 上连续,令 $x = \varphi(t)$,且满足

(1) $\varphi(\alpha) = a, \varphi(\beta) = b$;

(2) 当 t 从 α 变化到 β 时, $\varphi(t)$ 单调地从 a 变化到 b;

(3) $\varphi'(t)$ 在 $[\alpha,\beta]$(或 $[\beta,\alpha]$)上连续,则有

$$\int_a^b f(x)\mathrm{d}x = \int_\alpha^\beta f[\varphi(t)]\varphi'(t)\mathrm{d}t.$$

上式称为定积分的换元积分公式.

证明　由于上式两端的被积函数都是连续的,因此这两个定积分都存在. 现在只要证明两者相等即可.

设 $F(x)$ 是 $f(x)$ 的一个原函数,则由牛顿－莱布尼茨公式得

$$\int_a^b f(x)\mathrm{d}x = F(x)\Big|_a^b = F(b) - F(a).$$

根据复合函数的求导法则,有

$$\frac{\mathrm{d}}{\mathrm{d}t}F[\varphi(t)] = \frac{\mathrm{d}F}{\mathrm{d}x} \cdot \frac{\mathrm{d}x}{\mathrm{d}t} = f(x)\varphi'(t) = f[\varphi(t)]\varphi'(t).$$

这就是说, $F[\varphi(t)]$ 是 $f[\varphi(t)]\varphi'(t)$ 的一个原函数. 因此,有

$$\int_\alpha^\beta f[\varphi(t)]\varphi'(t)\mathrm{d}t = F[\varphi(t)]\Big|_\alpha^\beta = F[\varphi(\beta)] - F[\varphi(\alpha)] = F(b) - F(a).$$

所以
$$\int_a^b f(x)\mathrm{d}x = \int_\alpha^\beta f[\varphi(t)]\varphi'(t)\mathrm{d}t.$$

例 1　计算 $\displaystyle\int_0^3 \frac{x}{\sqrt{1+x}}\mathrm{d}x.$

解　令 $\sqrt{1+x}=t$，则 $x=t^2-1,\mathrm{d}x=2t\mathrm{d}t$，且当 $x=0$ 时，$t=1$；当 $x=3$ 时，$t=2$.

于是
$$\int_0^3 \frac{x}{\sqrt{1+x}}\mathrm{d}x = \int_1^2 \frac{t^2-1}{t}2t\mathrm{d}t = 2\int_1^2(t^2-1)\mathrm{d}t = 2\left(\frac{t^3}{3}-t\right)\Big|_1^2 = \frac{8}{3}.$$

例 2　计算 $\displaystyle\int_0^a \sqrt{a^2-x^2}\,\mathrm{d}x\,(a>0).$

解　令 $x=a\sin t$，则 $\mathrm{d}x=a\cos t\mathrm{d}t$，且当 $x=0$ 时，$t=0$；当 $x=a$ 时，$t=\dfrac{\pi}{2}$.

于是
$$\int_0^a \sqrt{a^2-x^2}\,\mathrm{d}x = \int_0^{\frac{\pi}{2}} \sqrt{a^2-a^2\sin^2 t}\cdot a\cos t\mathrm{d}t = a^2\int_0^{\frac{\pi}{2}}\cos^2 t\mathrm{d}t$$
$$= \frac{a^2}{2}\int_0^{\frac{\pi}{2}}(1+\cos 2t)\mathrm{d}t = \frac{a^2}{4}(2t+\sin 2t)\Big|_0^{\frac{\pi}{2}} = \frac{1}{4}\pi a^2.$$

想一想，本题是否可以令 $x=a\sin t$，当 $x=0$ 时，$t=\pi$；当 $x=a$ 时，$t=\dfrac{\pi}{2}$ 呢? 还有别的做法吗?(提示:利用定积分的几何意义)

例 3　计算 $\displaystyle\int_0^{\ln 2}\sqrt{\mathrm{e}^x-1}\,\mathrm{d}x.$

解　令 $\sqrt{\mathrm{e}^x-1}=t$，则 $x=\ln(t^2+1),\mathrm{d}x=\dfrac{2t}{t^2+1}\mathrm{d}t$，且当 $x=0$ 时，$t=0$；当 $x=\ln 2$ 时，$t=1$. 于是
$$\int_0^{\ln 2}\sqrt{\mathrm{e}^x-1}\,\mathrm{d}x = \int_0^1 \frac{2t^2}{t^2+1}\mathrm{d}t = 2\int_0^1\left(1-\frac{1}{t^2+1}\right)\mathrm{d}t$$
$$= 2(t-\arctan t)\Big|_0^1 = 2-\frac{\pi}{2}.$$

定积分的换元公式也可以反过来用，即
$$\int_\alpha^\beta f[\varphi(t)]\varphi'(t)\mathrm{d}t = \int_a^b f(x)\mathrm{d}x.$$

例 4　求定积分 $\displaystyle\int_0^1 x\mathrm{e}^{-\frac{x^2}{2}}\mathrm{d}x.$

解　因为 $x\mathrm{d}x = -\mathrm{d}\left(-\dfrac{x^2}{2}\right)$，所以令 $u=-\dfrac{x^2}{2}$. 当 $x=0$ 时，$u=0$；当 $x=1$

时，$u=-\dfrac{1}{2}$. 于是

$$\int_0^1 x\mathrm{e}^{-\frac{x^2}{2}}\mathrm{d}x=-\int_0^1 \mathrm{e}^{-\frac{x^2}{2}}\mathrm{d}\left(-\frac{x^2}{2}\right)=-\int_0^{-\frac{1}{2}}\mathrm{e}^u\mathrm{d}u=-\left.\mathrm{e}^u\right|_0^{-\frac{1}{2}}=1-\mathrm{e}^{-\frac{1}{2}}.$$

若我们在定积分的计算过程中引入了新的变量，就必须同时更换积分的上下限，即所谓的"换元必换限".

例 5　证明 $\displaystyle\int_0^{\frac{\pi}{2}} f(\sin x)\mathrm{d}x=\int_0^{\frac{\pi}{2}} f(\cos x)\mathrm{d}x.$

证明　$\displaystyle\int_0^{\frac{\pi}{2}} f(\sin x)\mathrm{d}x\xrightarrow{x=\frac{\pi}{2}-t}\int_{\frac{\pi}{2}}^0 f\left[\sin\left(\frac{\pi}{2}-t\right)\right]\mathrm{d}\left(\frac{\pi}{2}-t\right)$

$$=-\int_{\frac{\pi}{2}}^0 f(\cos t)\mathrm{d}t=\int_0^{\frac{\pi}{2}} f(\cos t)\mathrm{d}t.$$

特别地，$\displaystyle\int_0^{\frac{\pi}{2}}\sin^n x\mathrm{d}x=\int_0^{\frac{\pi}{2}}\cos^n x\mathrm{d}x.$

例 6　求定积分 $\displaystyle\int_0^\pi \sqrt{\sin^3 x-\sin^5 x}\,\mathrm{d}x.$

解　根据性质 3（定积分的可加性），有

$$\int_0^\pi \sqrt{\sin^3 x-\sin^5 x}\,\mathrm{d}x=\int_0^\pi \sqrt{\sin^3 x\cos^2 x}\,\mathrm{d}x$$

$$=\int_0^{\frac{\pi}{2}} \sqrt{\sin^3 x\cos^2 x}\,\mathrm{d}x+\int_{\frac{\pi}{2}}^\pi \sqrt{\sin^3 x\cos^2 x}\,\mathrm{d}x$$

$$=\int_0^{\frac{\pi}{2}} \sqrt{\sin^3 x}\cos x\mathrm{d}x-\int_{\frac{\pi}{2}}^\pi \sqrt{\sin^3 x}\cos x\mathrm{d}x$$

$$=\int_0^{\frac{\pi}{2}} \sqrt{\sin^3 x}\,\mathrm{d}(\sin x)-\int_{\frac{\pi}{2}}^\pi \sqrt{\sin^3 x}\,\mathrm{d}(\sin x)$$

$$=\frac{2}{5}\left.(\sin x)^{\frac{5}{2}}\right|_0^{\frac{\pi}{2}}-\frac{2}{5}\left.(\sin x)^{\frac{5}{2}}\right|_{\frac{\pi}{2}}^\pi=\frac{4}{5}.$$

有时候为了简便起见也可以不写出所引入的新变量. 如例 6 最后本来应该令 $u=\sin x$ 的，而我们把 $\sin x$ 作为整体看成是一个积分变量，这里就不用更换积分的上下限了.

例 7　设函数 $f(x)$ 在对称区间 $[-a,a]$ 上连续，求证：

(1) $\displaystyle\int_{-a}^a f(x)\mathrm{d}x=\int_0^a [f(x)+f(-x)]\mathrm{d}x$；

(2) 当 $f(x)$ 为偶函数时，$\displaystyle\int_{-a}^a f(x)\mathrm{d}x=2\int_0^a f(x)\mathrm{d}x$；

(3) 当 $f(x)$ 为奇函数时，$\displaystyle\int_{-a}^a f(x)\mathrm{d}x=0.$

证明 (1) 根据定积分的可加性,有

$$\int_{-a}^{a} f(x)\mathrm{d}x = \int_{-a}^{0} f(x)\mathrm{d}x + \int_{0}^{a} f(x)\mathrm{d}x. \tag{5-1}$$

对于积分 $\int_{-a}^{0} f(x)\mathrm{d}x$,令 $x = -t$,则 $\mathrm{d}x = -\mathrm{d}t$. 当 $x = -a$ 时,$t = a$;当 $x = 0$ 时,$t = 0$. 于是

$$\int_{-a}^{0} f(x)\mathrm{d}x = -\int_{a}^{0} f(-t)\mathrm{d}t = \int_{0}^{a} f(-t)\mathrm{d}t = \int_{0}^{a} f(-x)\mathrm{d}x.$$

把上式代入(5-1)式就得所证的结果.

(2) $f(x) = f(-x)$,由(1)的结构直接推得.

(3) $f(x) = -f(-x)$,由(1)的结构直接推得.

例 8 计算 $\int_{-\sqrt{3}}^{\sqrt{3}} \dfrac{x^5 \sin^2 x}{1 + x^2 + x^4}\mathrm{d}x$.

解 因为被积函数是在对称区间 $[-\sqrt{3}, \sqrt{3}]$ 上的奇函数,所以根据本节例 7(3),有

$$\int_{-\sqrt{3}}^{\sqrt{3}} \frac{x^5 \sin^2 x}{1 + x^2 + x^4}\mathrm{d}x = 0.$$

例 9 计算 $\int_{-1}^{1} \sqrt{4 - x^2}\,\mathrm{d}x$.

解 因为被积函数是在对称区间 $[-1, 1]$ 上的偶函数,所以根据本节例 7(2),有

$$\int_{-1}^{1} \sqrt{4 - x^2}\,\mathrm{d}x = 2\int_{0}^{1} \sqrt{4 - x^2}\,\mathrm{d}x \xlongequal{x = 2\sin t} 2\int_{0}^{\frac{\pi}{6}} \sqrt{4 - 4\sin^2 t} \cdot 2\cos t\,\mathrm{d}t$$

$$= 8\int_{0}^{\frac{\pi}{6}} \cos^2 t\,\mathrm{d}t = 4\int_{0}^{\frac{\pi}{6}} (1 + \cos 2t)\,\mathrm{d}t = \frac{2\pi}{3} + \sqrt{3}.$$

例 10 设 $f(x)$ 是 $(-\infty, +\infty)$ 上的以 l 为周期的周期函数,证明:

$$\int_{a}^{a+l} f(x)\mathrm{d}x = \int_{0}^{l} f(x)\mathrm{d}x.$$

证明 根据定积分的可加性,有

$$\int_{a}^{a+l} f(x)\mathrm{d}x = \int_{a}^{0} f(x)\mathrm{d}x + \int_{0}^{l} f(x)\mathrm{d}x + \int_{l}^{a+l} f(x)\mathrm{d}x,$$

又 $\int_{l}^{a+l} f(x)\mathrm{d}x \xlongequal{x = l + t} \int_{0}^{a} f(t)\mathrm{d}t$,且定积分与积分变量无关,从而上面等式右边的第一项和第三项相互抵消,所以结论成立.

类似地,如

(1) $\int_{0}^{\pi} \sin 2x\,\mathrm{d}x = \int_{-\frac{\pi}{2}}^{\frac{\pi}{2}} \sin 2x\,\mathrm{d}x = 0$(以 π 为周期);

$(2) \displaystyle\int_0^{2\pi} |\sin x| \, \mathrm{d}x = 2\int_0^{\pi} |\sin x| \, \mathrm{d}x = 2\int_{-\frac{\pi}{2}}^{\frac{\pi}{2}} |\sin x| \, \mathrm{d}x = 4\int_0^{\frac{\pi}{2}} |\sin x| \, \mathrm{d}x = 4.$

5.3.2　定积分的分部积分法

定理 5.7　设函数 $u = u(x)$ 与 $v = v(x)$ 在区间 $[a, b]$ 上有连续的导数,则

$$\int_a^b u(x)v'(x)\mathrm{d}x = u(x)v(x)\Big|_a^b - \int_a^b v(x)u'(x)\mathrm{d}x,$$

或简写成

$$\int_a^b u\mathrm{d}v = uv\Big|_a^b - \int_a^b v\mathrm{d}u.$$

上述公式称为定积分的分部积分公式.

证明　因为 $(uv)' = u'v + uv'$,两边分别求在区间 $[a, b]$ 上的定积分,得

$$\int_a^b (uv)'\mathrm{d}x = \int_a^b vu'\mathrm{d}x + \int_a^b uv'\mathrm{d}x,$$

即

$$uv\Big|_a^b = \int_a^b vu'\mathrm{d}x + \int_a^b uv'\mathrm{d}x.$$

移项,得

$$\int_a^b uv'\mathrm{d}x = uv\Big|_a^b - \int_a^b u'v\mathrm{d}x.$$

例 11　计算 $\displaystyle\int_1^{\mathrm{e}} x\ln x\mathrm{d}x.$

解　根据定积分的分部积分公式,有

$$\int_1^{\mathrm{e}} x\ln x\mathrm{d}x = \int_1^{\mathrm{e}} \ln x\mathrm{d}\left(\frac{x^2}{2}\right) = \frac{x^2\ln x}{2}\Big|_1^{\mathrm{e}} - \int_1^{\mathrm{e}} \frac{x^2}{2}\mathrm{d}(\ln x)$$

$$= \left(\frac{\mathrm{e}^2}{2} - 0\right) - \int_1^{\mathrm{e}} \frac{x^2}{2} \cdot \frac{1}{x}\mathrm{d}x = \frac{\mathrm{e}^2}{2} - \frac{1}{2}\int_1^{\mathrm{e}} x\mathrm{d}x$$

$$= \frac{\mathrm{e}^2}{2} - \frac{1}{4}x^2\Big|_1^{\mathrm{e}} = \frac{\mathrm{e}^2 + 1}{4}.$$

例 12　计算 $\displaystyle\int_0^{\pi} x^2\cos x\mathrm{d}x.$

解
$$\int_0^{\pi} x^2\cos x\mathrm{d}x = \int_0^{\pi} x^2\mathrm{d}(\sin x) = x^2\sin x\Big|_0^{\pi} - 2\int_0^{\pi} x\sin x\mathrm{d}x$$

$$= 0 + 2\int_0^{\pi} x\mathrm{d}(\cos x) = 2x\cos x\Big|_0^{\pi} - 2\int_0^{\pi}\cos x\mathrm{d}x$$

$$= -2\sin x\Big|_0^{\pi} - 2\pi = -2\pi.$$

例 13　计算 $\displaystyle\int_0^{\frac{\pi}{2}} \mathrm{e}^x\sin x\mathrm{d}x.$

解 $\displaystyle\int_0^{\frac{\pi}{2}} e^x \sin x \, dx = \int_0^{\frac{\pi}{2}} \sin x \, de^x = e^x \sin x \Big|_0^{\frac{\pi}{2}} - \int_0^{\frac{\pi}{2}} e^x \cos x \, dx$

$\displaystyle = e^{\frac{\pi}{2}} - \int_0^{\frac{\pi}{2}} \cos x \, de^x = e^{\frac{\pi}{2}} - e^x \cos x \Big|_0^{\frac{\pi}{2}} - \int_0^{\frac{\pi}{2}} e^x \sin x \, dx.$

移项,合并得

$$\int_0^{\frac{\pi}{2}} e^x \sin x \, dx = \frac{1}{2}\left(e^{\frac{\pi}{2}} - e^x \cos x \Big|_0^{\frac{\pi}{2}}\right) = \frac{e^{\frac{\pi}{2}} + 1}{2}.$$

例 14 计算 $\displaystyle\int_0^4 e^{\sqrt{x}} \, dx$.

解 令 $\sqrt{x} = t$,则 $x = t^2$,$dx = 2t \, dt$. 当 $x = 0$ 时,$t = 0$;当 $x = 4$ 时,$t = 2$. 于是

$$\int_0^4 e^{\sqrt{x}} \, dx = 2\int_0^2 e^t t \, dt = 2\int_0^2 t \, de^t = 2te^t \Big|_0^2 - 2\int_0^2 e^t \, dt$$

$$= 4e^2 - 2e^t \Big|_0^2 = 2e^2 + 2.$$

习题 5.3

1. 用换元积分法计算下列定积分:

(1) $\displaystyle\int_0^1 e^{2x-3} \, dx$;

(2) $\displaystyle\int_0^{\frac{\pi}{2}} \cos^4 x \sin x \, dx$;

(3) $\displaystyle\int_0^1 \frac{1}{e^x + e^{-x}} \, dx$;

(4) $\displaystyle\int_1^4 \frac{1}{1 + \sqrt{x}} \, dx$;

(5) $\displaystyle\int_0^{e^2} \frac{1}{x \ln x} \, dx$;

(6) $\displaystyle\int_3^8 \frac{x-1}{\sqrt{1+x}} \, dx$;

(7) $\displaystyle\int_0^4 \frac{\sqrt{x}}{\sqrt{x} + 1} \, dx$;

(8) $\displaystyle\int_1^{\sqrt{3}} \frac{1}{x^2 \sqrt{1 + x^2}} \, dx$.

2. 用分部积分法计算下列定积分:

(1) $\displaystyle\int_0^1 \arctan x \, dx$;

(2) $\displaystyle\int_0^1 x e^{-x} \, dx$;

(3) $\displaystyle\int_{\frac{\pi}{4}}^{\frac{\pi}{3}} \frac{x}{\cos^2 x} \, dx$;

(4) $\displaystyle\int_0^{\frac{\pi}{2}} x \sin \frac{x}{2} \, dx$;

(5) $\displaystyle\int_0^1 x \arcsin x \, dx$;

(6) $\displaystyle\int_0^{\frac{\pi}{2}} e^x \sin x \cos x \, dx$;

(7) $\displaystyle\int_1^4 \frac{\ln x}{\sqrt{x}} \, dx$;

(8) $\displaystyle\int_{\frac{1}{e}}^{e} |\ln x| \, dx$.

3. 利用函数的奇偶性计算下列定积分:

$(1)\displaystyle\int_{-1}^{1}\dfrac{x^2\sin x}{x^4+6}\mathrm{d}x;$

$(2)\displaystyle\int_{-1}^{1}\ln\dfrac{2-x}{2+x}\mathrm{d}x;$

$(3)\displaystyle\int_{-1}^{1}x\mathrm{e}^{|x|}\mathrm{d}x;$

$(4)\displaystyle\int_{-\frac{\pi}{4}}^{\frac{\pi}{4}}|\tan x|\,\mathrm{d}x.$

4. 证明：$\displaystyle\int_{0}^{1}x^m(1-x)^n\mathrm{d}x=\int_{0}^{1}x^n(1-x)^m\mathrm{d}x.$

5.4　广　义　积　分

前面我们所讨论的定积分，其积分区间是有限的闭区间，被积函数是有界函数，这样的积分又称为常义积分. 但在实际问题中，经常会遇到积分区间是无限区间或被积函数是无界函数的情形，这两类积分都叫做广义积分（或反常积分）.

5.4.1　无限区间上的广义积分

由于共有三种无限区间，从而对应的广义积分也有三种形式.

定义 5.2　设函数 $f(x)$ 在区间 $[a,+\infty)$ 上连续，取实数 $b>a$，则称极限

$$\lim_{b\to+\infty}\int_{a}^{b}f(x)\mathrm{d}x$$

为函数 $f(x)$ 在区间 $[a,+\infty)$ 上的广义积分，记作 $\displaystyle\int_{a}^{+\infty}f(x)\mathrm{d}x$，即

$$\int_{a}^{+\infty}f(x)\mathrm{d}x=\lim_{b\to+\infty}\int_{a}^{b}f(x)\mathrm{d}x,$$

若此极限存在，则称广义积分 $\displaystyle\int_{a}^{+\infty}f(x)\mathrm{d}x$ 收敛，否则称广义积分 $\displaystyle\int_{a}^{+\infty}f(x)\mathrm{d}x$ 发散.

类似地，设函数 $f(x)$ 在 $(-\infty,b]$ 上连续，在 $(-\infty,b]$ 上取实数 $a<b$，称极限

$$\lim_{a\to-\infty}\int_{a}^{b}f(x)\mathrm{d}x$$

为函数 $f(x)$ 在 $(-\infty,b]$ 上的广义积分，记作 $\displaystyle\int_{-\infty}^{b}f(x)\mathrm{d}x$，即

$$\int_{-\infty}^{b}f(x)\mathrm{d}x=\lim_{a\to-\infty}\int_{a}^{b}f(x)\mathrm{d}x,$$

若此极限存在，则称广义积分 $\displaystyle\int_{-\infty}^{b}f(x)\mathrm{d}x$ 收敛，否则称广义积分 $\displaystyle\int_{-\infty}^{b}f(x)\mathrm{d}x$ 发散.

设函数 $f(x)$ 在 $(-\infty,+\infty)$ 内连续，对任意实数 c，如果广义积分

$$\int_{-\infty}^{c}f(x)\mathrm{d}x \text{ 和}\int_{c}^{+\infty}f(x)\mathrm{d}x$$

都收敛,则称广义积分 $\int_{-\infty}^{+\infty} f(x)\mathrm{d}x$ 收敛,且其积分值

$$\int_{-\infty}^{+\infty} f(x)\mathrm{d}x = \int_{-\infty}^{c} f(x)\mathrm{d}x + \int_{c}^{+\infty} f(x)\mathrm{d}x;$$

否则称广义积分 $\int_{-\infty}^{+\infty} f(x)\mathrm{d}x$ 发散.

若 $F(x)$ 是 $f(x)$ 的一个原函数,并记

$$F(+\infty) = \lim_{x \to +\infty} F(x), F(-\infty) = \lim_{x \to -\infty} F(x),$$

则以上广义积分可分别记为

$$\int_{a}^{+\infty} f(x)\mathrm{d}x = F(x)\Big|_{a}^{+\infty} = \lim_{x \to +\infty} F(x) - F(a) = F(+\infty) - F(a),$$

$$\int_{-\infty}^{b} f(x)\mathrm{d}x = F(x)\Big|_{-\infty}^{b} = F(b) - \lim_{x \to -\infty} F(x) = F(b) - F(-\infty),$$

$$\int_{-\infty}^{+\infty} f(x)\mathrm{d}x = F(x)\Big|_{-\infty}^{+\infty} = \lim_{x \to +\infty} F(x) - \lim_{x \to -\infty} F(x) = F(+\infty) - F(-\infty).$$

此时,广义积分的收敛或发散就取决于 $F(+\infty)$,$F(-\infty)$ 是否存在. 如果存在则收敛,如果不存在就发散.

例 1 求 $\int_{0}^{+\infty} \dfrac{1}{1+x^2}\mathrm{d}x$.

解 $\int_{0}^{+\infty} \dfrac{1}{1+x^2}\mathrm{d}x = \arctan x\Big|_{0}^{+\infty} = \dfrac{\pi}{2}$.

例 2 求 $\int_{-\infty}^{+\infty} \dfrac{1}{a^2+x^2}\mathrm{d}x (a > 0)$.

解 $\int_{-\infty}^{+\infty} \dfrac{1}{a^2+x^2}\mathrm{d}x = \dfrac{1}{a}\int_{-\infty}^{+\infty} \dfrac{1}{1+\frac{x^2}{a^2}}\mathrm{d}\left(\dfrac{x}{a}\right) = \dfrac{1}{a}\arctan\dfrac{x}{a}\Big|_{-\infty}^{+\infty} = \dfrac{\pi}{a}$.

例 3 计算 $\int_{-\infty}^{0} xe^x \mathrm{d}x$.

解 因为 $\int xe^x \mathrm{d}x = \int x\mathrm{d}e^x = xe^x - \int e^x \mathrm{d}x = xe^x - e^x + C$,所以 $e^x(x-1)$ 是 xe^x 的一个原函数. 又根据罗必达法则,有

$$\lim_{x \to -\infty} e^x(x-1) = \lim_{x \to -\infty} \dfrac{x-1}{e^{-x}} \xlongequal{\frac{\infty}{\infty}} \lim_{x \to -\infty} \dfrac{1}{-e^{-x}} = 0.$$

于是

$$\int_{-\infty}^{0} xe^x \mathrm{d}x = e^x(x-1)\Big|_{-\infty}^{0} = -1.$$

例 4 判断 $\int_{e}^{+\infty} \dfrac{\mathrm{d}x}{x\ln x}$ 的敛散性.

解　因为被积函数的原函数 $F(x) = \ln|\ln x|$，又

$$F(+\infty) = \lim_{x \to +\infty} \ln|\ln x| = +\infty,$$

所以广义积分 $\int_e^{+\infty} \dfrac{\mathrm{d}x}{x \ln x}$ 发散.

例 5　证明广义积分 $\int_1^{+\infty} \dfrac{1}{x^p}\mathrm{d}x$，当 $p > 1$ 时收敛；当 $p \leqslant 1$ 时发散.

证明　当 $p = 1$ 时，

$$\int_1^{+\infty} \frac{1}{x^p}\mathrm{d}x = \ln|x|\,\Big|_1^{+\infty} = +\infty.$$

当 $p \neq 1$ 时，

$$\int_1^{+\infty} \frac{1}{x^p}\mathrm{d}x = \frac{1}{1-p}x^{1-p}\,\Big|_1^{+\infty} = \begin{cases} +\infty, & p < 1, \\ \dfrac{1}{p-1}, & p > 1. \end{cases}$$

所以，当 $p > 1$ 时，广义积分 $\int_1^{+\infty} \dfrac{1}{x^p}\mathrm{d}x$ 收敛，其值为 $\dfrac{1}{p-1}$；当 $p \leqslant 1$ 时，广义积分 $\int_1^{+\infty} \dfrac{1}{x^p}\mathrm{d}x$ 发散.

例 6　计算 $\int_1^{+\infty} \dfrac{1}{x(1+x^2)}\mathrm{d}x$.

解　因为 $\int \dfrac{1}{x(1+x^2)}\mathrm{d}x = \int\left(\dfrac{1}{x} - \dfrac{x}{1+x^2}\right)\mathrm{d}x = \ln|x| - \dfrac{1}{2}\ln(1+x^2) + C$
$= \dfrac{1}{2}\ln\dfrac{x^2}{1+x^2} + C$，所以 $\dfrac{1}{2}\ln\dfrac{x^2}{1+x^2}$ 是 $\dfrac{1}{x(1+x^2)}$ 的一个原函数. 又

$$\lim_{x \to +\infty} \frac{1}{2}\ln\frac{x^2}{1+x^2} = 0,$$

所以

$$\int_1^{+\infty} \frac{1}{x(1+x^2)}\mathrm{d}x = \frac{1}{2}\ln\frac{x^2}{1+x^2}\,\Big|_1^{+\infty} = 0 - \frac{1}{2}\ln\frac{1}{2} = \frac{\ln 2}{2}.$$

注　本题如果按照下述方法来做，即

$$\int_1^{+\infty} \frac{1}{x(1+x^2)}\mathrm{d}x = \int_1^{+\infty}\left(\frac{1}{x} - \frac{x}{1+x^2}\right)\mathrm{d}x = \int_1^{+\infty} \frac{1}{x}\mathrm{d}x - \int_1^{+\infty} \frac{x}{1+x^2}\mathrm{d}x,$$

则很显然 $\int_1^{+\infty} \dfrac{1}{x}\mathrm{d}x$ 和 $\int_1^{+\infty} \dfrac{x}{1+x^2}\mathrm{d}x$ 都是发散的，就会得不到结果.

5.4.2　无界函数的广义积分

定义 5.3　设函数 $f(x)$ 在区间 $(a,b]$ 上连续，且 $\lim\limits_{x \to a+0} f(x) = \infty$，取 $\varepsilon > 0$，则

称极限

$$\lim_{\varepsilon \to 0+0} \int_{a+\varepsilon}^{b} f(x)\mathrm{d}x$$

为函数 $f(x)$ 在区间 $(a,b]$ 上的**广义积分**,记作 $\int_a^b f(x)\mathrm{d}x$,即

$$\int_a^b f(x)\mathrm{d}x = \lim_{\varepsilon \to 0+0} \int_{a+\varepsilon}^{b} f(x)\mathrm{d}x,$$

若此极限存在,则称广义积分 $\int_a^b f(x)\mathrm{d}x$ **收敛,否则称广义积分** $\int_a^b f(x)\mathrm{d}x$ **发散**.

这里,点 $x=a$ 又称为函数 $f(x)$ 的**瑕点**.

类似地,设函数 $f(x)$ 在区间 $[a,b)$ 上连续,且 $\lim\limits_{x \to b-0} f(x) = \infty$,取 $\varepsilon > 0$,则称极限

$$\lim_{\varepsilon \to 0+0} \int_{a}^{b-\varepsilon} f(x)\mathrm{d}x$$

为函数 $f(x)$ 在区间 $[a,b)$ 上的广义积分,记作 $\int_a^b f(x)\mathrm{d}x$,即

$$\int_a^b f(x)\mathrm{d}x = \lim_{\varepsilon \to 0+0} \int_{a}^{b-\varepsilon} f(x)\mathrm{d}x,$$

若此极限存在,则称广义积分 $\int_a^b f(x)\mathrm{d}x$ 收敛,否则称广义积分 $\int_a^b f(x)\mathrm{d}x$ 发散.

设函数 $f(x)$ 在区间 $[a,c)\bigcup(c,b]$ 内连续,且 $\lim\limits_{x \to c} f(x) = \infty$,如果下面两个广义积分

$$\int_a^c f(x)\mathrm{d}x \ 与 \int_c^b f(x)\mathrm{d}x$$

都收敛,则称广义积分 $\int_a^b f(x)\mathrm{d}x$ 收敛,且其积分值

$$\int_a^b f(x)\mathrm{d}x = \int_a^c f(x)\mathrm{d}x + \int_c^b f(x)\mathrm{d}x;$$

否则称广义积分 $\int_a^b f(x)\mathrm{d}x$ 发散.

若 $F(x)$ 是 $f(x)$ 的一个原函数,并记

$$F(a+0) = \lim_{x \to a+0} F(x), F(b-0) = \lim_{x \to b-0} F(x),$$

则上述定义的广义积分可分别表示为

$$\int_a^b f(x)\mathrm{d}x = F(x)\Big|_a^b = F(b) - F(a+0),$$

$$\int_a^b f(x)\mathrm{d}x = F(x)\Big|_a^b = F(b-0) - F(a),$$

$$\int_a^b f(x)\mathrm{d}x = \int_a^c f(x)\mathrm{d}x + \int_c^b f(x)\mathrm{d}x = F(x)\Big|_a^c + F(x)\Big|_c^b$$

$$= F(c-0) - F(a) + F(b) - F(c+0).$$

例 7　判断 $\displaystyle\int_0^1 \frac{\mathrm{d}x}{\sqrt{1-x}}$ 的收敛性.

解　显然 $x=1$ 是被积函数的瑕点,于是

$$\int_0^1 \frac{\mathrm{d}x}{\sqrt{1-x}} = -2\sqrt{1-x}\,\Big|_0^1 = \lim_{x\to 1-0} -2\sqrt{1-x} + 2 = 2.$$

例 8　判断 $\displaystyle\int_0^1 \frac{\mathrm{d}x}{\sqrt{1-x^2}}$ 的收敛性.

解　显然 $x=1$ 是被积函数的瑕点,于是

$$\int_0^1 \frac{\mathrm{d}x}{\sqrt{1-x^2}} = \arcsin x\,\Big|_0^1 = \lim_{x\to 1-0} \arcsin x - \arcsin 0 = \frac{\pi}{2}.$$

例 9　讨论广义积分 $\displaystyle\int_0^1 \frac{\mathrm{d}x}{x^p}(p>0)$ 的收敛性.

解　方法一:$x=0$ 是被积函数的瑕点.

当 $p=1$ 时,

$$\int_0^1 \frac{\mathrm{d}x}{x^p} = \int_0^1 \frac{\mathrm{d}x}{x} = \ln|x|\,\Big|_0^1 = \ln 1 - \lim_{x\to 0+0} \ln x = +\infty.$$

当 $p\neq 1$ 时,

$$\int_0^1 \frac{\mathrm{d}x}{x^p} = \frac{1}{1-p} x^{1-p}\,\Big|_0^1 = \frac{1}{1-p}\left(1 - \lim_{x\to 0+0} x^{1-p}\right) = \begin{cases} \dfrac{1}{1-p}, & 0<p<1, \\[2mm] +\infty, & 1<p. \end{cases}$$

综上所述,当 $0<p<1$ 时,$\displaystyle\int_0^1 \frac{\mathrm{d}x}{x^p}$ 收敛,且其值为 $\dfrac{1}{1-p}$;当 $p\geqslant 1$ 时,$\displaystyle\int_0^1 \frac{\mathrm{d}x}{x^p}$ 发散.

方法二:令 $x=\dfrac{1}{t}$,则 $\mathrm{d}x = -\dfrac{1}{t^2}\mathrm{d}t$. 当 $x\to 0+0$ 时,$t\to +\infty$;当 $x=1$ 时,$t=1$. 于是

$$\int_0^1 \frac{\mathrm{d}x}{x^p} = \int_{+\infty}^1 \frac{1}{t^{-p}}\cdot\left(-\frac{1}{t^2}\right)\mathrm{d}t = \int_1^{+\infty} t^{p-2}\mathrm{d}t = \int_1^{+\infty} \frac{1}{t^{2-p}}\mathrm{d}t.$$

根据本节例 5,把其结果中的 p 换成 $2-p$ 就可以得到与第一种做法同样的结果.

由此可见,无限区间上的广义积分与无界函数的广义积分可以互相转化.

习题 5.4

讨论下列广义积分的收敛性:

(1) $\displaystyle\int_0^{+\infty} \mathrm{e}^{-x}\mathrm{d}x$;

(2) $\displaystyle\int_0^{+\infty} \sin x\,\mathrm{d}x$;

(3) $\displaystyle\int_1^{+\infty} \frac{1}{x+1}\mathrm{d}x$;

(4) $\displaystyle\int_{-\infty}^{-1} \frac{1}{x^2(x^2+1)}\mathrm{d}x$;

(5) $\int_{-\infty}^{+\infty} \dfrac{1}{x^2+1} \mathrm{d}x$;　　　　　(6) $\int_{3}^{+\infty} \dfrac{1}{\sqrt{x}\,(1+x)} \mathrm{d}x$;

(7) $\int_{0}^{+\infty} x^2 \mathrm{e}^{-x} \mathrm{d}x$;　　　　　(8) $\int_{0}^{1} \ln x \mathrm{d}x$;

(9) $\int_{0}^{1} \dfrac{1}{\sqrt{x}} \mathrm{d}x$;　　　　　(10) $\int_{0}^{1} \dfrac{1}{x^2} \arctan \dfrac{1}{x} \mathrm{d}x$;

(11) $\int_{0}^{+\infty} x^p \mathrm{d}x$;　　　　　(12) $\int_{0}^{2} \dfrac{1}{(x-1)^2} \mathrm{d}x$.

5.5　定积分的应用

定积分的应用非常广泛,在几何、物理等自然科学和生产实践中,有许多问题最后都可归结为计算某个定积分.本节通过介绍"微元法",利用前面所学的定积分知识来分析解决一些实际中的问题.

5.5.1　微元法

我们首先回顾一下前面讨论过的计算曲边梯形面积的问题.

设在区间 $[a,b]$ 上,函数 $y=f(x)(f(x)\geqslant 0)$ 连续.求由直线 $x=a,x=b,y=0$ 以及曲线 $y=f(x)$ 所围成的曲边梯形的面积 A,把 A 表示为定积分 $\int_{a}^{b} f(x)\mathrm{d}x$ 的步骤是:

(1) 分割　在区间 $[a,b]$ 上插入 $n-1$ 个点,把它分成长度为 $\Delta x_i(i=1,2,\cdots,n)$ 的 n 个小区间,相应的把曲边梯形分成 n 个小的曲边梯形.第 i 个曲边梯形的面积记为 $\Delta A_i(i=1,2,\cdots,n)$,于是

$$A = \Delta A_1 + \Delta A_2 + \cdots + \Delta A_n = \sum_{i=1}^{n} \Delta A_i.$$

(2) 近似代替(或作乘积)　用以 Δx_i 为宽,$f(\xi_i)$ 为高的小矩形的面积 $f(\xi_i)\Delta x_i$ 近似代替相应的小曲边梯形的面积 ΔA_i,即

$$\Delta A_i \approx f(\xi_i)\Delta x_i (i=1,2,\cdots,n).$$

(3) 求和　将每个小矩形的面积相加,得近似值 $A \approx \sum_{i=1}^{n} f(\xi_i)\Delta x_i$.

(4) 取极限　令 $\lambda = \max_{1\leqslant i\leqslant n}\{\Delta x_i\}$ 趋向于零,求极限得面积

$$A = \lim_{\lambda \to 0} \sum_{i=1}^{n} f(\xi_i)\Delta x_i.$$

我们可以将上述步骤简化一下,对比(2)和(4)中的两个式子,可以看到(2)中

的式子就是(4)中的式子的雏型,即有了(2)中的式子,积分表达式中的主要部分已经形成.因此作如下的简化:把(2)中式子中的 ξ_i 写成 x,Δx_i 写成 $\mathrm{d}x$,这样对(2)中的式子求和取极限就可得(4)中的式子了.具体做法如下:

设所求量为 Q.

(1)在区间 $[a,b]$ 上任取一点 x,给 x 以微小的增量 $\mathrm{d}x(x+\mathrm{d}x\in[a,b])$,在 $[x,x+\mathrm{d}x]$ 上函数 $f(x)$ 的增量 $\Delta Q\approx f(x)\mathrm{d}x$,$\Delta Q$ 与 $f(x)\mathrm{d}x$ 之差是 $\mathrm{d}x$ 的高阶无穷小,令 $\mathrm{d}Q=\Delta Q$ 即可构造所求量的微元 $\mathrm{d}Q=f(x)\mathrm{d}x$.

(2)求和,取极限,即把上述微元"累积"起来,得 $Q=\int_a^b f(x)\mathrm{d}x$.

这个简化的方法称为微元法.

5.5.2　定积分在几何中的应用

1. 平面图形的面积

(1)由连续曲线 $y=f(x)$ 以及直线 $x=a,x=b,y=0$ 所围成的平面图形的面积 A.

根据定积分的几何意义可知

当 $f(x)\geqslant 0$ 时,$\int_a^b f(x)\mathrm{d}x=A$,这时显然有 $\int_a^b|f(x)|\mathrm{d}x=\int_a^b f(x)\mathrm{d}x=A$;

当 $f(x)\leqslant 0$ 时,$\int_a^b f(x)\mathrm{d}x=-A$,这时也有 $\int_a^b|f(x)|\mathrm{d}x=-\int_a^b f(x)\mathrm{d}x=A$;

当 $f(x)$ 有正有负时,由连续曲线 $y=|f(x)|$ 以及直线 $x=a,x=b,y=0$ 所围成的平面图形的面积同样是 A,从而 $\int_a^b|f(x)|\mathrm{d}x=A$(如图 5-8 和 5-9 所示).

综上所述,无论哪种情形,我们始终有 $A=\int_a^b|f(x)|\mathrm{d}x$.

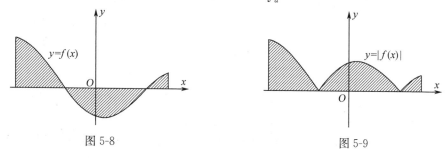

图 5-8　　　　　　　　　　　　图 5-9

(2)由连续曲线 $y=f(x),y=g(x)$ 和直线 $x=a,x=b$ 所围成的平面图形的面积 A.

首先讨论 $f(x)\geqslant g(x)$ 的情形,如图 5-10 所示.在 $[a,b]$ 上任取一点 x,给 x 以

微小的增量 $\mathrm{d}x$,得面积微元 $\mathrm{d}A = [f(x) - g(x)]\mathrm{d}x$,从而

$$A = \int_a^b [f(x) - g(x)]\mathrm{d}x.$$

对于 $f(x)$ 与 $g(x)$ 大小关系不确定的情形,例如当 $a \leqslant x \leqslant c$ 时,$f(x) \geqslant g(x)$;当 $c \leqslant x \leqslant b$ 时,$f(x) \leqslant g(x)$,如图 5-11 所示.根据上面讨论的结果有

$$A_1 = \int_a^c [f(x) - g(x)]\mathrm{d}x, \quad A_2 = \int_c^b [g(x) - f(x)]\mathrm{d}x,$$

从而

$$A = A_1 + A_2 = \int_a^b | f(x) - g(x) | \mathrm{d}x.$$

对于一般的情形也同样有这样的结果.

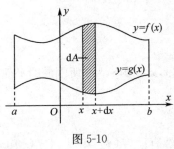

图 5-10　　　　　　　　　　　　图 5-11

(3) 由连续曲线 $x = \varphi(y)$ 以及直线 $y = c, y = d, x = 0$ 所围成的平面图形的面积 A.

类似(1) 的讨论,把 y 作为积分变量,有 $A = \int_c^d |\varphi(y)| \mathrm{d}y$(图 5-12).

(4) 由连续曲线 $x = \varphi(y), x = \psi(y)$ 和直线 $y = c, y = d$ 所围成的平面图形的面积 A.

类似(2) 的讨论,有 $A = \int_c^d |\varphi(y) - \psi(y)| \mathrm{d}y$(图 5-13).

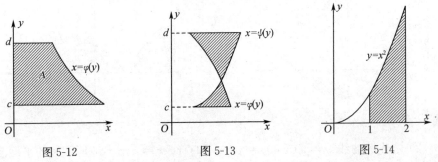

图 5-12　　　　　　　　　　图 5-13　　　　　　　　　　图 5-14

例 1　求由抛物线 $y = x^2$ 与直线 $x = 1, x = 2, y = 0$ 所围成图形的面积.

解　如图 5-14 所示,所求图形的面积为

$$A = \int_1^2 x^2 \mathrm{d}x = \frac{1}{3} x^3 \Big|_1^2 = \frac{7}{3}.$$

例 2　求由抛物线 $y = x^2$ 与 $y^2 = x$ 所围成图形的面积.

解　如图 5-15 所示,求得方程 $y = x^2$ 与 $y^2 = x$ 的交点为 $(0,0)$ 和 $(1,1)$,从而

$$A = \int_0^1 (\sqrt{x} - x^2) \mathrm{d}x = \left(\frac{2}{3} x^{\frac{3}{2}} - \frac{1}{3} x^3 \right) \Big|_0^1 = \frac{1}{3}.$$

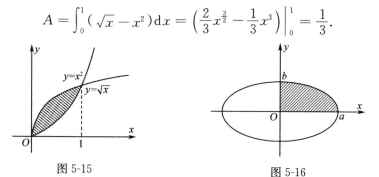

图 5-15　　　　　　　　图 5-16

例 3　求椭圆 $\dfrac{x^2}{a^2} + \dfrac{y^2}{b^2} = 1$ 的面积.

解　如图 5-16 所示,根据对称性,只须求出椭圆在第一象限的面积,再乘以 4 即可. 于是

$$A = 4 \int_0^a \frac{b}{a} \sqrt{a^2 - x^2} \mathrm{d}x = \frac{4b}{a} \int_0^a \sqrt{a^2 - x^2} \mathrm{d}x.$$

由本章第三节例 2 可知,$\int_0^a \sqrt{a^2 - x^2} \mathrm{d}x = \dfrac{1}{4} \pi a^2$,从而

$$A = \frac{4b}{a} \cdot \frac{1}{4} \pi a^2 = \pi ab.$$

特别地,当 $a = b = r$ 时,得圆的面积公式 $A = \pi r^2$.

例 4　求由抛物线 $y^2 = 2x$ 与直线 $y = 4 - x$ 所围成图形的面积.

解　如图 5-17 所示,求得方程 $y^2 = 2x$ 与 $y = 4 - x$ 的交点为 $(2,2)$ 和 $(8, -4)$. 选择 y 为积分变量,从而

$$A = \int_{-4}^2 \left(4 - y - \frac{y^2}{2} \right) \mathrm{d}y = \left(4y - \frac{y^2}{2} - \frac{y^3}{6} \right) \Big|_{-4}^2 = 18.$$

如果选择 x 为积分变量,应该怎样计算?

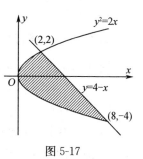

图 5-17

2. 旋转体的体积

设 $y = f(x)$ 是 $[a,b]$ 上的连续函数,由曲线 $y = f(x)$ 以及直线 $x = a, x = b$, $y = 0$ 所围成的曲边梯形绕 x 轴旋转一周,得到一个旋转体(图 5-18),下面我们用微元法来求它的体积.

选定 x 为积分变量,x 的变化范围为 $[a,b]$,给 x 一个很小的增量 $\mathrm{d}x$,过点 x 作垂直于 x 轴的平面,其截面是一个以 $|f(x)|$ 为半径的圆,面积是 $\pi\left[f(x)\right]^2$,再过点 $x+\mathrm{d}x$ 作垂直于 x 轴的平面,得到另一个截面. 由于 $\mathrm{d}x$ 很小,所以夹在两个截面之间的"小薄片"可以近似地看作一个以 $|f(x)|$ 为底面半径,$\mathrm{d}x$ 为高的圆柱体. 其体积为

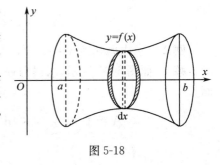

图 5-18

$$\mathrm{d}V = \pi\left[f(x)\right]^2\mathrm{d}x,$$

其中 $\mathrm{d}V$ 叫做体积微元. 求它在 $[a,b]$ 上的定积分就得所求旋转体的体积为

$$V = \int_a^b \pi\left[f(x)\right]^2\mathrm{d}x.$$

类似地,由曲线 $x=\varphi(y)$ 以及直线 $y=c,y=d,x=0$ 所围成的曲边梯形绕 y 轴旋转一周得到的旋转体体积为

$$V = \int_c^d \pi\left[\varphi(y)\right]^2\mathrm{d}y.$$

例 5　求由圆 $x^2+y^2=r^2$ 绕 x 轴旋转所得到的球的体积.

解　选 x 作为积分变量,球的体积为

$$V = \int_{-r}^r \pi y^2\mathrm{d}x = \int_{-r}^r \pi(r^2-x^2)\mathrm{d}x = \pi\left(r^2x-\frac{x^3}{3}\right)\bigg|_{-r}^r = \frac{4}{3}\pi r^3.$$

例 6　求由椭圆 $\dfrac{x^2}{a^2}+\dfrac{y^2}{b^2}=1$ 绕 y 轴旋转所得到的旋转椭球体的体积.

解　选 y 作为积分变量,旋转椭球体的体积为

$$V = \int_{-b}^b \pi x^2\mathrm{d}y = \int_{-b}^b \pi a^2\left(1-\frac{y^2}{b^2}\right)\mathrm{d}y = \pi a^2\left(y-\frac{y^3}{3b^2}\right)\bigg|_{-b}^b = \frac{4}{3}\pi a^2 b.$$

5.5.3　定积分在物理中的应用

例 7　如图 5-19 所示,有一段长度为 l 的均匀带电直线,电荷的线密度为 λ,在其一端的延长线上距带电直线近端点距离为 a 的位置上有一个带电量为 q 的点电荷,求这个点电荷所受的库仑力的大小.

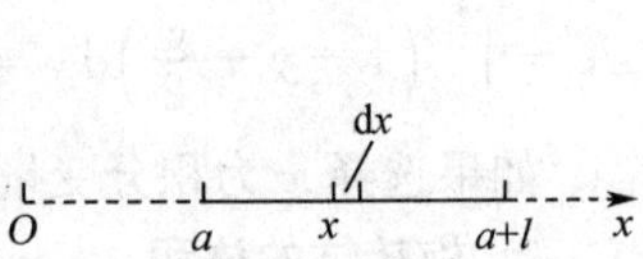

解　如图建立数轴 Ox,在区间 $[a,a+l]$ 上任取一个小区间 $[x,x+\mathrm{d}x]$. 由于这个小区间的长度很短,可以近似地看成一个点,其带电量为 $\lambda\mathrm{d}x$,从而根据库仑定律,可得点电荷 q 受到的库仑力的微元是

图 5-19

$$dF = \frac{kq\lambda \, dx}{x^2}(k \text{ 是常数}).$$

积分,得

$$F = \int_a^{a+l} \frac{kq\lambda}{x^2} \, dx = -\frac{kq\lambda}{x} \Big|_a^{a+l} = \frac{kq\lambda l}{a(a+l)}.$$

例8　弹簧在拉伸的过程中,需要的力与弹簧伸长量 x 成正比,即 $F = kx$(k 为弹性系数). 在弹性范围内,如果将弹簧从原长拉长了 l,求克服弹力所做的功.

解　如图 5-20,建立数轴 Ox,在区间 $[0, l]$ 上任取一个小区间 $[x, x + dx]$. 在此区间内,弹簧拉长了 dx,力的变化很小,可以近似看作在点 x 处所受的力,这时功的微元是

$$dW = kx \, dx,$$

于是,克服弹力所做的功为

$$W = \int_0^l kx \, dx = \frac{kx^2}{2} \Big|_0^l = \frac{kl^2}{2}.$$

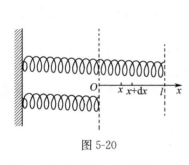

图 5-20

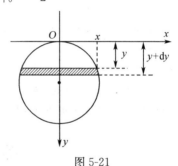

图 5-21

例9　设半径为 r 的圆形水闸门,水面与闸顶齐,如图 5-21 所示,求闸门所受的总压力.

解　如图 5-21,建立坐标系,在区间 $[0, 2r]$ 上任取一个小区间 $[y, y + dy]$,其细长条的面积可由窄矩形近似代替,即 $2x \, dy$. 因为水深为 h 处的压强为 $p = \rho g h$,于是闸门所受压力的微元是

$$dF = p \cdot 2x \, dy = 2\rho g y x \, dy,$$

其中 $x^2 + (r - y)^2 = r^2$,$x = \sqrt{r^2 - (r - y)^2}$. 积分得

$$F = \int_0^{2r} 2\rho g y x \, dy = 2\rho g \int_0^{2r} y \sqrt{r^2 - (r - y)^2} \, dy$$

$$\xrightarrow{r - y = u} -2\rho g \int_r^{-r} (r - u) \sqrt{r^2 - u^2} \, du$$

$$= 2\rho g r \int_{-r}^r \sqrt{r^2 - u^2} \, du - 2\rho g \int_{-r}^r u \sqrt{r^2 - u^2} \, du$$

$$= 4\rho g r \int_0^r \sqrt{r^2 - u^2} \, \mathrm{d}u = \pi \rho g r^3.$$

注意上面的计算过程利用了本章第 3 节例 2 和例 5（函数的奇偶性计算定积分）的结果.

习题 5.5

1. 求由下列曲线所围成图形的面积：

   (1)$y = \sin x, y = 0, (0 \leqslant x \leqslant 2\pi)$；　　　　(2)$y = 1 - x^2, y = 0$；

   (3)$y = x^3, y = x$；　　　　　　　　　　　(4)$y = x^2 - 1, y = 1 - x^2$；

   (5)$y = \ln x, y = \ln 2, y = \ln 7, x = 0$；　　(6)$y = \mathrm{e}^x, y = \mathrm{e}^{-x}, x = 1$.

2. 求由下列曲线和直线所围成的平面图形绕坐标轴旋转所得的旋转体体积：

   (1)$y = \sqrt{x}, y = 0, x = 1$，绕 x 轴旋转；　　(2)$y = x^2, y^2 = x$，绕 y 轴旋转；

   (3)$y = \cos x, y = 0, \left(-\dfrac{\pi}{2} \leqslant x \leqslant \dfrac{\pi}{2}\right)$，绕 x 轴旋转；

   (4)$y = 2x, y = 0, x = 1, x = 2$，绕 x 轴旋转.

3. 设半径为 r 的半圆弧细铁丝质量为 M 且均匀分布，在圆心处有一质量为 m 的质点，求该铁丝与质点 m 之间的引力.

4. 一物体按规律 $x = ct^3$ 做直线运动，媒质的阻力与速度的平方成正比，计算物体由 $x = 0$ 移到 $x = a$ 时，克服媒质阻力所做的功.

5. 有一个宽 2 m，高 3 m 的矩形闸门，水面与闸门顶端平齐，求闸门上所受的总压力.

综合练习五

一、填空题

1. 若 $f(x)$ 在 $[a, b]$ 上连续，则 $\displaystyle\int_a^b f(x) \mathrm{d}x + \int_b^a f(t) \mathrm{d}t = $ _____.

2. $\dfrac{\mathrm{d}}{\mathrm{d}x} \displaystyle\int_x^a \cos t^2 \, \mathrm{d}t = $ _____.

3. 设 $f(x) = x^2 - \displaystyle\int_0^1 f(x) \mathrm{d}x$，则 $\displaystyle\int_0^1 f(x) \mathrm{d}x = $ _____.

4. 设 $\displaystyle\int_0^x f(t) \mathrm{d}t = x^2 + \cos x$，则 $f(x) = $ _____.

5. $\displaystyle\int_0^1 \dfrac{1}{\sqrt{x}\,(2 - \sqrt{x})} \mathrm{d}x$（反常积分）$= $ _____.

二、选择题

1. 设 $I_1 = \displaystyle\int_3^4 \ln^2 x \, \mathrm{d}x, I_2 = \int_3^4 \ln^4 x \, \mathrm{d}x$，则（　　　）.

A. $I_1 > I_2$　　　　B. $I_1 < I_2$　　　　C. $I_2 = I_1^2$　　　　D. $I_2 = 2I_1$

2. 设 $I = \int_0^1 \dfrac{1}{\sqrt{2+x-x^2}} \mathrm{d}x$，由定积分的估值定理，则（　　）.

A. $\dfrac{2}{3} < I < \dfrac{1}{\sqrt{2}}$　　B. $I > 1$　　　　C. $\dfrac{1}{\sqrt{2}} < I < 1$　　D. $\dfrac{1}{3} < I < \dfrac{1}{2}$

3. 设 $f(x) = \int_1^{x^2} \dfrac{\ln(1+t)}{t} \mathrm{d}t$，则 $f'(2) = （\ \ \ \ ）$.

A. 0　　　　　　B. $\ln 5$　　　　　C. $2\ln 3$　　　　D. $\dfrac{1}{2}\ln 5$

4. 设 $f(x) = \int_1^x \ln(tx)\mathrm{d}t, x > 0$，则 $f'(x) = （\ \ \ \ ）$.

A. $2\ln x$　　　　　B. $\ln(x^2) - \ln x$　　C. $1 + 2\ln x - \dfrac{1}{x}$　　D. $1 + 2\ln x$

5. $\displaystyle\lim_{x\to 0} \dfrac{\int_0^{x^2} \sin\sqrt{t}\,\mathrm{d}t}{x^3} = （\ \ \ \ ）$.

A. $\dfrac{2}{3}$　　　　　B. $-\dfrac{2}{3}$　　　　C. $\dfrac{1}{3}$　　　　D. $-\dfrac{1}{3}$

三、解答题

1. 计算下列定积分：

(1) $\displaystyle\int_{\frac{\pi}{4}}^{\frac{\pi}{2}} \dfrac{1}{1-\cos x} \mathrm{d}x$；　　　　　　　(2) $\displaystyle\int_{-2}^{-1} \dfrac{1}{(11+5x)^2} \mathrm{d}x$；

(3) $\displaystyle\int_1^{e^2} \dfrac{3+2\ln x}{x} \mathrm{d}x$；　　　　　　(4) $\displaystyle\int_0^1 \dfrac{x^2}{1+x^6} \mathrm{d}x$；

(5) $\displaystyle\int_{-\frac{\pi}{4}}^{\frac{\pi}{4}} (x^3+3)|\sin 2x| \mathrm{d}x$；　　　(6) $\displaystyle\int_0^1 x^2\sqrt{1-x^2}\,\mathrm{d}x$；

(7) $\displaystyle\int_1^{\sqrt{3}} \dfrac{1}{x^2\sqrt{1+x^2}} \mathrm{d}x$；　　　　(8) $\displaystyle\int_0^{\ln 2} \sqrt{e^{2x}-1}\,\mathrm{d}x$.

2. 设 $f(3x+2) = 2xe^{-3x}$，求 $\displaystyle\int_2^5 f(x)\mathrm{d}x$.

3. 已知 $\displaystyle\int_0^{\ln a} e^x\sqrt{3-2e^x}\,\mathrm{d}x = -\dfrac{7}{3}$，求 a 的值.

4. 设 $f(x) = \begin{cases} 1+x^2, & x > 0, \\ e^{-x}, & x \leqslant 0, \end{cases}$　求 $\displaystyle\int_1^3 f(x-2)\mathrm{d}x$.

5. 设 $f(x) = \displaystyle\int_0^{\frac{x}{2}} t(e^{2t}-x)\mathrm{d}t$，求 $f'(1)$.

6. 证明：设 $f(x)$ 为连续函数，证明 $\displaystyle\int_0^{2a} f(x)\mathrm{d}x = \int_0^a [f(x)+f(2a-x)]\mathrm{d}x$.

7. 求由抛物线 $y = 3 - x^2$ 与直线 $y = 2x$ 所围成的平面图形的面积.

8. 由曲线 $xy = 1$ 与直线 $y = 2, x = 3$ 围成一平面图形,求:

(1) 此平面图形的面积;

(2) 该平面图形绕 x 轴旋转所成的旋转体的体积.

9. 设一物体在某介质中按照公式 $s = t^2$ 作直线运动,其中 s 是在时间 t 内所经过的路程.如果介质的阻力与运动速度的平方成正比(比例系数为 k),当物体由 $s = 0$ 到 $s = a$ 时,求介质阻力所做的功.

附录一 初等数学资料

(一) 初等代数

1. 因式分解

$(1) a^2 - b^2 = (a+b)(a-b)$

$(2) a^3 \pm b^3 = (a \pm b)(a^2 \mp ab + b^2)$

$(3) a^n - b^n = (a-b)(a^{n-1} + a^{n-2}b + a^{n-3}b^2 + \cdots + ab^{n-2} + b^{n-1})$

2. 对数的性质和有关常数

$(1) a^{\log_a b} = b, \log_a a^x = x$

$(2) \log_a 1 = 0, \log_a a = 1$

$(3) \log_a b = \dfrac{\log_c b}{\log_c a}, \ln b = \dfrac{\lg b}{\lg e}$

$(4) \lg b \approx 0.43429 \ln b, \ln b \approx 2.30258 \lg b$

3. 排列、组合与二项式公式

(1) 排列 $\quad P_n^m = n(n-1)(n-2)\cdots(n-m+1) = \dfrac{n!}{(n-m)!}$，式中 P_n^m 为从 n 个元素中取 m 个的排列

(2) 全排列 $\quad P_n^n = n(n-1)(n-2)\cdots 2 \cdot 1 = n!$

(3) 组合

① $C_n^m = \dfrac{P_n^m}{P_m^m} = \dfrac{n(n-1)(n-2)\cdots(n-m+1)}{m!} = \dfrac{n!}{m!(n-m)!} = C_n^{n-m}$

② $C_{n+1}^m = C_n^m + C_n^{m-1}$

(4) 二项式公式

① $(a \pm b)^2 = a^2 \pm 2ab + b^2$

② $(a \pm b)^3 = a^3 \pm 3a^2b + 3ab^2 \pm b^3$

③ $(a+b)^n = \displaystyle\sum_{k=0}^{n} C_n^k a^{n-k} b^k$

$\qquad = a^n + \cdots + \dfrac{n(n-1)\cdots(n-k+1)}{k!} a^{n-k}b^k + \cdots + b^n$

4. 数列

(1) 等差数列 $\quad a_1, a_1 + d, a_1 + 2d, \cdots$（公差为 d）

① 通项 $\quad a_n = a_1 + (n-1)d$

② 前 n 项和 $\quad S_n = \dfrac{n(a_1 + a_n)}{2} = na_1 + \dfrac{n(n-1)}{2}d$

(2) 等比数列　$a_1, a_1q, a_1q^2, \cdots$（公比为 q）

① 通项　$a_n = a_1 q^{n-1}$

② 前 n 项和　$S_n = \dfrac{a_1 - a_n q}{1-q} = \dfrac{a_1(1-q^n)}{1-q}$ $(q \neq 1)$

③ 无穷递缩等比数列的和　$S_n = \dfrac{a_1}{1-q}$ $(|q| < 1)$

(3) 某些数列的前 n 项和

① $1 + 2 + 3 + \cdots + n = \dfrac{n(n+1)}{2}$

② $1^2 + 2^2 + 3^2 + \cdots + n^2 = \dfrac{1}{6} n(n+1)(2n+1)$

（二）初等几何

1. 圆（R 是半径，α 是以弧度为单位的圆心角）

(1) 周长　$S = 2\pi R$　　　　　　(2) 面积　$A = \pi R^2$

(3) 弧长　$l = \alpha R$　　　　　　(4) 扇形面积　$A = \dfrac{1}{2} lR = \dfrac{1}{2} \alpha R^2$

2. 正圆锥（R, r 为底半径，h 为高，l 为斜高）

(1) 体积　$V = \dfrac{1}{3} \pi r^2 h$　　　(2) 侧面积　$S = \pi r \sqrt{r^2 + h^2}$

(3) 锥台面积　$V = \dfrac{\pi h}{3}(R^2 + Rr + r^2)$ (4) 锥台侧面积　$S = \pi l(R + r)$

3. 球（R 是半径）

(1) 体积　$V = \dfrac{4}{3} \pi R^3$　　　　(2) 表面积　$S = 4\pi R^2$

（三）三　角

1. 三角函数间的基本关系

(1) 倒数关系　$\sin\theta\csc\theta = 1, \cos\theta\sec\theta = 1, \tan\theta\cot\theta = 1$

(2) 平方关系　$\sin^2\theta + \cos^2\theta = 1, 1 + \tan^2\theta = \sec^2\theta, 1 + \cot^2\theta = \csc^2\theta$

(3) 分式关系　$\tan\theta = \dfrac{\sin\theta}{\cos\theta}, \cot\theta = \dfrac{\cos\theta}{\sin\theta}$

2. 诱导公式

函数＼角	$\theta = \dfrac{\pi}{2} \pm \varphi$	$\theta = \pi \pm \varphi$	$\theta = \dfrac{3\pi}{2} \pm \varphi$	$\theta = 2\pi \pm \varphi$
$\sin\theta$	$\cos\varphi$	$\mp\sin\varphi$	$-\cos\varphi$	$\pm\sin\varphi$
$\cos\theta$	$\mp\sin\varphi$	$-\cos\varphi$	$\pm\sin\varphi$	$\cos\varphi$
$\tan\theta$	$\mp\cot\varphi$	$\pm\tan\varphi$	$\mp\cot\varphi$	$\pm\tan\varphi$
$\cot\theta$	$\mp\tan\varphi$	$\pm\cot\varphi$	$\mp\tan\varphi$	$\pm\cot\varphi$

3. 和差公式

(1) $\sin(\alpha \pm \beta) = \sin\alpha\cos\beta \pm \cos\alpha\sin\beta$

(2) $\cos(\alpha \pm \beta) = \cos\alpha\cos\beta \mp \sin\alpha\sin\beta$

(3) $\tan(\alpha \pm \beta) = \dfrac{\tan\alpha \pm \tan\beta}{1 \mp \tan\alpha\tan\beta}$

(4) $\sin\alpha + \sin\beta = 2\sin\dfrac{\alpha+\beta}{2}\cos\dfrac{\alpha-\beta}{2}$

(5) $\sin\alpha - \sin\beta = 2\cos\dfrac{\alpha+\beta}{2}\sin\dfrac{\alpha-\beta}{2}$

(6) $\cos\alpha + \cos\beta = 2\cos\dfrac{\alpha+\beta}{2}\cos\dfrac{\alpha-\beta}{2}$

(7) $\cos\alpha - \cos\beta = -2\sin\dfrac{\alpha+\beta}{2}\sin\dfrac{\alpha-\beta}{2}$

(8) $\cos\alpha\cos\beta = \dfrac{1}{2}\left[\cos(\alpha+\beta) + \cos(\alpha-\beta)\right]$

(9) $\sin\alpha\sin\beta = -\dfrac{1}{2}\left[\cos(\alpha+\beta) - \cos(\alpha-\beta)\right]$

(10) $\sin\alpha\cos\beta = \dfrac{1}{2}\left[\sin(\alpha+\beta) + \sin(\alpha-\beta)\right]$

4. 倍角和半角公式

(1) $\sin 2\alpha = 2\sin\alpha\cos\alpha$

(2) $\cos 2\alpha = \cos^2\alpha - \sin^2\alpha = 2\cos^2\alpha - 1 = 1 - 2\sin^2\alpha$,

$\cos^2\alpha = \dfrac{1}{2}(1 + \cos 2\alpha)$, $\sin^2\alpha = \dfrac{1}{2}(1 - \cos 2\alpha)$

(3) $\tan 2\alpha = \dfrac{2\tan\alpha}{1 - \tan^2\alpha}$

(4) $\sin\dfrac{\alpha}{2} = \pm\sqrt{\dfrac{1 - \cos\alpha}{2}}$

(5) $\cos\dfrac{\alpha}{2} = \pm\sqrt{\dfrac{1 + \cos\alpha}{2}}$

(6) $\tan\dfrac{\alpha}{2} = \pm\sqrt{\dfrac{1 - \cos\alpha}{1 + \cos\alpha}} = \dfrac{1 - \cos\alpha}{\sin\alpha} = \dfrac{\sin\alpha}{1 + \cos\alpha}$

5. 三角形的边角关系

(1) 正弦定理　　$\dfrac{a}{\sin A} = \dfrac{b}{\sin B} = \dfrac{c}{\sin C} = 2R$

(2) 余弦定理　　$a^2 = b^2 + c^2 - 2bc\cos A$, $b^2 = a^2 + c^2 - 2ac\cos B$,

$c^2 = a^2 + b^2 - 2ab\cos C$

(3) 正切定理　　$\dfrac{a+b}{a-b} = \dfrac{\tan\dfrac{1}{2}(A+B)}{\tan\dfrac{1}{2}(A-B)}$

6. 反三角函数的性质和基本关系

(1) $\arcsin(-x)=-\arcsin x(\,|\,x\,|\leqslant 1)$，$\arccos(-x)=\pi-\arccos x(\,|\,x\,|\leqslant 1)$，

$\arctan(-x)=-\arctan x(x\in\mathbf{R})$，$\operatorname{arccot}(-x)=\pi-\operatorname{arccot} x(x\in\mathbf{R})$

(2) $\sin(\arcsin x)=x(\,|\,x\,|\leqslant 1)$，$\cos(\arccos x)=x(\,|\,x\,|\leqslant 1)$，

$\tan(\arctan x)=x(x\in\mathbf{R})$，$\cot(\operatorname{arccot} x)=x(x\in\mathbf{R})$

(3) $\arcsin x+\arccos x=\dfrac{\pi}{2}(\,|\,x\,|\leqslant 1)$，$\arctan x+\operatorname{arccot} x=\dfrac{\pi}{2}(x\in\mathbf{R})$

（四）平面解析几何

1. 已知平面两点坐标为 (x_1,y_1)，(x_2,y_2)，距离公式

$$d=\sqrt{(x_2-x_1)^2+(y_2-y_1)^2}，$$

连线斜率 $k=\dfrac{y_2-y_1}{x_2-x_1}$，定比为 $\lambda(\lambda\neq-1)$ 的分点坐标 $x=\dfrac{x_1+\lambda x_2}{1+\lambda}$，$y=\dfrac{y_1+\lambda y_2}{1+\lambda}$

2. 同一点的极坐标 (ρ,φ) 和直角坐标 (x,y) 之间的关系

$$\begin{cases}x=\rho\cos\varphi,\\ y=\rho\sin\varphi\end{cases}\quad\text{或}\quad\begin{cases}\rho=\sqrt{x^2+y^2},\\ \tan\varphi=\dfrac{y}{x}(x\neq0)\end{cases}$$

3. 直线

(1) 一般式 $Ax+By+C=0$（A 与 B 不同时为零）

(2) 斜截式 $y=kx+b$ 　　　　　　　(3) 点斜式 $y-y_1=k(x-x_1)$

(4) 两点式 $\dfrac{y-y_1}{x-x_1}=\dfrac{y_2-y_1}{x_2-x_1}$ 　　　(5) 截距式 $\dfrac{x}{a}+\dfrac{y}{b}=1$

4. 圆（圆心为 (a,b)，半径为 R）的一般方程 $(x-a)^2+(y-b)^2=R^2$

5. 椭圆的标准方程 $\dfrac{x^2}{a^2}+\dfrac{y^2}{b^2}=1$，当 $a>b$ 时，焦点在 x 轴上；当 $a<b$ 时，焦点在 y 轴上

6. 双曲线的标准方程 $\dfrac{x^2}{a^2}-\dfrac{y^2}{b^2}=1$，焦点在 x 轴上；$\dfrac{y^2}{a^2}-\dfrac{x^2}{b^2}=1$，焦点在 y 轴上

7. 抛物线的标准方程 $y^2=2px$，焦点在 x 轴上；$x^2=2py$，焦点在 y 轴上

（五）常用常数表

$\pi=3.14159265$ 　　　　　　　　$e=2.71828183$

$M=\lg e=0.43429448$ 　　　　　$\dfrac{1}{M}=\ln 10=2.30258509$

$\sqrt{2}=1.41421356$ 　　　　　　$\sqrt{3}=1.73205081$

$\ln\pi=1.14472989$ 　　　　　　$\lg\pi=0.49714987$

$1°=\dfrac{\pi}{180}=0.017453293$ 弧度 　　$1'=0.000290888$ 弧度

$1''=0.0000048481$ 弧度

1 弧度 $=\dfrac{180°}{\pi}=57°17'44.806''=57.2957795°$

附录二　　积分表(节选)

(一) 含有 $ax+b$ 的积分

1. $\displaystyle\int \frac{x}{ax+b}\mathrm{d}x = \frac{1}{a^2}(ax+b-b\ln|ax+b|)+C$

2. $\displaystyle\int \frac{x^2}{ax+b}\mathrm{d}x = \frac{1}{a^3}\left[\frac{1}{2}(ax+b)^2-2b(ax+b)+b^2\ln|ax+b|\right]+C$

3. $\displaystyle\int \frac{1}{x(ax+b)}\mathrm{d}x = -\frac{1}{b}\ln\left|\frac{ax+b}{x}\right|+C$

4. $\displaystyle\int \frac{x}{(ax+b)^2}\mathrm{d}x = \frac{1}{a^2}\left(\ln|ax+b|+\frac{b}{ax+b}\right)+C$

5. $\displaystyle\int \frac{1}{x(ax+b)^2}\mathrm{d}x = \frac{1}{b(ax+b)}-\frac{1}{b^2}\ln\left|\frac{ax+b}{x}\right|+C$

(二) 含有 $\sqrt{ax+b}$ 的积分

6. $\displaystyle\int \sqrt{ax+b}\,\mathrm{d}x = \frac{2}{3a}\sqrt{(ax+b)^3}+C$

7. $\displaystyle\int x\sqrt{ax+b}\,\mathrm{d}x = \frac{2}{15a^2}(3ax-2b)\sqrt{(ax+b)^3}+C$

8. $\displaystyle\int x^2\sqrt{ax+b}\,\mathrm{d}x = \frac{2}{105a^3}(15a^2x^2-12abx+8b^2)\sqrt{(ax+b)^3}+C$

9. $\displaystyle\int \frac{x}{\sqrt{ax+b}}\mathrm{d}x = \frac{2}{3a^2}(ax-2b)\sqrt{ax+b}+C$

10. $\displaystyle\int \frac{1}{x\sqrt{ax+b}}\mathrm{d}x = \begin{cases} \dfrac{1}{\sqrt{b}}\ln\left|\dfrac{\sqrt{ax+b}-\sqrt{b}}{\sqrt{ax+b}+\sqrt{b}}\right|+C, & b>0 \\[3mm] \dfrac{2}{\sqrt{-b}}\arctan\sqrt{\dfrac{ax+b}{-b}}+C, & b<0 \end{cases}$

11. $\displaystyle\int \frac{\sqrt{ax+b}}{x}\mathrm{d}x = 2\sqrt{ax+b}+b\int \frac{1}{x\sqrt{ax+b}}\mathrm{d}x$

(三) 含有 $x^2\pm a^2$ 的积分

12. $\displaystyle\int \frac{1}{x^2+a^2}\mathrm{d}x = \frac{1}{a}\arctan\frac{x}{a}+C$

13. $\displaystyle\int \frac{1}{(x^2+a^2)^n}\mathrm{d}x = \frac{x}{2(n-1)a^2(x^2+a^2)^{n-1}}+\frac{2n-3}{2(n-1)a^2}\int \frac{1}{(x^2+a^2)^{n-1}}\mathrm{d}x$

14. $\int \dfrac{1}{x^2-a^2}\mathrm{d}x = \dfrac{1}{2a}\ln\left|\dfrac{x-a}{x+a}\right|+C$

(四) 含有 $ax^2+b(a>0)$ 的积分

15. $\int \dfrac{1}{ax^2+b}\mathrm{d}x = \begin{cases} \dfrac{1}{\sqrt{ab}}\arctan\sqrt{\dfrac{a}{b}}\,x+C, & b>0 \\[3mm] \dfrac{1}{2\sqrt{-ab}}\ln\left|\dfrac{\sqrt{a}\,x-\sqrt{-b}}{\sqrt{a}\,x+\sqrt{-b}}\right|+C, & b<0 \end{cases}$

16. $\int \dfrac{x}{ax^2+b}\mathrm{d}x = \dfrac{1}{2a}\ln|ax^2+b|+C$

17. $\int \dfrac{1}{x(ax^2+b)}\mathrm{d}x = \dfrac{1}{2b}\ln\dfrac{x^2}{|ax^2+b|}+C$

18. $\int \dfrac{1}{x^2(ax^2+b)}\mathrm{d}x = -\dfrac{1}{bx}-\dfrac{a}{b}\int\dfrac{\mathrm{d}x}{ax^2+b}$

19. $\int \dfrac{1}{(ax^2+b)^2}\mathrm{d}x = \dfrac{x}{2b(ax^2+b)}+\dfrac{1}{2b}\int\dfrac{\mathrm{d}x}{ax^2+b}$

(五) 含有 $ax^2+bx+c(a>0)$ 的积分

20. $\int \dfrac{1}{ax^2+bx+c}\mathrm{d}x = \begin{cases} \dfrac{2}{\sqrt{4ac-b^2}}\arctan\dfrac{2ax+b}{\sqrt{4ac-b^2}}+C, & b^2<4ac \\[3mm] \dfrac{1}{\sqrt{b^2-4ac}}\ln\left|\dfrac{2ax+b-\sqrt{b^2-4ac}}{2ax+b+\sqrt{b^2-4ac}}\right|+C, & b^2>4ac \end{cases}$

21. $\int \dfrac{x}{ax^2+bx+c}\mathrm{d}x = \dfrac{1}{2a}\ln|ax^2+bx+c|-\dfrac{b}{2a}\int\dfrac{1}{ax^2+bx+c}\mathrm{d}x$

(六) 含有 $\sqrt{x^2+a^2}$ $(a>0)$ 的积分

22. $\int \dfrac{1}{\sqrt{x^2+a^2}}\mathrm{d}x = \operatorname{arsh}\dfrac{x}{a}+C_1 = \ln(x+\sqrt{x^2+a^2})+C$

23. $\int \dfrac{1}{\sqrt{(x^2+a^2)^3}}\mathrm{d}x = \dfrac{x}{a^2\sqrt{x^2+a^2}}+C$

24. $\int \dfrac{x}{\sqrt{x^2+a^2}}\mathrm{d}x = \sqrt{x^2+a^2}+C$

25. $\int \dfrac{x}{\sqrt{(x^2+a^2)^3}}\mathrm{d}x = -\dfrac{1}{\sqrt{x^2+a^2}}+C$

26. $\int \dfrac{x^2}{\sqrt{x^2+a^2}}\mathrm{d}x = \dfrac{x\sqrt{x^2+a^2}}{2}-\dfrac{a^2}{2}\ln(x+\sqrt{x^2+a^2})+C$

27. $\int \dfrac{1}{x\sqrt{x^2+a^2}}\mathrm{d}x = \dfrac{1}{a}\ln\dfrac{\sqrt{x^2+a^2}-a}{|x|}+C$

28. $\int \dfrac{1}{x^2\sqrt{x^2+a^2}}\mathrm{d}x = -\dfrac{\sqrt{x^2+a^2}}{a^2x}+C$

29. $\displaystyle\int \sqrt{x^2+a^2}\,\mathrm{d}x = \frac{x\sqrt{x^2+a^2}}{2} + \frac{a^2}{2}\ln(x+\sqrt{x^2+a^2})+C$

30. $\displaystyle\int \sqrt{(x^2+a^2)^3}\,\mathrm{d}x = \frac{x(2x^2+5a^2)\sqrt{x^2+a^2}}{8} + \frac{3a^4}{8}\ln(x+\sqrt{x^2+a^2})+C$

31. $\displaystyle\int x\sqrt{x^2+a^2}\,\mathrm{d}x = \frac{1}{3}\sqrt{(x^2+a^2)^3}+C$

32. $\displaystyle\int \frac{\sqrt{x^2+a^2}}{x}\,\mathrm{d}x = \sqrt{x^2+a^2} + a\ln\frac{\sqrt{x^2+a^2}-a}{|x|}+C$

(七) 含有 $\sqrt{x^2-a^2}\,(a>0)$ 的积分

33. $\displaystyle\int \frac{1}{\sqrt{x^2-a^2}}\,\mathrm{d}x = \frac{x}{|x|}\operatorname{arch}\frac{|x|}{a} + C_1 = \ln|x+\sqrt{x^2-a^2}|+C$

34. $\displaystyle\int \frac{1}{\sqrt{(x^2-a^2)^3}}\,\mathrm{d}x = -\frac{x}{a^2\sqrt{x^2-a^2}}+C$

35. $\displaystyle\int \frac{x}{\sqrt{x^2-a^2}}\,\mathrm{d}x = \sqrt{x^2-a^2}+C$

36. $\displaystyle\int \frac{x}{\sqrt{(x^2-a^2)^3}}\,\mathrm{d}x = -\frac{1}{\sqrt{x^2-a^2}}+C$

37. $\displaystyle\int \frac{1}{x\sqrt{x^2-a^2}}\,\mathrm{d}x = \frac{1}{a}\arccos\frac{a}{|x|}+C$

38. $\displaystyle\int \frac{1}{x^2\sqrt{x^2-a^2}}\,\mathrm{d}x = \frac{\sqrt{x^2-a^2}}{a^2 x}+C$

39. $\displaystyle\int \sqrt{x^2-a^2}\,\mathrm{d}x = \frac{x\sqrt{x^2-a^2}}{2} - \frac{a^2}{2}\ln|x+\sqrt{x^2-a^2}|+C$

40. $\displaystyle\int \sqrt{(x^2-a^2)^3}\,\mathrm{d}x = \frac{x(2x^2-5a^2)\sqrt{x^2-a^2}}{8} + \frac{3a^4}{8}\ln|x+\sqrt{x^2-a^2}|+C$

41. $\displaystyle\int x\sqrt{x^2-a^2}\,\mathrm{d}x = \frac{1}{3}\sqrt{(x^2-a^2)^3}+C$

42. $\displaystyle\int \frac{\sqrt{x^2-a^2}}{x}\,\mathrm{d}x = \sqrt{x^2-a^2} - a\arccos\frac{a}{|x|}+C$

(八) 含有 $\sqrt{a^2-x^2}\,(a>0)$ 的积分

43. $\displaystyle\int \frac{1}{\sqrt{a^2-x^2}}\,\mathrm{d}x = \arcsin\frac{x}{a}+C$

44. $\displaystyle\int \frac{1}{\sqrt{(a^2-x^2)^3}}\,\mathrm{d}x = \frac{x}{a^2\sqrt{a^2-x^2}}+C$

45. $\displaystyle\int \frac{x}{\sqrt{a^2-x^2}}\,\mathrm{d}x = -\sqrt{a^2-x^2}+C$

46. $\displaystyle\int \frac{x}{\sqrt{(a^2-x^2)^3}}\,\mathrm{d}x = \frac{1}{\sqrt{a^2-x^2}}+C$

47. $\displaystyle\int \frac{1}{x\sqrt{a^2-x^2}}\mathrm{d}x = \frac{1}{a}\ln\frac{a-\sqrt{a^2-x^2}}{|x|}+C$

48. $\displaystyle\int \sqrt{a^2-x^2}\,\mathrm{d}x = \frac{x\sqrt{a^2-x^2}}{2}+\frac{a^2}{2}\arcsin\frac{x}{a}+C$

49. $\displaystyle\int \sqrt{(a^2-x^2)^3}\,\mathrm{d}x = \frac{x(5a^2-2x^2)\sqrt{a^2-x^2}}{8}+\frac{3a^4}{8}\arcsin\frac{x}{a}+C$

50. $\displaystyle\int x\sqrt{a^2-x^2}\,\mathrm{d}x = -\frac{1}{3}\sqrt{(a^2-x^2)^3}+C$

51. $\displaystyle\int \frac{\sqrt{a^2-x^2}}{x}\mathrm{d}x = \sqrt{a^2-x^2}+a\ln\frac{a-\sqrt{a^2-x^2}}{|x|}+C$

（九）含有 $\sqrt{\pm ax^2+bx+c}\,(a>0)$ 的积分

52. $\displaystyle\int \frac{1}{\sqrt{ax^2+bx+c}}\mathrm{d}x = \frac{1}{\sqrt{a}}\ln\left|2ax+b+2\sqrt{a}\sqrt{ax^2+bx+c}\right|+C$

53. $\displaystyle\int \sqrt{ax^2+bx+c}\,\mathrm{d}x =$

$$\frac{2ax+b}{4a}\sqrt{ax^2+bx+c}+\frac{4ac-b^2}{8\sqrt{a^3}}\ln\left|2ax+b+2\sqrt{a}\sqrt{ax^2+bx+c}\right|+C$$

54. $\displaystyle\int \frac{x}{\sqrt{ax^2+bx+c}}\mathrm{d}x$

$$= \frac{1}{a}\sqrt{ax^2+bx+c}-\frac{b}{2\sqrt{a^3}}\ln\left|2ax+b+2\sqrt{a}\sqrt{ax^2+bx+c}\right|+C$$

（十）含有 $\sqrt{\pm\dfrac{x-a}{x-b}}$ 或 $\sqrt{(x-a)(b-x)}$ 的积分

55. $\displaystyle\int \sqrt{\frac{x-a}{x-b}}\,\mathrm{d}x = (x-b)\sqrt{\frac{x-a}{x-b}}+(b-a)\ln\left(\sqrt{|x-a|}+\sqrt{|x-b|}\right)+C$

56. $\displaystyle\int \sqrt{\frac{x-a}{b-x}}\,\mathrm{d}x = (x-b)\sqrt{\frac{x-a}{b-x}}+(b-a)\arcsin\sqrt{\frac{x-a}{b-a}}+C$

57. $\displaystyle\int \frac{\mathrm{d}x}{\sqrt{(x-a)(b-x)}} = 2\arcsin\sqrt{\frac{x-a}{b-a}}+C\,(a<b)$

58. $\displaystyle\int \sqrt{(x-a)(b-x)}\,\mathrm{d}x$

$$= \frac{2x-a-b}{4}\sqrt{(x-a)(b-x)}+\frac{(b-a)^2}{4}\arcsin\sqrt{\frac{x-a}{b-a}}+C\,(a<b)$$

（十一）含有三角函数的积分

59. $\displaystyle\int \sin x\,\mathrm{d}x = -\cos x+C$

60. $\displaystyle\int \cos x\,\mathrm{d}x = \sin x+C$

61. $\int \tan x \mathrm{d}x = -\ln|\cos x| + C$

62. $\int \cot x \mathrm{d}x = \ln|\sin x| + C$

63. $\int \sec x \mathrm{d}x = \ln\left|\tan\left(\dfrac{\pi}{4} + \dfrac{x}{2}\right)\right| + C = \ln|\sec x + \tan x| + C$

64. $\int \csc x \mathrm{d}x = \ln\left|\tan\dfrac{x}{2}\right| + C = \ln|\csc x - \cot x| + C$

65. $\int \sec^2 x \mathrm{d}x = \tan x + C$

66. $\int \csc^2 x \mathrm{d}x = -\cot x + C$

67. $\int \sec x \tan x \mathrm{d}x = \sec x + C$

68. $\int \csc x \cot x \mathrm{d}x = -\csc x + C$

69. $\int \sin^2 x \mathrm{d}x = \dfrac{x}{2} - \dfrac{1}{4}\sin 2x + C$

70. $\int \cos^2 x \mathrm{d}x = \dfrac{x}{2} + \dfrac{1}{4}\sin 2x + C$

71. $\int \sin^n x \mathrm{d}x = -\dfrac{1}{n}\sin^{n-1} x \cos x + \dfrac{n-1}{n}\int \sin^{n-2} x \mathrm{d}x$

72. $\int \cos^n x \mathrm{d}x = \dfrac{1}{n}\cos^{n-1} x \sin x + \dfrac{n-1}{n}\int \cos^{n-2} x \mathrm{d}x$

73. $\int \dfrac{1}{\sin^n x}\mathrm{d}x = -\dfrac{1}{n-1}\cdot\dfrac{\cos x}{\sin^{n-1} x} + \dfrac{n-2}{n-1}\int \dfrac{1}{\sin^{n-2} x}\mathrm{d}x$

74. $\int \dfrac{1}{\cos^n x}\mathrm{d}x = \dfrac{1}{n-1}\cdot\dfrac{\sin x}{\cos^{n-1} x} + \dfrac{n-2}{n-1}\int \dfrac{1}{\cos^{n-2} x}\mathrm{d}x$

75. $\int \cos^m x \sin^n x \mathrm{d}x = \dfrac{1}{m+n}\cos^{m-1} x \sin^{n+1} x + \dfrac{m-1}{m+n}\int \cos^{m-2} x \sin^n x \mathrm{d}x$

$$= -\dfrac{1}{m+n}\cos^{m+1} x \sin^{n-1} x + \dfrac{n-1}{m+n}\int \cos^m x \sin^{n-2} x \mathrm{d}x$$

76. $\int \dfrac{1}{a+b\sin x}\mathrm{d}x = \begin{cases} \dfrac{2}{\sqrt{a^2-b^2}}\arctan\dfrac{a\tan\frac{x}{2}+b}{\sqrt{a^2-b^2}} + C, & a^2 > b^2 \\[4mm] \dfrac{1}{\sqrt{b^2-a^2}}\ln\left|\dfrac{a\tan\frac{x}{2}+b-\sqrt{b^2-a^2}}{a\tan\frac{x}{2}+b+\sqrt{b^2-a^2}}\right| + C, & a^2 < b^2 \end{cases}$

77. $\int \dfrac{1}{a+b\cos x}\mathrm{d}x = \begin{cases} \dfrac{2}{a+b}\sqrt{\dfrac{a+b}{a-b}}\arctan\left(\sqrt{\dfrac{a-b}{a+b}}\tan\dfrac{x}{2}\right) + C, & a^2 > b^2 \\[4mm] \dfrac{1}{a+b}\sqrt{\dfrac{a+b}{b-a}}\ln\left|\dfrac{\tan\frac{x}{2}+\sqrt{\frac{a+b}{b-a}}}{\tan\frac{x}{2}-\sqrt{\frac{a+b}{b-a}}}\right| + C, & a^2 < b^2 \end{cases}$

78. $\int x\sin ax\,\mathrm{d}x = \dfrac{1}{a^2}\sin ax - \dfrac{1}{a}x\cos ax + C$

79. $\int x^2\sin ax\,\mathrm{d}x = -\dfrac{1}{a}x^2\cos ax + \dfrac{2}{a^2}x\sin ax + \dfrac{2}{a^3}\cos ax + C$

80. $\int x\cos ax\,\mathrm{d}x = \dfrac{1}{a^2}\cos ax + \dfrac{1}{a}x\sin ax + C$

81. $\int x^2\cos ax\,\mathrm{d}x = \dfrac{1}{a}x^2\sin ax + \dfrac{2}{a^2}x\cos ax - \dfrac{2}{a^3}\sin ax + C$

(十二) 含有反三角函数的积分(其中 $a > 0$)

82. $\int\arcsin\dfrac{x}{a}\,\mathrm{d}x = x\arcsin\dfrac{x}{a} + \sqrt{a^2 - x^2} + C$

83. $\int x\arcsin\dfrac{x}{a}\,\mathrm{d}x = \left(\dfrac{x^2}{2} - \dfrac{a^2}{4}\right)\arcsin\dfrac{x}{a} + \dfrac{x}{4}\sqrt{a^2 - x^2} + C$

84. $\int\arccos\dfrac{x}{a}\,\mathrm{d}x = x\arccos\dfrac{x}{a} - \sqrt{a^2 - x^2} + C$

85. $\int x\arccos\dfrac{x}{a}\,\mathrm{d}x = \left(\dfrac{x^2}{2} - \dfrac{a^2}{4}\right)\arccos\dfrac{x}{a} - \dfrac{x}{4}\sqrt{a^2 - x^2} + C$

86. $\int\arctan\dfrac{x}{a}\,\mathrm{d}x = x\arctan\dfrac{x}{a} - \dfrac{a}{2}\ln(a^2 + x^2) + C$

87. $\int x\arctan\dfrac{x}{a}\,\mathrm{d}x = \dfrac{1}{2}(a^2 + x^2)\arctan\dfrac{x}{a} - \dfrac{a}{2}x + C$

(十三) 含有指数函数的积分

88. $\int a^x\,\mathrm{d}x = \dfrac{1}{\ln a}a^x + C$

89. $\int x\mathrm{e}^{ax}\,\mathrm{d}x = \dfrac{1}{a^2}(ax - 1)\mathrm{e}^{ax} + C$

90. $\int x^n\mathrm{e}^{ax}\,\mathrm{d}x = \dfrac{1}{a}x^n\mathrm{e}^{ax} - \dfrac{n}{a}\int x^{n-1}\mathrm{e}^{ax}\,\mathrm{d}x$

91. $\int xa^x\,\mathrm{d}x = \dfrac{x}{\ln a}a^x - \dfrac{1}{(\ln a)^2}a^x + C$

92. $\int x^na^x\,\mathrm{d}x = \dfrac{1}{\ln a}x^na^x - \dfrac{n}{\ln a}\int x^{n-1}a^x\,\mathrm{d}x$

93. $\int\mathrm{e}^{ax}\sin^n bx\,\mathrm{d}x = \dfrac{1}{a^2 + b^2n^2}\mathrm{e}^{ax}\sin^{n-1}bx(a\sin bx - nb\cos bx) + \dfrac{n(n-1)b^2}{a^2 + b^2n^2}\int\mathrm{e}^{ax}\sin^{n-2}bx\,\mathrm{d}x$

94. $\int\mathrm{e}^{ax}\cos^n bx\,\mathrm{d}x = \dfrac{1}{a^2 + b^2n^2}\mathrm{e}^{ax}\cos^{n-1}bx(a\cos bx + nb\sin bx) + \dfrac{n(n-1)b^2}{a^2 + b^2n^2}\int\mathrm{e}^{ax}\cos^{n-2}bx\,\mathrm{d}x$

(十四) 含有对数函数的积分

95. $\int\ln x\,\mathrm{d}x = x\ln x - x + C$

96. $\int \dfrac{\mathrm{d}x}{x\ln x} = \ln |\ln x| + C$

97. $\int x^n \ln x \mathrm{d}x = \dfrac{1}{n+1} x^{n+1}\left(\ln x - \dfrac{1}{n+1}\right) + C$

98. $\int (\ln x)^n \mathrm{d}x = x(\ln x)^n - n\int (\ln x)^{n-1}\mathrm{d}x$

99. $\int x^m (\ln x)^n \mathrm{d}x = \dfrac{1}{m+1} x^{m+1}(\ln x)^n - \dfrac{n}{m+1}\int x^m (\ln x)^{n-1}\mathrm{d}x$

(十五) 定积分

100. $\displaystyle\int_{-\pi}^{\pi} \cos nx \mathrm{d}x = \int_{-\pi}^{\pi} \sin nx \mathrm{d}x = 0$

101. $\displaystyle\int_{-\pi}^{\pi} \cos mx \sin nx \mathrm{d}x = 0$

102. $\displaystyle\int_{-\pi}^{\pi} \cos mx \cos nx \mathrm{d}x = \begin{cases} 0, & m \neq n \\ \pi, & m = n \end{cases}$

103. $\displaystyle\int_{-\pi}^{\pi} \sin mx \sin nx \mathrm{d}x = \begin{cases} 0, & m \neq n \\ \pi, & m = n \end{cases}$

104. $\displaystyle\int_{0}^{\pi} \sin mx \sin nx \mathrm{d}x = \int_{0}^{\pi} \cos mx \cos nx \mathrm{d}x = \begin{cases} 0, & m \neq n \\ \dfrac{\pi}{2}, & m = n \end{cases}$

105. $I_n = \displaystyle\int_{0}^{\frac{\pi}{2}} \sin^n x \mathrm{d}x = \int_{0}^{\frac{\pi}{2}} \cos^n x \mathrm{d}x, I_n = \dfrac{n-1}{n} I_{n-2}$，设 Z_1 表示全体奇数集合，Z_2 表示全体偶数集合，则

$$\begin{cases} I_n = \dfrac{(n-1)(n-3)\cdots 4 \cdot 2}{n(n-2)\cdots 3 \cdot 1}(n > 1, n \in Z_1), I_1 = 1 \\ I_n = \dfrac{(n-1)(n-3)\cdots 3 \cdot 1}{n(n-2)\cdots 4 \cdot 2} \cdot \dfrac{\pi}{2} (n \in Z_2), I_0 = \dfrac{\pi}{2} \end{cases}$$

习题参考答案

第1章

习题1.1

1. $(2,6]$；$[0,+\infty)$；$(-3,3)$；$[-1,7]$.

2. 定义域$(-\infty,+\infty)$，值域$[-1,1]$.

3. 不同；相同.

4. $\left[-\dfrac{2}{3},+\infty\right)$；$\{x\mid x\neq\pm 1\}$；

   $[-2,-1)\bigcup(-1,1)\bigcup(1,+\infty)$；

   $(-1,0)\bigcup(0,1)$；

   $(-2,2)$；$\{x\mid x\neq 1, x\neq 2\}$.

5. $2,\sqrt{5},\sqrt{5},\sqrt{4+x_0^2}$；$2,4$.

6. 偶函数；非奇非偶函数；奇函数；奇函数.

7. 单调递减；单调递增；单调递增.（证明略）

8. $f(x)=-x^2-x-3$.

习题1.2

1. $[0,+\infty)$；$(-\infty,+\infty)$；$[2,4]$；

   $(-\infty,0)\bigcup(0,3]$；$(-1,+\infty)$；

   $(-\infty,0)\bigcup(0,\infty)$.

2. $0,-\dfrac{\pi}{2},\dfrac{\pi}{3},-\dfrac{\pi}{4},\dfrac{\pi}{2}$.

3. $\dfrac{\pi}{4},\dfrac{\pi}{6},\dfrac{\pi}{8},\dfrac{5\pi}{12},\dfrac{\pi}{2}$.

4. $y=\sin^2 x,\dfrac{1}{4},\dfrac{3}{4}$；$y=\sin 2x,\dfrac{\sqrt{2}}{2},1$；

   $y=\sqrt{1+x^2},\sqrt{2},\sqrt{5}$；$y=e^{x^2},1,e$.

5. $y=x^3-2$；$y=2^x+2$；$y=\dfrac{1-x}{1+x}$；

   $y=\ln(x+\sqrt{x^2+1})$.

6. $y=\sin u,u=2x$；$y=e^u,u=v^v,v=\cos x$；

   $y=\arcsin u,u=\ln v,v=x^2+1$；

   $y=f(u),u=e^v,v=x^2$.

7. $(-3,-2)$；$(1,+\infty)$；$(2n\pi,2n\pi+\pi),n\in\mathbf{Z}$.

习题1.3

1. $2;0;$极限不存在；$1;0;$极限不存在.

2. 略.

习题1.4

1. $0;0;0;1;+\infty;$极限不存在.

2. 不存在.（$\lim\limits_{x\to 0-0}f(x)=-1$，$\lim\limits_{x\to 0+0}f(x)=1$，

   $f(0)=-1$）

3. $0,1,4$.

4. 2.（$\lim\limits_{x\to 0-0}f(x)=b=\lim\limits_{x\to 0+0}f(x)=e^0+1=2$）

5. 略.

习题1.5

1. 无穷大；无穷小；无穷大；无穷小；无穷小；

   无穷大.

2. 略.　　　3. 低阶；低阶.

4. 2（理由从略）；-1（理由从略）.

习题1.6

1. $15;0;\dfrac{1}{2};0;\dfrac{1}{4};1;\dfrac{\sqrt{3}}{6};\dfrac{1}{2};\dfrac{1}{2};\infty$.

2. $a=1,b=-1$.

习题1.7

1. $\omega;3;\dfrac{2}{5};1;2;\dfrac{1}{2};1;x$.

2. $e^{-1};e^2;e^2;e^{-k};e^5;e^{-1};1$.

习题1.8

1. 略.

2. 因为$\lim\limits_{x\to 1-0}f(x)=3-1=2=1+1=$
   $\lim\limits_{x\to 1+0}f(x)=f(1)$，所以在$x=1$处$f(x)$连
   续. 图形略.

3. $x = 1$,可去间断点,$x = 2$,无穷间断点;

$x = 0$,第二类间断点;$x = 0$,可去间断点;

$x = 0$,可去间断点;$x = 0$,跳跃间断点;

$x = 0$,可去间断点.

4. $1;0;2;1$.　　**5.** 1.　　**6.** 略.

综合练习一

一、填空题

1. $(1, +\infty)$.

2. $y = e^u$, $u = \lg v$, $v = \sqrt{w}, w = 1 + 2x$.

3. 0, e^{-1}.　　**4.** 等价.　　**5.** $\dfrac{1}{2\sqrt{x}}$

6. $(-\infty, -1), (-1, 3), (3, +\infty)$.

二、选择题

1. C　**2.** D　**3.** B

三、解答题

1. $[1, e]; [2k\pi, 2k\pi + \pi], k \in \mathbf{Z}$.

2. $\infty; \dfrac{1}{2}; e^{-\frac{1}{2}}; 0; 0; -\dfrac{\sqrt{2}}{4}$.

3. 在 $x = 0$ 处不连续,图象略.　　**4.** $a = 0$.

5. $x = 0$,是第一类间断点.　　**6.** 略.

第 2 章

习题 2.1

1. D　　**2.** $-\dfrac{\sqrt{3}}{3}$.

3. $a; \dfrac{1}{2\sqrt{x}}; 4x + 1; 2\cos 2x$.

4. $5x^4; \dfrac{2}{3} x^{-\frac{1}{3}}; -\dfrac{1}{2} x^{-\frac{3}{2}}; -3x^{-4}; \dfrac{1}{x\ln 10}$;

$4^x \ln 4$.

5. $-\dfrac{1}{4}; \dfrac{5}{6}$.　　**6.** $(0, 0); \left(\dfrac{1}{2}, \dfrac{1}{4}\right)$.

7. $\dfrac{1}{3\ln 3}$, $y = \dfrac{1}{3\ln 3}(x - 3) + 1$.

8. 切线方程 $x + y - \pi = 0$,

法线方程 $x - y - \pi = 0$.

9. $y = e^2(x - 2) + e^2$.

10. 不一定. 如 $y = \sqrt[3]{x}$ 在 $x = 0$ 处切线为 y 轴,但斜率不存在,即不可导.

11. 连续但不可导.

12. $f'(0) = 0$.

13. $\rho(x_0) = \lim\limits_{\Delta x \to 0} \dfrac{m(x_0 + \Delta x) - m(x_0)}{\Delta x}$.

习题 2.2

1. $\dfrac{1}{\pi} + 8; 1$.

2. (1) $y' = 3x^2 - \dfrac{1}{\sqrt{x}} - \dfrac{1}{x^2}$;

(2) $y' = (2x - 3)(x^4 + x^2 + 1) + (x^2 - 3x)(4x^3 + 2x)$;

(3) $y' = (x + 1)(x + 2)(x + 3)(x + 4)\left(\dfrac{1}{x+1} + \dfrac{1}{x+2} + \dfrac{1}{x+3} + \dfrac{1}{x+4}\right)$;

(4) $y' = x \cos x$;

(5) $y' = \sec^2 x - 2\csc^2 x$;

(6) $y' = 2\sec^2 x + \sec x \tan x$;

(7) $y' = \sec x \tan x - \csc x \cot x$;

(8) $y' = \dfrac{1 - x^2}{(1 + x^2)^2}$;

(9) $y' = \dfrac{-2}{x(1 + \ln x)^2}$;

(10) $y' = \dfrac{2e^x}{(1 - e^x)^2}$;

(11) $y' = a^x \csc x + x a^x \csc x \ln a - x a^x \csc x \cot x$;

(12) $y' = \dfrac{1 + \ln x}{2}$; (13) $y' = 2x - \dfrac{2}{x^3}$;

(14) $y' = \dfrac{1}{2(1 - \sqrt{x})^2 \sqrt{x}}$.

3. 略.

4. 切线方程 $x + 9y - 9 = 0$,

法线方程 $27x - 3y - 79 = 0$.

5. $a = 0$.

6. $y' = 2\cos 2x$, $y' = 2\sin 2x$.

习题 2.3

1. 0; $\dfrac{\sqrt{2}}{4}$.

2. (1) $6\cos(2x+3)$; (2) $4\cot4x$;

(3) $-3\sin6x$;

(4) $\dfrac{\sin3x}{x}+3\ln(2x)\cdot\cos3x$;

(5) $2(x^2+\cos^2x)(2x-\sin2x)$;

(6) $a^{\sec x}\sec x\tan x\ln a$; (7) $\dfrac{2x}{1+x^2}$;

(8) $(\alpha x^{\alpha-1}+\alpha^x\ln\alpha)\sec^2(x^\alpha+\alpha^x)$;

(9) $3\dfrac{x^2}{(x+1)^4}$; (10) $\sec x$;

(11) $3(\cos3x\sin^3x+\sin3x\sin^2x\cos x)$;

(12) $\dfrac{1+e^{-x}}{2\sqrt{x-e^{-x}}}$;

(13)

$\dfrac{1}{2\sqrt{x+\sqrt{x+\sqrt{x}}}}\left[1+\dfrac{1}{2\sqrt{x+\sqrt{x}}}\left(1+\dfrac{1}{2\sqrt{x}}\right)\right]$;

(14) $\dfrac{1}{\sqrt{1+x^2}}$.

3. 略.

习题 2.4

1. $-\dfrac{1}{2}$; 1.

2. $\dfrac{y-2x}{2y-x}$; $\dfrac{y}{y-1}$; $\dfrac{y\ln y}{y-x}$; $\dfrac{1-ye^{xy}}{xe^{xy}-1}$.

3. $(\ln x)^x\left(\ln\ln x+\dfrac{1}{\ln x}\right)$;

$\dfrac{1}{2}\sqrt{\dfrac{x(x+1)}{x+2}}\left(\dfrac{1}{x}+\dfrac{1}{x+1}-\dfrac{1}{x+2}\right)$.

4. $x^{\sin x}\left[\dfrac{\sin x}{x}+(\ln x)\cos x\right]+(\sin x)^x(x\cot x$

$+\ln\sin x)$.

5. $bx+ay-\sqrt{2}\,ab=0$.   **6.** $\dfrac{e^t-1}{2-\sin t}$.

习题 2.5

1. (1) $-e^{-x}(\cos4x+4\sin4x)$;

(2) $-\dfrac{2\sin[\ln(1+2x)]}{1+2x}$;

(3) $e^{\sqrt{x+1}}\dfrac{1}{2\sqrt{x+1}}$; (4) $\dfrac{1}{x^2\sqrt{1-\dfrac{1}{x^2}}}$;

(5) $\cos x-3x\sin x-x^2\cos x$;

(6) $\dfrac{1}{2\sqrt{x}(\sqrt{x}+1)\ln2}$;

(7) $\dfrac{x\cos\sqrt{1+x^2}}{\sqrt{1+x^2}}$; (8) $\dfrac{1}{x\ln x\ln(\ln x)}$;

(9) $\dfrac{-2}{\sqrt{1-(1-2x)^2}}$; (10) $3^x e^x\ln3e$;

(11) $-\dfrac{1}{x^2}-2\dfrac{1}{x^3}-3\dfrac{1}{x^4}$;

(12) $\dfrac{-2x+3}{(x^2-3x+1)^2}$;

(13) $\dfrac{1}{1+\cos x}$; (14) $-\dfrac{\sqrt{2x(1-x)}}{2x(1-x^2)}$;

(15) $\dfrac{(x+1)^5}{e^x\cos x}\left(\dfrac{5}{x+1}+\tan x-1\right)$;

(16) $\dfrac{2x^{\ln x}\ln x}{x}$.

2. $-\dfrac{1+y\sin(xy)}{x\sin(xy)}$; $\dfrac{-y^2 2^x\ln2}{y2^x+1}$;

$-\dfrac{1+y^2}{y^2}$; $\dfrac{y}{ye^y-1}$.

3. $(0,1)$.   **4.** $\sqrt{2}x-y-\sqrt{2}=0$.   **5.** 略.

习题 2.6

1. $\dfrac{3\sqrt{2}}{8}$; 0.

2. $36x^2-8$; $12x^2-4^x(\ln4)^2$;

$-\dfrac{1}{4x\sqrt{x}}+\dfrac{3}{4x^2\sqrt{x}}$; $\dfrac{3x}{(1-x^2)^2\sqrt{1-x^2}}$;

$-2\cos2x\ln x-\dfrac{2\sin2x}{x}-\dfrac{\cos^2x}{x^2}$;

$e^{-x^2}(4x^2-1)$.

3. 略.   **4.** $\dfrac{1}{e^2}$; 0.

5. 3×10^5, 10×12^4.

6. $2^{n-1}\sin\left[2x+\dfrac{(n-1)\pi}{2}\right]$.

7. 略.   **8.** $4,9$.   **9.** $-\dfrac{2(1+t^2)}{t^4}$.

习题 2.7

1. $-\dfrac{\pi^2}{400}$; $-\dfrac{1}{1000e^2}$.

2. (1) $(9x^2+4)dx$;

(2) $2(x+3)(x-2)(2x+1)dx$;

(3) $(\ln^2 x+2\ln x)dx$;

(4) $(\sin 2x-\cos x+x\sin x)dx$;

(5) $-2\cot 2x \, dx$;

(6) $2(e^x+e^{-x})(e^x-e^{-x})dx$;

(7) $\dfrac{1+\sqrt{\ln x}}{2x\sqrt{\ln x}}dx$;

(8) $\dfrac{-x}{|x|\sqrt{1-x^2}}dx$; (9) $e^x dx$;

(10) $\dfrac{-2x}{(1+x^2)^2+1}dx$;

(11) $\dfrac{e^x}{e^x+1}dx$;

(12) $-[\cos(\cos x)]\sin x \, dx$.

3. -0.00049,-0.0005.

4. 2.0017；1.03；$0.01+\ln 2$；0.87476.

综合练习二

一、填空题

1. $\dfrac{1}{2}+e$.　　**2.** 2.　　**3.** $\left(e^x\ln x+\dfrac{1}{x}e^x\right)dx$.

4. -2.　　**5.** $y=(1+e)x-1$.　　**6.** 1.

7. $(\sin^2 x-\cos x)e^{\cos x}$.

8. $\dfrac{1}{x^4}f''\left(\dfrac{1}{x}\right)+\dfrac{2}{x^3}f'\left(\dfrac{1}{x}\right)$.

二、选择题

1. B　　**2.** D　　**3.** C　　**4.** C　　**5.** C

三、解答题

1. $8(2x+3)^3$；$-2e^{-2x}$；$-3\cos^2 x\sin x$；

$\dfrac{-\cos(1-x)}{\sin(1-x)}$.

2. $\dfrac{1}{2}$.　　**3.** $\dfrac{x\ln x}{(x^2-1)^{\frac{3}{2}}}dx$.

4. $\dfrac{2xy}{\cos y+2e^{2y}-x^2}$.

5. $f'(x)=\pi^x\ln\pi+\pi x^{\pi-1}+x^x(1+\ln x)$,

$f'(1)=\pi(1+\ln\pi)+1$.

6. t,$-\dfrac{t^3}{1+2\ln t}$.　　**7.** $6x-\csc^2 x$.

8. $2\varphi(0)$.

9. $m\geqslant 1$；$m\geqslant 2$；$f'(0)=0$,$m\geqslant 3$.

10. $a=\dfrac{1}{2e}$.

第 3 章

习题 3.1

1. 验证略,$\dfrac{\pi}{2}$.　　**2.** 验证略,$\dfrac{\pi}{2}$.

3. 验证略,$\sqrt{\dfrac{4-\pi}{\pi}}$.　　**4.** 验证略,$\dfrac{x_1+x_2}{2}$.

5.～**8.** 略.

习题 3.2

1. 1；$\cos a$；$\dfrac{2}{3}$；$\dfrac{1}{2}$；0；1；1；1；0；1；e^{-1}；

$e^{-\frac{1}{6}}$.

2.～**3.** 略.　　**4.** 不连续.

习题 3.3

1. 单调增区间为$(-1,1)$,单调减区间为
$(-\infty,1)$和$(1,+\infty)$；

单调增区间为$(-\infty,0)$,单调减区间为
$(0,+\infty)$；

单调增区间为$\left(\dfrac{1}{2},+\infty\right)$,单调减区间为
$\left(0,\dfrac{1}{2}\right)$；

单调增区间为$(0,\pi)$,单调减区间为
$(\pi,2\pi)$；

单调增区间为$(1,3)$和$(3,+\infty)$,单调减
区间为$(-\infty,-1)$和$(-1,1)$；

单调增区间为$(e,+\infty)$,单调减区间为
$(0,1)$和$(1,e)$；

单调减少；

单调增区间为$(-\infty,-1)$和$(1,+\infty)$,单

调减区间为$(-1,1)$.

2. ~ **3.** 略.　　**4.** 否.

习题 3.4

1. 在 $x=1$ 取得极小值 6;

在 $x=1$ 取得极大值 16, 在 $x=2$ 取得极小
值 15;

在 $x=\dfrac{3}{4}$ 取得极大值 $\dfrac{5}{4}$;

无极值;

在 $x=-1$ 取得极小值 $-e^{-1}$;

无极值.

2. 在 $x=1$ 取得极小值 $2-4\ln 2$;

在 $x=\dfrac{3}{4}\pi$ 取得极大值 $\dfrac{\sqrt{2}}{2}e^{\frac{3\pi}{4}}$, 在 $x=\dfrac{7}{4}\pi$

取得极小值 $-\dfrac{\sqrt{2}}{2}e^{\frac{7\pi}{4}}$.

3. $a=2e^2$.

4. $a=2, x=\dfrac{\pi}{3}$ 为极大值点且极大值为 $\sqrt{3}$.

习题 3.5

1. 最大值为 $y(0)=y(3)=7$,

最小值为 $y(-1)=y(2)=3$;

最大值为 $y(3)=10$,

最小值为 $y(2)=-15$;

最大值为 $y\left(\dfrac{3}{4}\right)=\dfrac{5}{4}$,

最小值为 $y(-5)=\sqrt{6}-5$;

最大值为 $y(4)=8$,

最小值为 $y(0)=0$.

2. 在 $x=3$ 取得最小值 27.

3. 在 $x=1$ 取得最大值 $\dfrac{1}{2}$.

4. 宽 5 米, 长 10 米时, 面积最大.

5. 5 小时.

6. $x=30$ 时, 平均费用最低为 80.

7. $C(Q)=700-10Q, R(Q)=100Q-2Q^2$;

$Q=45$; 最大利润为 812.5 百元.

习题 3.6

1. $R(6)=120, \overline{R}(6)=6, MR(6)=-10$,

$\eta_R(6)=-3$.

2. $185, 18.5, 11$.

3. $Q'\big|_{P=4}=-75e^{-12}, \eta_Q(4)=-12$.

4. $Q'=-5, \eta_Q(P)=\dfrac{-5P}{42-5P}$; 总收益下降

2.5%.

习题 3.7

1. 在 $(0,+\infty)$ 内是凸的;

在 $(-\infty,0)$ 内是凹的, 在 $(0,+\infty)$ 内是凸的;

在 $(-\infty,0)$ 内是凸的, 在 $(0,+\infty)$ 内是凹的;

在 $(-\infty,0)$ 内是凸的, 在 $(0,+\infty)$ 内是凹的.

2. 在 $(-\infty,-1)$ 与 $(1,+\infty)$ 内是凹的, 在
$(-1,1)$ 内是凸的, 拐点为 $(-1,-5)$ 和
$(1,-5)$;

在 $(2,+\infty)$ 内是凹的, 在 $(-\infty,2)$ 内是凸
的, 拐点 $(2,2e^{-2})$;

在 $\left(-\dfrac{1}{2},+\infty\right)$ 内是凹的, 在 $\left(-\infty,-\dfrac{1}{2}\right)$ 内

是凸的, 拐点 $\left(-\dfrac{1}{2},2\right)$;

在 $(-1,+\infty)$ 内是凹的, 无拐点.

3. $a=-\dfrac{3}{2}, b=\dfrac{9}{2}$.

4. $a=1, b=-3, c=-24, d=16$.

习题 3.8

1. 水平渐近线为 $y=0$, 铅垂渐近线为 $x=\pm 1$;

无水平渐近线, 铅垂渐近线为 $x=0$;

水平渐近线为 $y=0$, 无铅垂渐近线;

水平渐近线为 $y=0$, 铅垂渐近线为 $x=$
-3 和 $x=1$.

2. 略.

习题 3.9

1. $\dfrac{1+x^2}{1-x^2}dx$; $\sqrt{1+4a^2x^2}\,dx$;

$\sqrt{a^2\sin^2 t+b^2\cos^2 t}\,dt$; $\sqrt{1+a^2}\,d\theta$.

2. $K=1$; $K=\left|\dfrac{2}{3a\sin 2t_0}\right|$; $k=|\cos x_0|$;

$K=1$.

3. $K=\dfrac{1}{4a\left|\sin\dfrac{t}{2}\right|}$, $t=\pi$ 时有最小曲率 $\dfrac{1}{4a}$.

4. $k = \dfrac{\sqrt{2}}{6}$, $R = 3\sqrt{2}$.

5. $\mathrm{d}s = \dfrac{x^2+1}{2x}\mathrm{d}x$, $K = \dfrac{4x}{(1+x^2)^2}$, $R = \dfrac{(1+x^2)^2}{4x}$.

6. $K = -3$, $b = 3$.

7. $a = \dfrac{1}{2}$, $b = 1$, $c = 1$.　　**8.** 略.

综合练习三

一、填空题

1. $f(x)$ 在 $[-a,a]$ 上连续, $f(x)$ 在 $(-a,a)$ 内可导.

2. $-\dfrac{1}{8}$, $-\dfrac{1}{4}$.　　　　**3.** $\dfrac{\sqrt{3}}{3}$.

4. $\infty \cdot 0, 0$.　**5.** 1^{∞}, $\mathrm{e}^{\frac{1}{2}}$.　**6.** $> 0, < 0$.

7. $\left(\dfrac{1}{2}, +\infty\right)$, $\left(0, \dfrac{1}{2}\right)$.　　**8.** $-4, 4$.

9. $-2, -\dfrac{1}{2}$.　　**10.** $f(b), f(a)$.

11. $\left(-\dfrac{\sqrt{3}}{3}, \dfrac{40}{9}\right)$, $\left(\dfrac{\sqrt{3}}{3}, \dfrac{40}{9}\right)$.

12. $y = 0, x = 0$.

二、选择题

1. B　**2.** B　**3.** C　**4.** B　**5.** B　**6.** C

7. C　**8.** C　**9.** C　**10.** A　**11.** C　**12.** D

三、解答题

1. $-\dfrac{1}{8}$.　　**2.** 0.

3. 极大值为 $y(1) = \dfrac{\pi}{4} - \dfrac{1}{2}\ln 2$, 无极小值.

4. 最小值 $y(-3) = 27$, 无最大值.

5. 拐点为 $(-1, \ln 2), (1, \ln 2)$, 凹凸区间略.

6. 略

四、证明题

略.

第 4 章

习题 4.1

1. (1) $\dfrac{1}{4}x^4 + C$;　(2) $-\dfrac{1}{2x^2} + C$;

(3) $\dfrac{3}{10}x^{\frac{10}{3}} + C$;

(4) $\dfrac{1}{5}x^5 + \dfrac{2}{3}x^3 + x + C$;

(5) $-\dfrac{1}{x} - 3\sin x + \ln|x| + C$;

(6) $3\arctan x - 2\arcsin x + C$;

(7) $\mathrm{e}^x - 2\sqrt{x} + C$;　(8) $\dfrac{(a\mathrm{e})^x}{\ln(a\mathrm{e})} + C$;

(9) $-3\cos x - \cot x + C$;

(10) $\dfrac{1}{2}x + \dfrac{1}{2}\sin x + C$;

(11) $\dfrac{1}{2}x^2 - \dfrac{2}{3}x^{\frac{3}{2}} + x + C$;

(12) $\dfrac{x^2}{2} - 2\ln|x| - \dfrac{5}{x} + C$;

(13) $-2\csc 2x + C$;

(14) $\ln|x| + 2\arctan x + C$.

2. $y = \dfrac{1}{3}x^3 + \dfrac{5}{3}$.

习题 4.2

1. $\dfrac{1}{8}(1+2x)^4 + C$; $2\sqrt{\sin x} + C$;

$\dfrac{1}{2}\ln(x^2+1) + C$; $\dfrac{1}{2a}\ln\left|\dfrac{a+x}{a-x}\right| + C$;

$\ln|1+x| + C$; $-\sqrt{4-x^2} + C$.

2. $x - 2\sqrt{1+x} + 2\ln(1+\sqrt{1+x}) + C$;

$\dfrac{a^2}{2}\arcsin\dfrac{x}{a} - \dfrac{x}{2}\sqrt{a^2-x^2} + C$;

$\dfrac{3}{2}\sqrt[3]{x^2} - 3\sqrt[3]{x} + 3\ln|1+\sqrt[3]{x}| + C$;

$\dfrac{x}{\sqrt{1+x^2}} + C$;

$-\dfrac{2}{15}(32+8x+3x^2)\sqrt{2-x^2} + C$;

$\arccos\dfrac{1}{x} + C$.

3. $\ln|\tan x|+C;\ -\dfrac{1}{2}\mathrm{e}^{-x^2}+C;$

$\dfrac{1}{\sqrt{2}}\ln|1+\sqrt{2}\,x|+C;$

$\dfrac{x^2}{2}-\dfrac{9}{2}\ln(x^2+9)+C;$

$\dfrac{1}{3}\sec^3 x-\sec x+C;\ -\dfrac{1}{x\ln x}+C;$

$-\dfrac{1}{3}(2-3x^2)^{\frac{1}{2}}+C;$

$\arcsin x-\dfrac{x}{1+\sqrt{1-x^2}}+C;$

$\dfrac{1}{2}(\arcsin x+\ln|x+\sqrt{1-x^2}|)+C;$

$-\dfrac{\sqrt{1+x^2}}{x}+C.$

习题 4.3

1. $\arcsin x;\ -\sin x.$

2. (1) $-x\cos x+\sin x+C;$

(2) $-\mathrm{e}^{-x}(x+1)+C;$

(3) $\dfrac{x^2}{2}\arccos x-\dfrac{x}{4}\sqrt{1-x^2}+\dfrac{1}{4}\arcsin x$
$+C;$

(4) $2\sqrt{x}\ln x-4\sqrt{x}+C;$

(5) $\dfrac{1}{2}\mathrm{e}^{2x}\left(x^2-x+\dfrac{1}{2}\right)+C;$

(6) $x\ln(1+x^2)-2x+2\arctan x+C;$

(7) $-\dfrac{1}{4}x\cos 2x+\dfrac{1}{8}\sin 2x+C;$

(8) $x\tan x+\ln|\cos x|-\dfrac{1}{2}x^2+C;$

(9) $x\ln(x+\sqrt{1+x^2})-\sqrt{1+x^2}+C;$

(10) $x(\ln x)^2-2x\ln x+2x+C;$

(11) $x(\arcsin x)^2+2\sqrt{1-x^2}\arcsin x-2x$
$+C;$

(12) $\dfrac{1}{2}\mathrm{e}^{-x}(\sin x-\cos x)+C;$

(13) $\dfrac{1}{2}x[\sin(\ln x)+\cos(\ln x)]+C;$

(14) $2\mathrm{e}^{\sqrt{x}}(\sqrt{x}-1)+C.$

3. $\cos x-\dfrac{2}{x}\sin x+C.$

习题 4.4

(1) $\dfrac{1}{6}x^2-\dfrac{2}{9}x+\dfrac{4}{27}\ln|2+3x|+C;$

(2) $\dfrac{x}{a^2\sqrt{a^2+x^2}}+C;$

(3) $\dfrac{1}{3}\ln\dfrac{\sqrt{4x^2+9}-3}{2|x|}+C;$

(4) $\dfrac{1}{4}\ln\left|\dfrac{3\tan\frac{x}{2}+1}{3\tan\frac{x}{2}+9}\right|+C.$

综合练习四

一、填空题

1. $F_2(x)=F_1(x)+C.$　　**2.** $-\mathrm{e}^{2x}+C.$

3. $\arcsin\dfrac{x}{2}.$　　**4.** $\dfrac{1}{2a}\ln\left|\dfrac{a+x}{a-x}\right|+C.$

5. $-x^2\mathrm{e}^{-x}+C.$　　**6.** $1-\dfrac{1}{x}.$

二、选择题

1. C　**2.** D　**3.** A　**4.** B　**5.** C

三、解答题

1. $\ln|x|-\dfrac{1}{3}\ln|x^3+1|+C;$

$-\cot x-x+C;$

$-\cot x+2\tan x+\dfrac{1}{3}\tan^3 x+C;$

$-\dfrac{x^3}{3}-x+\dfrac{1}{2}\ln\left|\dfrac{1+x}{1-x}\right|+C;$

$\dfrac{1}{3}(3+2\tan x)^{\frac{3}{2}}+C;$

$-\sqrt{1-x^2}-\dfrac{1}{2}(\arccos x)^2+C;$

$2\arctan\mathrm{e}^x+C;\ a\arcsin\dfrac{x}{a}+\sqrt{a^2-x^2}+C;$

$\dfrac{1}{4}\left[x-\dfrac{3}{2}\arctan\left(\dfrac{2}{3}x\right)\right]+C;$

$\dfrac{1}{2}\ln|x^2-4x+6|+2\sqrt{2}\arctan\dfrac{x-2}{\sqrt{2}}+C.$

2. $y=\dfrac{a}{2}(\mathrm{e}^{\frac{x}{a}}+\mathrm{e}^{-\frac{x}{a}}).$

3. $s=\dfrac{5}{3}t^3,\ s(3)=45\mathrm{m}.$ 需要 6s，物体能离
开出发点 360m。

第 5 章

习题 5.1

1. $\int_0^1 \dfrac{1}{1+x^2}\mathrm{d}x.$　**2.** 略.

3. $\int_0^{\frac{\pi}{2}}(1+\cos x)\mathrm{d}x.$

4. 20；6；0；12.

5. $\dfrac{13}{6}.$　**6.** 正；负.

7. $>$；$>$；$>$；$<$.　**8.** $\left(\dfrac{1}{2},1\right)$；$(0,\mathrm{e}-1).$

习题 5.2

1. 都是 x 的函数，存在，分别为 $f(x)$，$-f(x)$.

2. e^{x^2}；$-x\arctan x$；$\dfrac{2x^3\sin x^2}{1+\cos^2 x^2}$；$-\sin 2x.$

3. $-\dfrac{1}{4}$；e^2-3；$1-\dfrac{\pi}{4}$；$\dfrac{\pi}{2}$；$\dfrac{\pi}{6}$；

$\dfrac{2}{3}(2\sqrt{2}-1)$；$45\dfrac{1}{6}$；$\dfrac{\pi}{3a}$；2；4.

4. $\dfrac{19}{3}.$　**5.** 1.

习题 5.3

1. $\dfrac{\mathrm{e}^{-1}-\mathrm{e}^{-3}}{2}$；$\dfrac{1}{5}$；$\arctan \mathrm{e}-\dfrac{\pi}{4}$；

$2-2\ln 3+2\ln 2$；$\ln 2$；$\dfrac{26}{3}$；$2\ln 3$；$\sqrt{2}-\dfrac{2}{\sqrt{3}}.$

2. $\dfrac{\pi}{4}-\dfrac{1}{2}\ln 2$；$1-2\mathrm{e}^{-1}$；$\dfrac{\sqrt{3}\pi}{3}-\dfrac{\pi}{4}+\ln\dfrac{\sqrt{2}}{2}$；

$2\sqrt{2}-\dfrac{\sqrt{2}}{2}\pi$；$\dfrac{\pi}{8}$；$\dfrac{1}{5}(1+\mathrm{e}^{\frac{\pi}{2}})$；

$4(2\ln 2-1)$；$2\left(1-\dfrac{1}{\mathrm{e}}\right).$

3. 0；0；0；$\ln 2.$　**4.** 略.

习题 5.4

1；发散；发散；$1-\dfrac{\pi}{4}$；π；$\dfrac{\pi}{3}$；2；-1；2；发散；发散；-2.

习题 5.5

1. 4；$\dfrac{4}{3}$；$\dfrac{1}{2}$；$\dfrac{8}{3}$；5；$\mathrm{e}+\dfrac{1}{\mathrm{e}}-2.$

2. $\dfrac{\pi}{2}$；$\dfrac{3}{10}\pi$；$\dfrac{\pi^2}{2}$；$\dfrac{28}{3}\pi.$　**3.** $2k\dfrac{mM}{\pi r^2}.$

4. $\dfrac{27}{7}kc^{\frac{2}{3}}a^{\frac{7}{3}}$（$k$ 为比例系数）.　**5.** 9000N.

综合练习五

一、填空题

1. 0.　**2.** $-\cos x^2.$　**3.** $\dfrac{1}{6}.$

4. $2x-\sin x.$　**5.** $2\ln 2.$

二、选择题

1. B　**2.** A　**3.** B　**4.** C　**5.** B

三、解答题

1. (1) $\ln|x|-\dfrac{1}{3}\ln|x^3+1|+C$；

(2) $-\cot x-x+C$；

(3) $-\cot x+2\tan x+\dfrac{1}{3}\tan^3 x+C$；

(4) $-\dfrac{x^3}{3}-x+\dfrac{1}{2}\ln\left|\dfrac{1+x}{1-x}\right|+C$；

(5) $-\sqrt{1-x^2}-\dfrac{1}{2}(\arccos x)^2+C$；

(6) $a\arcsin\dfrac{x}{a}+\sqrt{a^2-x^2}+C$；

(7) $2\arctan \mathrm{e}^x+C$；

(8) $\dfrac{1}{2}\ln|x^2-4x+6|+2\sqrt{2}\arctan\dfrac{x-2}{\sqrt{2}}$

　　$+C.$

2. $\dfrac{2}{3}\left(1-\dfrac{4}{\mathrm{e}^3}\right).$　**3.** $a=-\dfrac{1}{2}.$

4. $\mathrm{e}+\dfrac{1}{3}.$　**5.** $\dfrac{1}{8}(2\mathrm{e}-3).$　**6.** 略.

7. $\dfrac{32}{3}.$　**8.** $5-\ln 6$；$\dfrac{25\pi}{3}.$　**9.** $2ka^2$（单位）.

参 考 文 献

[1] 陈运明,等. 高等数学[M]. 长沙:湖南教育出版社,2007.

[2] 张喆,等. 高等数学[M]. 武汉:华中师范大学出版社,2007.

[3] 同济大学应用数学系. 高等数学[M]. 第 5 版. 北京:高等教育出版社,2002.